新型电力系统
城市实践

XINXING DIANLIXITONG
CHENGSHI SHIJIAN

赵 亮 主编

中国电力出版社
CHINA ELECTRIC POWER PRESS

内 容 提 要

构建新型电力系统是推动实现"双碳"目标的关键抓手，对促进能源清洁低碳转型、支撑构建新型能源体系、服务我国经济社会高质量发展意义重大。

本书系统总结了国网天津市电力公司推动大型城市构建新型电力系统的创新实践，阐述了新型电力系统实践路径，在城市电网转型升级、技术创新与应用、构建数字支撑体系，以及开展综合能源服务、电动汽车业务、电力双碳实践等方面提供了丰富而生动的案例，以期为新型电力系统建设提供参考借鉴。

本书可供能源电力领域相关管理人员、技术人员以及高校师生等参考使用。

图书在版编目（CIP）数据

新型电力系统城市实践 / 赵亮主编 . —北京：中国电力出版社，2024.1（2024.6重印）
ISBN 978-7-5198-8706-3

Ⅰ.①新… Ⅱ.①赵… Ⅲ.①电力系统–研究 Ⅳ.① TM7

中国国家版本馆 CIP 数据核字（2024）第 016528 号

出版发行：中国电力出版社
地　　址：北京市东城区北京站西街 19 号（邮政编码 100005）
网　　址：http://www.cepp.sgcc.com.cn
责任编辑：崔素媛　王晓蕾　王杏芸　杨　扬　莫冰莹　马淑范　杨淑玲
责任校对：黄　蓓　常燕昆
装帧设计：张俊霞
责任印制：杨晓东

印　　刷：北京锦鸿盛世印刷科技有限公司
版　　次：2024 年 1 月第一版
印　　次：2024 年 6 月北京第二次印刷
开　　本：787 毫米 ×1092 毫米　16 开本
印　　张：22.75
字　　数：395 千字
定　　价：96.00 元

编委会

主　编　赵　亮
副主编　施学谦　李永卓　王迎秋　郭向军　么　军　姜　永
　　　　庄　剑　李　锦　刘　旭　陈竟成
编　委　周　群　何　平　岳顺民　刘洪亮　王　刚　赵北涛
　　　　肖广宇　李统焕　钟　奕　李　治　姚明路　于建成
　　　　王剑锋　陈天恒　江　悦　郭铁军　陈　涛　李万超
　　　　徐秀萍　单大鹏

编写组

组　长　陈竟成
副组长　于建成　王　楠　高军彦
成　员　周长新　范须露　吕金炳　葛贝畅　黄家凯　柯贤杨
　　　　王　凯　张　宇　王苾钰　刘华志　刘盛终　马　超
　　　　胡益菲　韩　悦　王致芃　李　腾　王浩鸣　张　鑫
　　　　路　菲　李　维　唐其筠　王伟臣　王　涛　庞庆涛
　　　　孙建其　魏　然　解　岩　项添春　刘　颂　王中荣
　　　　钱　峰　郗晓光　刘　涛　吕国远　黄爱颖　殷　博
　　　　宣文博　李　郁　张广松　李　津　陈沼宇　张智达
　　　　班　全　潘　琦　孟　伟　徐　晶　史青林　张德隆

序

　　构建新型电力系统是以习近平同志为核心的党中央基于保障国家能源安全、加强生态文明建设、构建新发展格局的重大决策部署，是助力建设新型能源体系、实现"双碳"目标的关键一环。通过近三年的探索实践，社会各界对新型电力系统的内涵理解和发展路径持续深化，特别是中央全面深化改革委员会明确了"五大特征"，国家能源局发布了《新型电力系统发展蓝皮书》，行业内外的认知共识基本形成。

　　构建新型电力系统涉及的领域点多面广，延续的时间跨度长、覆盖的空间范围广，特别是不同发展阶段的差异明显，需要统筹谋划、科学部署、有序推进。未来电网形态将发生重大变化，运行场景复杂、受控对象点多面广、系统不确定性增强、调节手段多且难协调等问题将逐步显现。与此同时，大型城市能源结构改变、交通电气化程度加深、复杂系统耦合程度加剧，这些都进一步提高了城市电网安全稳定运行难度。在我国灵活性电力调节资源严重短缺情况下，以高灵活性对冲新能源接入的不确定性。有效提升电网数字化智能化水平、促进电力供需互动，将成为保障大型城市系统安全和高比例新能源消纳的重要手段。

　　在新型电力系统进入全面启动和加速推进的重要阶段，国网天津市电力公司从省级电网企业出发，围绕以新型电力系统与大型城市融合发展的视角，深入思考了新型电力系统与城市规模化高速化发展的关系，基于对概念特征的深刻认识、演化进程的理解把握，围绕社会主义现代化大都市发展实践这一主线，论述了新型电力系统构建基础和建设路径，以全力支撑构建数智化坚强电网为重点，以政企协同、市场建设、数字基础设施等为保障支撑，创新开展交直流混合配电网保护控制、城市电网精益感知与防控等关键技术研发应用，先行先试探索双碳运营服务、综合能源、电动汽车等新兴产业，打造了智慧能源小镇、滨海能源互联网综合示范区、宝坻"一园一村"等一批典型示范工程，输出了大型城市构建新型电力系统的天津范式。

本书技术先进、见地深刻、实践特点突出，反映出国网天津市电力公司对新型电力系统理论与实践的深刻思考，具有很强的学术价值。书中既有丰富生动的典型案例、实践探索，又有大量聚焦新型电力系统重点领域的最新技术创新成果，这些都是国网天津市电力公司在服务大型城市发展、持续创新突破中积累的宝贵经验，为进一步提速大型城市级新型电力系统建设提供了有益参考。

构建新型电力系统是一项开创性的系统工程，任务艰巨、挑战前所未有，但前景十分广阔。相信国网天津市电力公司围绕构建新型电力系统作出的探索实践，可以帮助能源电力行业的从业者乃至社会各行各业更好地了解新型电力系统的实践路径、构建方法，必将为推动新型电力系统的建设提供有益借鉴。

中国工程院院士

2024 年 1 月

前　言

　　能源是人类文明进步的基础和动力。习近平总书记指出，能源安全是关系国家经济社会发展的全局性、战略性问题，对国家繁荣发展、人民生活改善、社会长治久安至关重要。党的十八大以来，习近平总书记对能源工作高度重视，把能源发展作为生态文明建设重要内容，创造性提出"四个革命、一个合作"能源安全新战略，在不同时期、不同阶段作出重要指示批示，深刻引领能源发展方向。党的二十大进一步提出，"加强重点领域安全能力建设，确保粮食、能源资源、重要产业链供应链安全"，明确将确保能源资源安全作为维护国家安全能力的重要内容，能源成为维系国计民生的稀缺资源，是国家竞争之要素。

　　电力作为能源体系的重要组成部分，是城市，特别是大型城市不可或缺的生命线，更是推动能源绿色低碳转型和高质量发展、实现"双碳"目标不可或缺的主力军。基于对全球宏观形势和我国能源发展实际的精准研判，2021 年 3 月，习近平总书记在中央财经委员会第九次会议上，对碳达峰碳中和作出重要部署，强调要构建新型电力系统，明确了我国能源电力转型发展的方向。2023 年 7 月，习近平总书记在主持召开中央全面深化改革委员会第二次会议时强调，要深化电力体制改革，加快构建清洁低碳、安全充裕、经济高效、供需协同、灵活智能的新型电力系统，更好推动能源生产和消费革命，保障国家能源安全。这进一步明确了新型电力系统的建设方向和要求。

　　国家电网公司深入贯彻落实习近平总书记关于能源电力的重要讲话和重要指示批示精神，第一时间研究部署、系统梳理，于 2023 年 9 月出版《新型电力系统与新型能源体系》专著，系统论述了新型电力系统的定位、内涵及特征，深入剖析了新型电力系统"是什么""怎么建"等基础理论，阐述了以新型电力系统建设推动新型能源体系建设的路径。

国网天津市电力公司（简称"国网天津电力"）从省级电力公司定位出发，依托天津市区位优势和产业特色，先行先试推动城市电网转型升级、构建数智化坚强电网，以技术创新和产业变革双向赋能企业发展，打造了智慧能源小镇、滨海能源互联网综合示范区等一批重大示范工程。基于服务大型城市发展的系统实践和典型经验，以及对构建城市级新型电力系统的建设范式的通盘谋划和深入思考，国网天津电力立足新型电力系统与城市融合发展的视角，立足大型城市能源电力需求新特征，全面论述了新型电力系统在社会主义现代化大都市落地的实施重点、典型模式和实践路径。

在全面系统总结国网天津电力构建新型电力系统创新实践的基础上，我们组织编写了本书。全书共十一章，第一章主要论述新型电力系统的提出背景及内涵意义。第二章主要分析天津市构建新型电力系统的需求与挑战，提出新型电力系统的构建基础和实践路径。第三章从坚强城市主网、配电网智慧化升级等方面介绍推动大型城市电网转型升级的有益实践。第四章重点介绍国网天津电力在源网荷储等关键环节所取得的重大技术创新成果。第五章从数字基础设施、数字关键技术和数字服务生态等方面阐述了新型电力系统数字支撑体系。第六章、第七章分别介绍综合能源、电动汽车两大新兴领域的业务发展布局和典型实践。第八章从政企协同、平台建设、市场建设等方面，阐述推动构建新型电力系统的组织机制创新实践。第九章重点介绍了天津地区构建城市级新型电力系统典型示范工程。第十章围绕国内首个政企合作的天津电力双碳中心建设，介绍天津在推动"双碳"业务实体化运营方面的先行先试成果。第十一章论述了以新型电力系统建设推动新型能源体系建设的路径。

当前新型电力系统已经进入加速建设阶段，任务异常艰巨，挑战前所未有，前景十分广阔，许多工作需要边摸索、边总结、边完善。本书主要是国网天津电力服务社会主义现代化大都市建设、构建城市级新型电力系统的阶段性成果总结和分享，很多理论和实践仍在不断迭代完善中，书中疏漏和不妥之处在所难免，恳请广大读者批评指正。本书在编写过程中收集整理了天津能源电力领域的最新建设成果，并借鉴了国内众多专家学者的观点和研究成果，在此对提供素材的相关单位和人员，以及相关参考文献作者表示感谢。

编　者

2024 年 1 月

目录

序

前言

第一章	新型电力系统概述

第一节　新型电力系统的内涵意义　　　002

第二节　构建新型电力系统的总体要求　　　017

第三节　构建新型电力系统的认识　　　026

第二章	新型电力系统建设路径

第一节　构建新型电力系统的需求与挑战　　　032

第二节　新型电力系统的构建基础　　　036

第三节　新型电力系统的实践路径　　　040

第三章	城市电网转型升级

第一节　坚强城市主网　　　052

第二节　配电网智慧化升级　　　064

第三节　供需协同与高效用能　　　081

第四节　新能源与新型储能　　　094

第四章	技术创新与应用

第一节　概述　　　108

第二节　静止同步串联补偿技术　　　109

第三节　虚拟同步机与配电网交互技术　　　116

第四节　城市电网精益感知与防控技术　　　　120

第五节　柔性交直流混合配电网保护控制技术　　126

第六节　配电网带电作业机器人技术　　　　　131

第七节　配电系统智能软开关技术　　　　　137

第八节　电采暖与电网供需互动技术　　　　142

第五章　数字支撑体系

第一节　数字支撑体系框架　　　　　　　150

第二节　数字基础设施　　　　　　　　154

第三节　数字关键技术　　　　　　　　159

第四节　数字服务生态　　　　　　　　173

第六章　综合能源服务应用

第一节　业务布局　　　　　　　　　　182

第二节　支撑平台　　　　　　　　　　184

第三节　典型商业模式　　　　　　　　190

第四节　典型实践　　　　　　　　　　195

第七章　电动汽车业务与平台

第一节　业务布局　　　　　　　　　　214

第二节　新能源汽车充电设施综合服务平台　　216

第三节　典型实践　　　　　　　　　　218

第四节　工程示范　　　　　　　　　　223

第八章　组织机制保障

第一节　政企协同　　　　　　　　　　242

第二节　合作生态　　　　　　　　　　　　246

第三节　市场建设　　　　　　　　　　　　252

第四节　人才队伍　　　　　　　　　　　　260

第九章　典型示范工程

第一节　城镇级示范——智慧能源小镇　　276

第二节　园区级示范——宝坻"一园一村"　286

第三节　港口级示范——天津港"零碳"码头　294

第四节　区域级示范——滨海能源互联网　299

第十章　电力双碳先行实践

第一节　天津电力双碳中心　　　　　　　312

第二节　双碳运营体系　　　　　　　　　317

第三节　典型业务实践　　　　　　　　　328

第十一章　以新型电力系统推动新型能源体系建设

第一节　概述　　　　　　　　　　　　　334

第二节　能源配置平台化　　　　　　　　335

第三节　能源生产清洁化　　　　　　　　338

第四节　能源消费电气化　　　　　　　　342

第五节　能源创新融合化　　　　　　　　344

第六节　能源业态数字化　　　　　　　　347

参考文献

第一章
新型电力系统概述

新型电力系统是新型能源体系的重要组成和实现"双碳"目标的关键载体，它以确保能源电力安全为基本前提，以满足经济社会高质量发展的电力需求为首要目标，以高比例新能源供给消纳体系建设为主线任务，以源网荷储多向协同、灵活互动为坚强支撑，以坚强、智能、柔性电网为枢纽平台，以技术创新和体制机制创新为基础保障，是新时代电力系统。本章论述了新型电力系统的内涵意义，全面总结了构建新型电力系统的总体要求，并对新型电力系统进行了辩证唯物主义的思考。

第一节　新型电力系统的内涵意义

构建新型电力系统是一项极具开创性、挑战性、全局性的系统工程，进一步深化对新型电力系统内涵意义的认识，对于广泛凝聚共识、推动碳达峰、碳中和目标实现，服务能源转型和经济社会高质量发展具有重要意义。

一　提出背景

2014 年 6 月，习近平总书记在中央财经领导小组第六次会议上提出"四个革命，一个合作"能源安全新战略，开启了我国能源事业奋力变革、创新发展的新篇章。当前，我国能源供给由黑色、高碳逐步走向绿色、低碳，能源体制改革不断深化，传统电力系统转型升级迫在眉睫。

（一）全球能源电力发展形势

当今世界，气候变化给全人类生存和发展带来了严峻挑战，全球能源产业链供应链遭受严重冲击，国际能源价格高位振荡，能源供需版图深度调整。《2022年全球气候状况》临时报告显示，气候变化的预兆和影响正愈发令人关注。自1993 年以来，海平面的升速已翻了一番，2022 年创下历史新高。据估计，2022年全球平均温度较 1850—1900 年工业化前平均温度高出约 1.15 摄氏度。科学家们预计到 20 世纪 30 年代中期，气温上升将达到或超过 1.5 摄氏度。

全球范围内，应对气候变化已成为各国政府的核心议题之一。总体来看，国际上应对气候变化的政策框架主要包括设定净零排放目标，围绕碳中和出台行动计划、退出煤电、遏制甲烷排放、实施碳定价政策，以及在建筑等行业实施节能改造等。截至 2023 年，全球超过 130 个国家和地区提出了净零排放或碳中和的目标。欧盟通过《欧洲气候法案》，各成员国承诺在 2050 年前实现碳中和，到 2030 年欧盟温室气体净排放总量与 1990 年相比至少减少 55%；德国修改《气候保护法》，新增了交通、工业等领域的减排目标，规定 2045 年实现碳中和，比原计划提前 5 年；美国宣布重返《巴黎协定》，随后承诺不迟于 2050 年实现温室气体净零排放；英国计划到 2035 年将温室气体排放量较 1990 年减少 78%；阿联酋和沙特成为海湾地区率先提出净零排放目标的传统产油国，分别宣布到 2050 年、2060 年实现净零排放；越南、印度等宣布碳中和计划，目标分别为 2050 年、2070 年实现碳中和；韩国宣布到 2030 年温室气体排放量比 2018 年减少 35% 以上，2050 年实现净零排放；中国宣布"二氧化碳排放力争于 2030 年前达到峰值，努力争取 2060 年前实现碳中和""到 2030 年，中国单位国内生产总值二氧化碳排放将比 2005 年下降 65% 以上"。主要国家 / 地区能源气候战略目标见表 1–1。

表 1–1　　　　　　　　主要国家 / 地区能源气候战略目标

国家 / 地区	能源气候战略目标
欧盟	2050 年前实现碳中和，2030 年温室气体净排放总量较 1990 年至少减少 55%
德国	2045 年实现碳中和，比原计划提前 5 年；2030 年温室气体排放比 1990 年减少 65%，超过欧盟减排 55% 的目标
英国	2035 年温室气体排放量较 1990 年减少 78%；2035 年电力系统实现 100% 清洁无碳供电
加拿大	2035 年起禁止销售燃油新车，2050 年实现净零排放
美国	2035 年实现电力行业净零排放，2050 年实现温室气体净零排放
日本	2050 年实现净零排放；2050 年可再生能源发电占比提升至 50%~60%
韩国	2030 年温室气体排放量较 2018 年减少 35%，2050 年实现净零排放
印度	2030 年前减少碳排放 100 亿吨，2070 年实现净零排放
中国	力争 2030 年前达到二氧化碳排放峰值，努力争取 2060 年前实现碳中和

为实现净零排放目标，各国加大发展可再生能源。世界各国可再生能源发电量如图 1–1 所示。其中，中国的可再生能源发展迅猛，成为全球可再生能源发电量的主要贡献者，标志着中国正在朝着更清洁、更可持续的能源未来迈进。

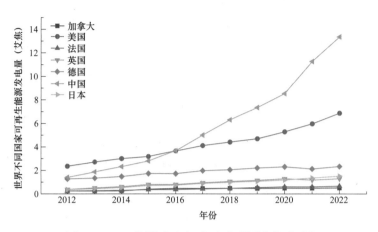

图 1-1　世界各国可再生能源发电量

　　中国积极推动能源供给革命，深化能源供给侧结构性改革，优先发展可再生能源，推进煤炭清洁高效开发利用，不断提升能源生产清洁化进程，电力绿色低碳转型不断加速。中国各类能源占一次能源生产总量比重如图 1-2 所示。从 2013 年到 2022 年，中国清洁能源在一次能源生产中的比重呈上升趋势，原煤、原油呈下降趋势，截至 2022 年年底，原煤占一次能源生产总量的比重为 67.4%，原油占一次能源生产总量的比重为 6.3%，天然气占一次能源生产总量的比重为 5.9%，一次电力及其他能源占一次能源生产总量的比重 20.4%。从 2018 年起，风力发电

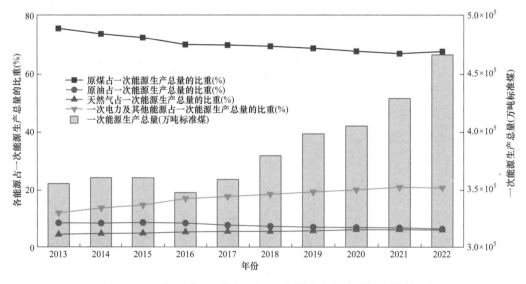

图 1-2　中国各类能源占一次能源生产总量的比重

和太阳能发电的增速加大，火电、水电等能源的增长趋势逐步放缓。2024年全国能源工作会议发布数据显示，截至2023年年底，中国可再生能源总装机容量达到14.5亿千瓦，在全国发电总装机容量占比超过50%，历史性超过火电装机容量。发电量3万亿千瓦·时，约占全社会用电量的1/3，风电、光伏发电量已超过同期城乡居民生活用电量，占全社会用电量比重突破15%。中国风光总装机容量突破10亿千瓦，在电力新增装机中的主体地位更加巩固，户用光伏规模突破1亿千瓦、覆盖农户500多万户。中国各类能源发电装机容量如图1-3所示。

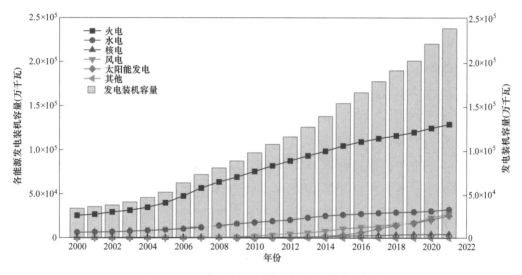

图1-3　中国各类能源发电装机容量

（二）国家能源发展战略

以习近平同志为核心的党中央高度重视能源工作。党的十八大以来，习近平总书记对做好能源工作作出了一系列重要论述，科学回答了中国能源转型变革和高质量发展的重大问题，开辟了中国特色能源发展新道路。

1."四个革命、一个合作"能源安全新战略，引领中国迈向能源高质量发展新阶段

2014年6月，习近平总书记在中央财经领导小组第六次会议上创造性地提出了"四个革命、一个合作"能源安全新战略，指引中国推进能源消费革命、能源供给革命、能源技术革命、能源体制革命，全方位加强国际合作，实现开放条件下能源安全。这为中国新时代能源发展指明了方向，引领中国迈向能源高质量发展新阶段。

"四个革命、一个合作"能源安全新战略内涵丰富、立意高远，是我们党历史上关于能源安全战略最为系统完整的论述，代表了我国能源战略理论创新的新高度。实践证明，这一战略符合中国国情，顺应时代潮流，遵循能源规律，是习近平新时代中国特色社会主义思想在能源领域的重要体现和科学运用，是新时代指导中国能源转型发展的行动纲领。这一战略的提出为推动能源改革发展向纵深推进提供了科学方法论，为中国构建现代能源体系、推动能源转型、促进可持续发展提供了根本遵循。同时，它也为构建全球能源治理体系，深化全球能源治理合作，维护全球能源安全，共建清洁美丽世界提供了中国方案、中国智慧。这是中国对全球能源治理的贡献，也是中国对全球可持续发展的承诺。

推动能源消费革命，抑制不合理能源消费。坚决控制能源消费总量，有效落实节能优先方针，把节能贯穿于经济社会发展全过程和各领域，坚定调整产业结构，高度重视城镇化节能，树立勤俭节约的消费观，加快形成能源节约型社会。

推动能源供给革命，建立多元供应体系。立足国内多元供应保安全，大力推进煤炭清洁高效利用，着力发展非煤能源，形成煤、油、气、核、新能源、可再生能源多轮驱动的能源供应体系，同步加强能源输配电网络和储备设施建设。

推动能源技术革命，带动产业升级。立足中国国情，紧跟国际能源技术革命新趋势，以绿色低碳为方向，分类推动技术创新、产业创新、商业模式创新，并同其他领域高新技术紧密结合，把能源技术及其关联产业培育成带动中国产业升级的新增长点。

推动能源体制革命，打通能源发展快车道。坚定不移推进改革，还原能源的商品属性，构建有效竞争的市场结构和市场体系，形成主要由市场决定能源价格的机制，转变政府对能源的监管方式，建立健全能源法治体系。

全方位加强国际合作，实现开放条件下能源安全。在主要立足国内的前提条件下，在能源生产和消费革命所涉及的各个方面加强国际合作，有效利用国际资源。

2. "双碳"目标，树立了中国能源转型的鲜明导向

2020年9月，国家主席习近平在第七十五届联合国大会上宣布，中国力争2030年前二氧化碳排放达到峰值，努力争取2060年前实现碳中和的目标。2021年10月，《关于完整准确全面贯彻新发展理念做好碳达峰碳中和工作的意见》（简称《意见》）以及《2030年前碳达峰行动方案》（简称《行动方案》）两个重要文件的相继出台，共同构建了中国碳达峰碳中和"1+N"政策体系的顶层设计。

《意见》指出了实现碳达峰碳中和的主要目标：到2025年，绿色低碳循环发

展的经济体系初步形成，重点行业能源利用效率大幅提升。单位国内生产总值二氧化碳排放比 2020 年下降 18%；非化石能源消费比重达到 20% 左右；到 2030年，经济社会发展全面绿色转型取得显著成效，重点耗能行业能源利用效率达到国际先进水平。单位国内生产总值二氧化碳排放比 2005 年下降 65% 以上；非化石能源消费比重达到 25% 左右，风电、太阳能发电总装机容量达到 12 亿千瓦以上；到 2060 年，绿色低碳循环发展的经济体系和清洁低碳安全高效的能源体系全面建立，能源利用效率达到国际先进水平，非化石能源消费比重达到 80% 以上，碳中和目标顺利实现，生态文明建设取得丰硕成果，开创人与自然和谐共生新境界。

《行动方案》阐明了实现"双碳"目标的重点任务：将碳达峰贯穿于经济社会发展全过程和各方面，重点实施能源绿色低碳转型行动、节能降碳增效行动、工业领域碳达峰行动、城乡建设碳达峰行动、交通运输绿色低碳行动、循环经济助力降碳行动、绿色低碳科技创新行动、碳汇能力巩固提升行动、绿色低碳全民行动、各地区梯次有序碳达峰行动等"碳达峰十大行动"。

"双碳"目标的提出标志着中国在气候变化领域加大了承诺和行动力度，旨在推动国内经济发展朝着更为绿色、低碳和可持续的方向发展，同时也为全球气候治理提供了积极信号。

3. 加快规划建设新型能源体系，确立了新时代我国能源高质量发展的根本途径

党的二十大报告提出，积极稳妥推进碳达峰碳中和、加快规划建设新型能源体系。这为我国能源电力高质量发展提出了更高要求。

加快规划建设新型能源体系有助于推进能源有序均衡发展与绿色低碳发展的协同共进，系统地解决发展过程中的能源安全和经济安全问题。首先，建设新型能源体系能够深入推进环境污染防治和积极稳妥推进碳达峰碳中和。从能源低碳化、清洁化的发展趋势来看，建设新型能源体系应当与加快发展方式绿色转型、深入推进环境污染、防治和稳妥推进"双碳"目标任务有机结合起来，大力开展煤炭清洁高效利用，有序开展化石能源消费替代，稳步提升风力发电、光伏发电等可再生能源的消费比重，实现生态优先、节约集约、绿色低碳发展。其次，建设新型能源体系能够协同推进降碳、减污、扩绿、增长。新型能源体系的建设实质上是长期的控碳工作，能够带动短期和中期的污染物减排，有效促进降碳、减污、扩绿、增长相关制度的系统集成，推动相关政策的协同配合以及先进技术的协同创新。内在要求新型能源体系的规划建设与污染防治、生态保护和提升经济质效相互包容。最后，建

设新型能源体系能够确保能源安全供应。加快规划建设新型能源体系是推进中国式现代化的基础。需要统筹考量不同能源的配合甚至耦合的供需关系，统筹考量国内和国际能源的供需关系以及国内各区域之间的能源供需关系，统筹考量长期、中期、短期国家和区域能源的供需关系，统筹考量不同阶段的能源政策目标和政策强度变化，统筹考量纵向的央地关系、横向的部门关系及政府与市场的关系。

4．构建新型电力系统，有力支撑中国新型能源体系建设

2021年3月，习近平总书记在中央财经委员会第九次会议上对能源电力发展作出了系统阐述，首次提出构建新型电力系统，为新时代能源电力发展指明了科学方向，也为全球电力可持续发展提供了中国方案。为实现碳达峰、碳中和目标，推动构建新型能源体系，电力系统必须立足新发展阶段、贯彻新发展理念，重点在功能定位、供给结构、系统形态顺应发展形势、响应变革要求，主动转变。

建设新型电力系统必须坚持体制机制和技术创新"双驱动"。一方面，进一步健全新型电力系统体制机制，设计适应新能源低边际成本、高系统成本、大规模高比例发展的市场，健全各类调节性、支撑性资源的成本疏导机制，进一步深化输配电价、上网电价、销售电价改革。另一方面，进一步攻关支撑新型电力系统构建的重大技术，加强政策引导，激发创新潜力，促进产学研深度融合，打造新型电力系统多维技术路线，推动能源电力全产业链融通发展，打造具有国际竞争力的完整能源电力产业链、供应链和价值链。

新型电力系统是能源绿色低碳转型的关键支撑，构建新型电力系统是一项复杂系统工程，要破除传统政策机制堵点，推动有效市场和有为政府相结合，加强电力系统全环节、多要素统筹协调管理，激发各方积极性，共同构建清洁低碳、安全充裕、经济高效、供需协同、灵活智能的新型电力系统。

（三）电力系统的机遇挑战

近年来，中国电力系统规模持续扩大、结构持续优化、效率持续提升、体制改革和科技创新不断取得突破。在"双碳"背景下，能源生产、消费和利用呈现新的发展趋势，电力行业迎来新一轮的重大变革。要实现碳达峰碳中和目标，构建新型电力系统是破局之要。

1．电力系统发展现状

目前，中国发电装机总容量、非化石能源发电装机容量、远距离输电能力、电网规模等指标均稳居世界第一位，电力装备制造、规划设计及施工建设、科研与标准化、系统调控运行等方面均建立了较为完备的业态体系。截至 2022 年年底，中国电力系统在供应保障、绿色低碳转型、系统调节能力、技术创新和体制改革等方面都取得了显著的进步，主要体现在五个方面：一是电力供应保障能力稳步增强，电源总装机规模达到 25.6 亿千瓦，全国形成了有效互联的六大区域电网，电力可靠性指标保持较高水平，城市电网用户平均供电可靠率约 99.9%，农村电网供电可靠率达 99.8%；二是电力绿色低碳转型加速，非化石能源发电装机规模达 12.7 亿千瓦，占总装机容量的 49%，超过煤电装机规模。非化石能源发电量达 3.1 万亿千瓦·时，占总发电量的 36%。风电、光伏发电装机规模 7.6 亿千瓦，占总装机的 30%；风电、光伏发电量 1.2 万亿千瓦·时，占总发电量的 14%；三是电力系统调节能力增强，煤电灵活性改造规模累计约 2.57 亿千瓦，抽水蓄能装机规模达到 4579 万千瓦，新型储能累计装机规模达到 870 万千瓦。新能源消纳形势稳定向好，全国风电、光伏发电利用率达到 97%、98%；四是电力技术创新提升，清洁能源装备制造产业链基本完备，全面掌握 1000 千伏交流、±1100 千伏直流及以下等级的输电技术；五是电力体制改革成效突出，全国电力市场交易规模进一步扩大，全年完成市场化交易电量 5.25 万亿千瓦·时。输配电价改革持续优化，分时电价、阶梯电价机制逐步健全，一般工商业电价连续三年降低，世界银行"获得电力"评价指标排名跃升至全球第 12 位。中国各类电源装机结构如图 1-4 所示。

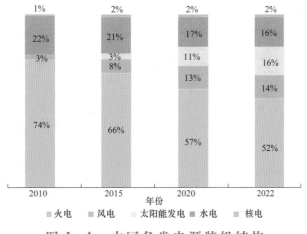

图 1-4　中国各类电源装机结构

2．电力系统发展机遇

在碳达峰碳中和目标下，中国电力系统正在向更加绿色、高效和可持续的发展方向迈进。根据《中国电力行业年度发展报告2023》，预计到2030年，中国电气化进程将进入中期转型阶段，带动电能占终端能源消费比重达到35%左右，非化石能源发电装机占比将达到60%左右，非化石能源发电量占比接近50%，非化石发电量增量占全社会用电量增量比重达到90%左右。电力系统调节能力需求逐步攀升，随着新能源占比逐渐提高，煤电逐步向基础保障性和系统调节性电源转型，电源多元化发展成为电力系统安全运行的可靠保障。电力系统迎来了高速发展期。未来电力系统将呈现多种新型技术形态并存的格局，大电网将长期作为我国电网的基本形态，分布式微网将成为有效补充。

未来电力系统将在电源构成、电网形态、负荷特性、技术基础、运行特性方面实现"五大转变"。

电源构成由以化石能源发电为主导，向大规模可再生能源发电为主转变。随着能源转型不断深化，新型电力系统电源构成从确定性的、可调可控的常规电源占主导，逐步演化为随机性、间歇性、波动性的新能源发电占主导，最终实现新能源发电量占主导。

电网形态由"输配用"单向逐级输电网络向多元双向混合层次结构网络转变。新型电力系统源端汇集接入组网形态从单一的工频交流汇集接入电网，逐步向工频/低频交流汇集组网、直流汇集组网接入等多种形态过渡；输电网络形态从交流骨干网架与直流远距离输送为主过渡到交流电网与直流组网互联。

负荷特性由刚性、消费型向柔性、产消型转变。需求响应推动了电力系统负荷由刚性向柔性转变。电动汽车、虚拟电厂、分布式储能等新型负荷的不断涌现实现了用户侧调节潜力的充分释放，催生了电力用户"产消者"新形态。

技术基础由支撑机械电磁系统向支撑机电、半导体混合系统转变。技术基础是电力系统技术发展的底层逻辑，厘清技术基础转变形势才能把握新型电力系统技术创新方向。

运行特性由"源随荷动"单向计划调控向源网荷储多元协同互动转变。新型电力系统平衡模式从传统源荷实时平衡模式，向源网荷储协同互动的非完全源荷间实时平衡模式转变，即大规模储能协同参与后，实现源荷在时间层面上解耦的"源储荷"平衡模式。

3. 电力系统面临的挑战

由于国际局势复杂多变，新能源快速发展、电力电子设备高比例接入，控制规模指数级增长等多重因素叠加，中国电力系统发展仍面临以下六方面挑战：一是电力供应安全，由于多重因素叠加，包括国际局势复杂多变、能源价格高企、国内煤炭、天然气供应紧张等，部分地区电力供应紧张，保障电力供应安全面临突出挑战；二是新能源消纳，新能源快速发展，系统调节能力和支撑能力提升面临诸多掣肘，新能源消纳形势依然严峻；三是"双高"特性带来的风险，高比例可再生能源和高比例电力电子设备的"双高"特性日益凸显，安全稳定运行面临较大风险挑战；四是调控技术手段和网络安全防护，电力系统可控对象从以源为主扩展到源网荷储各环节，控制规模呈指数级增长，调控技术手段和网络安全防护亟待升级；五是电力关键核心技术装备，电力关键核心技术装备尚存短板，电力系统科技创新驱动效能还需持续提升；六是体制机制改革，电力系统转型过程中面临诸多改革任务，体制机制亟待完善。

面对上述诸多挑战和问题，电力行业亟需深化改革、加强科技创新、提升系统调节能力和网络安全防护能力，加快建设安全高效、清洁低碳、柔性灵活、智慧融合的新型电力系统，保障电力安全稳定供应、助力实现"双碳"目标。

 二 内涵概念

（一）新型电力系统内涵特征

新型电力系统概念提出以来，业内专家学者纷纷对其内涵进行了探索性解读。中国工程院院士、中国电机工程学会理事长舒印彪认为，新型电力系统结构形态发生变化，从高碳电力系统，变为深度低碳或零碳电力系统；从以机械电磁系统为主，变为以电力电子器件为主；从确定性可控连续电源变为不确定性随机波动电源；从高转动惯量系统变为弱转动惯量系统，新型电力系统特征包括广泛互联、智能互动、灵活柔性、安全可控四个方面。中国工程院院士薛禹胜认为，以新能源为主体的新型电力系统是一个典型的跨领域跨学科系统，不但要打破各环节之间的信息壁垒，保证信息流的畅通及安全，还必须统筹考虑能源链、碳元素链、资金链、大量参与者的行为，以及信息、物理、社会元素引入的各种风险源，才能有效支撑新型电力系统的规划及运行。中国工程院院士郭剑波认为，在以新能源为主体的新型电力系统中，新能源资源的不确定性、设备低抗扰性和弱支撑性将带来安全挑战。在一段时间内，为解决安全问题，需要加大投资、增加运行成本，这将给经济带来挑战。为破解"环境—安全—经济"三角矛盾，需要在运行调控机制、电价市场机制、政策法规机制等方面进行创新。中国科学院院士周孝信认为，建设中的新型电力系统将逐渐具有高比例可再生能源、高比例电力电子装备、多能互补综合能源、数字化智能化智慧能源、清洁高效低碳零碳、高韧性本质安全可靠等六项主要特征。中国工程院院士、天津大学教授余贻鑫认为，建设新型电力系统需要一个能接纳高比例分布式可再生能源、抗扰能力强、适应双向潮流的电力交换网络，分布式智能电网成为建设新型电力系统的"题眼"。清华大学能源互联网创新研究院院长康重庆认为，构建新型电力系统是实现碳中和目标的关键抓手，需要依托数字化技术，统筹电源、电网、负荷、储能资源，以源网荷储互动及多能互补为支撑，满足电力安全供应、绿色消费、经济高效的综合性目标。国家电网公司董事长辛保安认为，新型电力系统是一个涉及全社会各环节的开放的复杂巨系统，其构建需要统筹发展与安全，保障电力持续可靠供应，保障电网安全稳定运行，促进新能源高效消纳，构建新型电力系统要以服务国家"双碳"目标为根本遵循。中国工程院院士、天津大学教授王成山认为，充分挖掘电力供需互动环节的潜力，推广应用负荷需求侧响应与智慧用能等先进技术，解决相关技术在示范落地、市场推广、运营体制机制上的瓶颈问题，是推动构建新型电力系统的关键性环节之一。

综上所述，业内专家对新型电力系统的共识形成了一个清晰的愿景：推动电力系统向高度数字化、清洁化、智慧化的方向演进。新型电力系统是一个以新能源为主体，以电力为中心的清洁低碳高效、数字智能互动的能源体系，其内部电气特征和外部表现形式与现有电力系统有所不同。新型电力系统的发展方向包括技术升级、智能互联、多能互补等，致力于实现碳中和、高效能源利用、清洁电力生产的综合目标。

2023年6月，国家能源局发布《新型电力系统发展蓝皮书》（简称《蓝皮书》），全面阐述新型电力系统的发展理念、内涵特征。进一步明确了新型电力系统的定义、发展目标和重点任务，统一行业内外对新型电力系统的认识，标志着新型电力系统建设进入全面启动和加速推进的重要阶段。

《蓝皮书》指出，新型电力系统是以确保能源电力安全为基本前提，以满足经济社会高质量发展的电力需求为首要目标，以高比例新能源供给消纳体系建设为主线任务，以源网荷储多向协同、灵活互动为坚强支撑，以坚强、智能、柔性电网为枢纽平台，以技术创新和体制机制创新为基础保障的新时代电力系统，是新型能源体系的重要组成部分和实现"双碳"目标的关键载体。《蓝皮书》定义了新型电力系统安全高效、清洁低碳、柔性灵活、智慧融合四大重要特征，其中安全高效是基本前提，清洁低碳是核心目标，柔性灵活是重要支撑，智慧融合是基础保障，共同构建了新型电力系统的"四位一体"框架体系。

2023 年 7 月，中央全面深化改革委员会第二次会议审议通过了《关于深化电力体制改革加快构建新型电力系统的指导意见》，正式确定了新型电力系统特征为：清洁低碳、安全充裕、经济高效、供需协同、灵活智能。

（二）新型电力系统发展路径

《蓝皮书》锚定 2030 年前实现碳达峰、2060 年前实现碳中和的战略目标，以 2030 年、2045 年、2060 年为构建新型电力系统构建战略目标的重要时间节点，制定新型电力系统"三步走"发展路径，即加速转型期（当前—2030 年）、总体形成期（2030—2045 年）、巩固完善期（2045—2060 年），有计划、分步骤推进新型电力系统建设，如图 1-5 所示。

图 1-5 新型电力系统建设"三步走"发展路径

加速转型期（当前—2030 年）：聚焦于加速推动电力系统的绿色转型。通过大力发展可再生能源，提高新能源装机容量，预计 2030 年前实现碳达峰的目标。

加强智能电网建设，提升电力系统的可调度性和稳定性，以适应不断增长的可再生能源比例。鼓励电力系统的数字化升级，采用先进的能源管理技术，以提高能源利用效率。

总体形成期（2030—2045年）：着眼于电力系统的全面形成，力争在2045年前建成更为完备的新型电力系统。继续加大可再生能源的投入，确保碳排放水平持续下降，为实现碳中和目标奠定基础。进一步提升电力系统的智能化水平，推广电能替代，促进电动汽车等清洁能源的广泛应用。加大能源储存和智能电网的研发力度，以更好地应对电力系统的不确定性和波动性。

巩固完善期（2045—2060年）：注重在2045—2060年之间巩固和完善新型电力系统。继续提高可再生能源的比例，逐步淘汰高碳能源，实现电力系统的碳中和。加大对电力系统的基础设施升级和创新投入，确保系统在未来的可持续发展中更为稳健。推动电力系统与其他行业的深度融合，形成更为综合和高效的能源体系，为2060年前实现碳中和目标提供有力支撑。

（三）新型电力系统任务架构

《蓝皮书》提出了新型电力系统总体架构："锚定一个基本目标，聚焦一条主线引领，加强四大体系建设，强化三维创新支撑"，如图1-6所示。以助力规划建设新型能源体系为基本目标，以加快构建新型电力系统为主线，加强电力供应支撑体系、新能源开发利用体系、储能规模化布局应用体系、电力系统智慧化运行体系等四大体系建设，强化适应新型电力系统的标准规范、核心技术与重大装备、相关政策与体制机制创新的三维基础支撑作用。

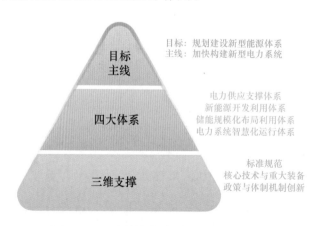

图1-6 新型电力系统总体架构

（四）新型电力系统构建方法

2023 年 9 月，国家电网公司董事长、党组书记辛保安主编的《新型电力系统与新型能源体系》出版，这部著作深度研究了新型电力系统建设的过程，提出了"怎么建"的核心问题，形成了新型电力系统构建的具体方法论，为我国今后新型电力系统建设、新能源消纳、实现"双碳"目标提供了重要思路和实践方案。

著作进一步深化了对新型电力系统构建的思考，明确指出构建过程需要严格遵循新型举国体制下的基本原则。通过对当前形势的深入研判，强调了夯实构建基础的必要性，认为只有在坚实的基础之上，新型电力系统才能更好地满足未来能源需求的挑战。书中，不仅明确了新型电力系统构建的基本原则，形成一套创新体系，其中包括理论创新、形态创新、技术创新、产业创新、组织创新五大维度，为构建新型电力系统提供了系统性的指导，使得各方面因素能够有机地相互配合，形成协同作用，全面提升电力系统的整体性能。该创新体系具有普适意义，不仅能够推动新型电力系统的构建，还能为未来电力系统在不同条件下的发展提供可持续的指导和支持。

三 建设意义

新型电力系统清洁低碳、安全充裕、经济高效、供需协同、灵活智能的五大特征，决定了构建新型电力系统是实现碳达峰、碳中和目标的关键抓手，对于保障电力安全供应、满足人民美好生活需要、构建能源体系新发展格局具有重要意义。

（一）满足人民美好生活需要的重要保证

电力可以为满足人民美好生活需要提供安全、经济、绿色、普惠用能服务。新型电力系统能够确保能源的可持续性、高效性和智能性，成为满足人们追求美好生活的关键基础设施，对社会经济的发展和人民生活质量的提升起到至关重要的保障作用。一方面，新型电力系统能够确保电力的可靠性和稳定性，不断满足人民日益增长的美好用能需要，为人们提供更智能、高效的生活方式，如电动交通工具、智能家居系统、可再生能源技术等。另一方面，构建新型电力系统可以自身清洁低碳发展引领经济社会绿色转型，服务美丽中国建设。图 1-7 所示为天津宁河渔光互补，通过可再生能源技术，助力高品质生态环境构建，赋能人与自然和谐共生。

图1-7　天津宁河渔光互补助力人与自然和谐共生

（二）构建能源体系新发展格局的关键载体

新型电力系统不仅仅是为满足生活的基本需求，还是推动经济和产业发展的引擎。现代产业对高效、可持续的电力供应有着日益增长的需求，从制造业到服务业，电力都是保证各个行业运转的核心。发挥好新型电力系统兼具的基础设施产业和经济新动能作用，建立涉及财税、金融、价格、环保、土地和人才等关键要素的支撑保障政策供给体系，可以充分激励各类型市场主体的创新活力。

从国际环境看，低碳经济将成为下一个全球经济结构升级和产业变革方向。新型电力系统高度依赖技术突破，为把握全球经济增长点、推动全球能源产业链重构带来重大机遇。借由建设新型电力系统之机，发挥好国有特大型企业的产业链"链长"和原创技术策源地作用，牵引形成现代化、多元化、科学化的现代能源产业集群，形成一大批具有创新活力、发展潜力和技术产业竞争力的民营企业，有利于构建中国在全球能源体系产业链的优势地位。

（三）落实国家能源安全新战略的重要保障

能源安全是根本性问题，是涉及经济社会发展全局的战略性、系统性问题，是能源高质量发展的根本支撑。构建新型电力系统，可以推动能源多元化，减少对单一能源的依赖，降低国家对进口能源的过度依赖，提升能源供应的多样性，有助于应对国际市场波动和能源供应中断的风险，增强国家能源安全性，丰富国家能源安全新战略的内涵。一方面，以满足经济社会可持续发展用能需求为前提，立足"富煤贫油少气"的能源禀赋，加强油气勘探开发和增储上产，推动煤炭行业高质量发展，促进新能源和清洁能源发展，确保"能源的饭碗必须端在自己手里"。另一方面，可以提升有效应对百年未有之大变局下多维度、跨系统、高不确定性能源安全潜在风险的能力，进一步加强对潜在重大因素的前瞻性辨识研判、预测预警分析和应急处理能力。

第二节　构建新型电力系统的总体要求

党的十八大以来，习近平总书记站在统筹中华民族伟大复兴战略全局和世界百年未有之大变局的高度，提出了"四个革命、一个合作"能源安全新战略，作出加快构建新型电力系统、建设新型能源体系的重大战略决策。天津市积极落实国家重大发展战略，推动京津冀协同发展走深走实，积极稳妥推进碳达峰、碳中和，发布"十项行动"。国家电网公司迅速行动，加快布局，出台一系列政策、举措助推新型电力系统建设。

一　国家部署要求

习近平总书记在中央财经委员会第九次会议上首次提出构建新型电力系统的重要指示，为新时代能源电力高质量发展提供了根本遵循，指明了前进方向。后续国家从源网荷储、体制机制方面相继发布了一系列新型电力系统相关的政策部署，对构建新型电力系统提出了具体要求，其中重点政策如下。

（一）促进新时代新能源高质量发展

2022年5月，国家发展改革委、国家能源局发布《关于促进新时代新能源高质量发展的实施方案》。该实施方案中对加快构建适应新能源占比逐渐提高的新型电力系统做出要求，部署4项任务：全面提升电力系统调节能力和灵活性；着力提高配电网接纳分布式新能源的能力；稳妥推进新能源参与电力市场交易；完善可再生能源电力消纳责任权重制度。方案锚定我国在2020年9月提出的"到2030年我国非化石能源占一次能源消费比重达到25%左右"，在2022年12月12日气候雄心峰会上提出的"到2030年，风电、太阳能发电总装机容量将达到12亿千瓦以上"，以及在2021年3月中央财经委员会第九次会议上提出的"构建以新能源为主体的新型电力系统"等一系列重大目标要求，聚焦以风电、光伏发电为代表的新能源大规模、高比例、高质量发展，完善政策措施，为我国如期实现碳达峰碳中和奠定坚实的新能源发展基础。

（二）建设适应新型电力系统的稳定管理体系

2023年9月，国家发展改革委、国家能源局发布《关于加强新形势下电力系统稳定工作的指导意见》（发改能源〔2023〕1294号），对新型电力系统的稳定工作提出要求，要建立适应新型电力系统的稳定管理体系，确保稳定工作要求在新型电力系统全过程、全环节、全方位落实。文件指出，要扎实做好新形势下电力系统稳定工作，加快构建清洁低碳、安全充裕、经济高效、供需协同、灵活智能的新型电力系统，保障电力安全可靠供应，推动实现碳达峰碳中和目标。从夯实电力系统稳定基础、加强电力系统全过程稳定管理、构建稳定技术支撑体系三方面提出了18项举措，具体如下：完善合理的电源结构；构建坚强柔性电网平台；科学安排储能建设；加强电力系统规划；加强工程前期设计；加强电力装备管理；加强电力建设管理；加强电力设备运维保障；加强调度运行管理；加强电力系统应急管理；加强电力行业网络安全防护；攻关新型电力系统稳定基础理论；提升系统特性分析能力；强化系统运行控制能力；加强系统故障防御能力；加快重大电工装备研制；加快先进技术示范和推广应用；加强稳定技术标准体系建设。该意见立足我国国情，坚持底线思维、问题导向，坚持系统观念、守正创新，坚持先立后破、远近结合，统筹发展和安全，做好新形势下电力系统稳定工作，对为中国式现代化建设提供可靠电力保障具有重要意义。

（三）进一步加强电力负荷侧管理

2023 年，国家相继修订了《电力需求侧管理办法》《电力负荷管理办法》。《电力需求侧管理办法》明确了电力需求侧管理工作各级主管部门和重要实施主体，推进需求侧资源参与电力市场常态化运行。科学有序在终端能源消费环节实施以电代煤、以电代油等措施，以法律规范综合保障体系管理、工作细则。《电力负荷管理办法》明确了电力负荷管理中心等单位职责。提出了各地电力运行主管部门指导电网企业根据本地实际情况成立电力负荷管理中心。科学规范有序用电全流程，对电网企业、发电企业、电力用户提出有序用电工作要求。加强新型电力负荷管理系统平台支撑，提出了电网企业制定负荷资源接入年度目标。

上述两个办法进一步增强了电力需求侧管理和电力负荷管理的科学性、规范性、有效性，对我国新型电力系统建设具有很大的促进作用。

（四）推动新型储能规模化、产业化、市场化发展

2021 年 4 月，国家发展改革委、国家能源局联合印发了《加快推动新型储能发展的指导意见》，提纲挈领指明了新型储能发展方向，要求强化规划的引领作用，加快完善政策体系，加速技术创新，推动新型储能高质量发展。2022 年 1 月，《"十四五"新型储能发展实施方案》发布。在指导意见的基础上，《实施方案》进一步明确发展目标和细化重点任务，提升规划落实的可操作性，旨在把握"十四五"新型储能发展的战略窗口期，加快推动新型储能规模化、产业化和市场化发展，保障碳达峰、碳中和工作顺利开展。

《实施方案》聚焦六大方向，明确了"十四五"期间的重点任务，具体如下：注重系统性谋划储能技术创新；强化示范引领带动产业发展；以规模化发展支撑新型电力系统建设；强调以体制机制促进市场化发展；着力健全新型储能管理体系；推进国际合作提升竞争优势。

《实施方案》坚持优化新型储能建设布局，推动新型储能与电力系统各环节融合发展。在电源侧，加快推动系统友好型新能源电站建设，通过合理配置储能提升煤电等常规电源调节能力。在电网侧，因地制宜发展新型储能，在关键节点配置储能提高大电网安全稳定运行水平在电网薄弱区域增强供电保障能力。在用户侧，灵活多样地配置新型储能支撑分布式供能系统建设，为用户提供定制化用能

服务，提升用户灵活调节能力。

（五）健全适应新型电力系统的体制机制

2023年7月，中央全面深化改革委员会第二次会议审议通过了《关于深化电力体制改革加快构建新型电力系统的指导意见》。该指导意见明确提出了加快构建清洁低碳、安全充裕、经济高效、供需协同、灵活智能的新型电力系统的任务，强调了在这一过程中要建立健全适应新型电力系统的体制机制。这一举措旨在通过电力系统的深刻变革来适应新能源快速发展和新形势下能源转型的紧迫需求。特别强调新型电力系统作为能源绿色低碳转型的关键支撑，是一项复杂系统工程。为了实现这一目标，必须打破传统政策机制的阻碍，推动有效市场和有为政府相结合。在此基础上，还要加强电力系统全环节、多要素的统筹协调管理，激发各方的积极性，共同致力于构建清洁低碳、安全充裕、经济高效、供需协同、灵活智能的新型电力系统。该指导意见为中国电力体制的未来发展提供了有力的政策支持和引领，标志着中国政府对电力体制改革和新型电力系统建设提出了更为明确的方向和要求，为构建可持续、高效、智能的新型电力系统奠定了坚实基础。

二 天津市政策举措

天津市积极落实国家重大发展战略，稳妥推进碳达峰碳中和，探索能源革命实施路径，加快规划建设新型能源体系，出台一系列政策、举措助推新型电力系统建设。

（一）十项行动部署能源领域重点任务

2022年12月，天津市认真贯彻落实习近平总书记重要讲话精神，在天津市委经济工作会议正式提出推动天津发展的"十项行动"，把党的二十大精神行动化、具体化、实践化，在绿色低碳发展行动上布局5方面24项任务，明确指出积极稳妥推进碳达峰碳中和，包括加快能源绿色低碳转型、全面发展绿色科技、推动零碳低碳先行先试等内容，明确了可再生能源装机规模力争达到1000万千瓦等可量化指标。新型电力系统建设成为一个关键领域，通过新型电力系统的建设，优化能源电力结构，提升自身的能源供应安全，推动经济转型升级，为实现社会主义现代化大都市的目标奠定坚实基础。

（二）建设新型电力系统助力"双碳"目标

2022年8月，天津市发布《天津市碳达峰实施方案》。方案指出推动新能源占比逐渐提高的新型电力系统建设，打造坚强智能电网，促进清洁电力资源优化配置。同年12月，天津市发布《天津市科技支撑碳达峰碳中和实施方案（2022—2030年）》，方案中指出要在能源供给端，以打造清洁低碳安全高效的能源体系、构建新能源占比逐渐提高的新型电力系统等前沿技术为突破重点，加快推动能源绿色低碳转型。推动"可再生能源＋储能"模式、"源网荷储"一体化、储能装备和管理等新型电力系统技术发展。从推进风电和光伏大规模友好并网、海上风电汇集和输电，可再生能源功率预测、新能源微网、先进配电网、分布式能源调控等智能电网技术和新能源消纳技术研发等方面加快建设新型电力系统。两方案的发布为天津构建新型电力系统指明了重点方向及科技攻关路径。

（三）"十四五"规划绘制新型电力系统蓝图

《天津市能源发展"十四五"规划》指出加速绿色低碳发展，推进电力智慧高效运行，深化电力科技创新和体制改革，构建新能源占比逐渐提高的新型电力系统，确定了7方面共23项重点任务。7方面包括构建多元安全保障体系，加快清洁低碳转型发展，打造坚强区域能源枢纽，促进高效智慧能源发展，培育可持续发展新动能，提升能源普遍服务水平，推动体制机制改革创新。《天津市可再生能源发展"十四五"规划》指出要坚持分布式和集中式并重，加快本地可再生能源开发，打造滨海"盐光互补"、宁河"风光互补"等百万千瓦级新能源基地，积极争取外部绿电，增强可再生能源消纳能力，提升可再生能源电力消费比重。推动新能源占比逐渐提高的新型电力系统建设，逐步形成风、光、水、地热、生物质等多元互补，源、网、荷、储平衡发展的可再生能源开发利用格局。《天津市电力发展"十四五"规划》指出要加速绿色低碳发展，推进电力智慧高效运行，深化电力科技创新和体制改革，构建新能源占比逐渐提高的新型电力系统。确定了5方面共15项重点任务，并围绕电源和电网建设谋划了一批重点项目：构建电力安全保障体系、加速电力绿色低碳转型、提升电力服务民生水平、推进电力智慧高效运行、加快电力体制机制改革。规划的发布为天津市建设新型电力系统指明了目标方向，绘制了建设蓝图。

（四）政企合作携手打造能源革命先锋城市

2023 年 6 月，天津市与国家电网公司签署《加快新型电力系统建设 打造能源革命先锋城市》战略合作框架协议，加快推进天津社会主义现代化大都市建设，共同推动新型能源体系规划建设，携手打造能源革命先锋城市，推动京津冀成为中国式现代化建设的先行区、示范区。协议指出：天津市将加大政策支持力度，支持各级电网建设，支持能源新业态发展；国家电网公司将服务天津经济社会发展，加强天津坚强智能电网建设，加快构建新型电力系统。随后，天津市相继与中国华电集团有限公司、国家电力投资集团有限公司、国家能源投资集团有限责任公司等单位签署战略合作协议。

战略协议的签署标志着政企合作模式正式建立，对加快规划建设新型能源体系，推动天津市高质量发展"十项行动"有效衔接，在实现天津能源高质量转型，为全国能源转型提供天津方案中发挥重要作用。

 国家电网公司实践行动

国家电网公司充分发挥"大国重器"和"顶梁柱"作用，肩负起责任使命，在构建新型电力系统、推动能源绿色低碳发展中争做引领者、推动者、先行者。

（一）发布碳达峰、碳中和行动方案

国家电网公司牢固树立"能源转型、绿色发展"理念，加快电网发展，加大技术创新，推动能源电力从高碳向低碳、从以化石能源为主向以清洁能源为主转变，加快形成绿色生产和消费方式，助力生态文明建设和可持续发展。2021 年 3 月，国家电网公司发布《"碳达峰、碳中和"行动方案》，承诺"十四五"期间，新增跨区输电通道以输送清洁能源为主，保障清洁能源及时同步并网；建成 7 回特高压直流，新增输电能力 5600 万千瓦；到 2025 年，其经营区跨省跨区输电能力达到 3.0 亿千瓦，输送清洁能源占比达到 50%。

方案部署了 6 大方面 18 项重点任务，具体包括：一是推动电网向能源互联网升级，着力打造清洁能源优化配置平台。包括加快构建坚强智能电网，加大跨区输送清洁能源力度，保障清洁能源及时同步并网，支持分布式电源和微电网发展，加快电网向能源互联网升级。二是推动网源协调发展和调度交易机制优化，着力

做好清洁能源并网消纳。包括持续提升系统调节能力，优化电网调度运行，发挥市场作用扩展消纳空间。三是推动全社会节能提效，着力提高终端消费电气化水平。包括拓展电能替代广度深度，积极推动综合能源服务，助力国家碳市场运作。四是推动公司节能减排加快实施，着力降低自身碳排放水平。包括全面实施电网节能管理，强化公司办公节能减排，提升公司碳资产管理能力。五是推动能源电力技术创新，着力提升运行安全和效率水平。包括统筹开展重大科技攻关，打造能源数字经济平台。六是推动深化国际交流合作，着力集聚能源绿色转型最大合力。包括深化国际合作与宣传引导，强化工作组织落实责任。

（二）制定发布构建新型电力系统行动方案

2021年7月，国家电网公司发布了《构建以新能源为主体的新型电力系统行动方案（2021—2030年）》，部署了一系列重点任务，全力推动实现"双碳"目标。

在发展方式上，按照"一体四翼"发展布局，由传统电网企业向能源互联网企业转变，积极培育新业务、新业态、新模式，延伸产业链、价值链。在电网发展方式上，由以大电网为主，向大电网、微电网、局部直流电网融合发展转变，推进电网数字化、透明化，满足新能源优先就地消纳和全国优化配置需要。在电源发展方式上，推动新能源发电由以集中式开发为主，向集中式与分布式开发并举转变；推动煤电由支撑性电源向调节性电源转变。在营销服务模式上，由为客户提供单向供电服务，向发供一体、多元用能、多态服务转变，打造"供电＋能效服务"模式，创新构建"互联网＋"现代客户服务模式。在调度运行模式上，由以大电源大电网为主要控制对象、源随荷动的调度模式，向源网荷储协调控制、输配微网多级协同的调度模式转变。在技术创新模式上，由以企业自主开发为主，向跨行业跨领域合作开发转变，技术领域向源网荷储全链条延伸。

到2030年前，部署了9大方面28项重点任务，具体包括：加强各级电网协调发展，提升清洁能源优化配置和消纳能力；加强电网数字化转型，提升能源互联网发展水平；加强调节能力建设，提升系统灵活性水平；加强电网调度转型升级，提升驾驭新型电力系统能力；加强源网协调发展，提升新能源开发利用水平；加强全社会节能提效，提升终端消费电气化水平；加强能源电力技术创新，提升运行安全和效率水平；加强配套政策机制建设，提升支撑和保障能力；加强组织领导和交流合作，提升全行业发展凝聚力。

（三）重点部署加速推进新型电力系统建设

2023年4月，国家电网公司对推进新型电力系统建设重点工作进行部署。结合未来电力生产结构、电网发展形态、用电负荷特性、系统运行机理和平衡模式将发生重大变化，提出新型电力系统建设"四个转变"，即：发展目标从以保供应为主向保供应和促转型并重转变；发展内容从以电网为主向电力系统整体转变；发展思路从适应确定性场景向适应复杂多样场景转变；发展方向从以传统技术为主向超前布局前沿技术转变。指出要聚焦碳达峰"一个中心任务"，围绕电力安全保供、绿色低碳转型"两条主线"，落实非化石能源消费占比、新能源发展、电气化水平"三大目标"，推进"八个全力"重点工作：全力服务各类电源发展；全力构建电网配置平台；全力加强负荷侧管理；全力推动储能规模化发展；全力推进科技攻关；全力推进示范建设；全力推动政策机制完善；全力加强碳管理工作。明确了加快推进新型电力系统建设的工作思路、发展目标和重点任务，加速推进国家电网公司新型电力系统建设。

（四）科技创新助力构建新型电力系统

1. 全面打造原创技术策源地

2022年4月22日，国家电网公司携手30余家骨干企业、知名高校及社会团体，发起成立新型电力系统技术创新联盟，充分发挥新型举国体制优势，围绕新型电力系统重大技术需求，开展联合攻关、标准制定、经验交流和成果共享，推动我国引领全球电力科技发展。

积极服务国家创新体系建设，当好创新联合体"排头兵"。充分发挥创新联合体牵头作用，以需求为引领、应用为导向、工程为依托，实施"大兵团"联合作战，深化创新协同。在特高压技术攻关过程中，牵头组织30多位院士、3000多名科研人员、11家权威机构共同调研论证，联合国内主要电力科研单位和9所高校共同研究设计，500多家企业、10多万人共同推进工程建设，200多家设备厂商共同研制设备，实现了与行业发展的同向聚合。

面对能源革命与数字革命融合发展新趋势，在海外设立研究院和研究中心，全力开展前沿技术研发。成立由跨行业、多领域两院院士组成的科技咨询委员会，立足于现实性、紧迫性，着眼于前瞻性、战略性，常态化研判科技创新态势，为电力科技创新提供智力支撑，对重大科技项目和示范工程进行把关指导。

2. 担当现代产业链"链长"，带动电工装备全面升级

国家电网公司作为现代产业链链长建设的中央企业，充分发挥产业控制作用，坚持应用导向，实现固链补链强链延链建设。围绕产业链部署创新链，围绕创新链布局产业链，统筹基础研究、应用基础研究、技术创新、成果转化、产业化、市场化全链条各环节，为构建现代化产业体系注入强大活力。聚焦主业、做强实业，补齐产业链供应链关键短板，更好服务实体经济高质量发展。围绕高端输变电、配用电、智能运检和电力调度4个支链，在固链补链强链延链上狠下功夫；积极利用现代数字技术为电网赋能赋智，推动电网和业务加快转型升级。打造自主可控、安全可靠、竞争力强的现代化产业体系，更好发挥在电力产业链中的产业引领和融通带动作用，全面提升产业基础高级化和产业链现代化水平。

自主研发并建成世界电压等级最高、输电容量最大、输电距离最远的 ±1100千伏特高压直流输电工程，刷新了世界电网技术纪录。围绕能源电力领域"卡脖子"环节，加大技术攻关力度。我国电工装备研制生产能力已覆盖从特高压到低压的各个等级，电网重大装备、关键设备基本实现国产化。

3. "三个加强、三个提升"科技攻关助力构建新型电力系统

2021年8月，国家电网公司印发新型电力系统科技攻关行动计划。文中明确了构建新型电力系统的攻关技术路线，以"加强源网荷储协同发展、绿色低碳市场体系构建及系统可观可测可控能力建设，提升新能源发电主动支撑能力、系统安全稳定运行水平和终端互动调节能力"（三个加强、三个提升）为重大攻关方向，以"集中攻关一批、示范建设一批、布局研制一批、推广应用一批"（四个一批）为抓手，统筹发展和安全，为构建新型电力系统提供坚强的科技保障和有力的技术支撑，为实现碳达峰、碳中和目标作出国网贡献。

第三节 构建新型电力系统的认识

一 构建新型电力系统的思考

（一）构建新型电力系统是把握主要矛盾和矛盾主要方面的务实举措

事物的发展是矛盾作用的结果，主要矛盾决定着的发展方向，矛盾的主要方面决定着事物的性质。当前，我国由高速增长进入高质量增长阶段，社会主要矛盾的变化直接映射到能源电力领域，人民日益增长的美好生活用能需要和能源不平衡不充分的发展成为能源领域主要矛盾，能源安全、"双碳"目标、绿色转型等一系列复杂问题相继涌现，实现人民平衡充分用能成为解构主要矛盾的关键目标。而我国电力行业涉及发输变配用全环节，尤其是生产体系以火电为主，产生碳排放量占全国能源行业总量超过四成，成为能否实现减排目标、满足人民清洁用能矛盾的主要方面。新型电力系统作为高效的能源生产和资源配置平台，满足新时代经济发展客观规律、符合生产力的演进方向，是理顺破解各种交织矛盾的务实举措。

（二）构建新型电力系统是认识世界和改造世界的生动实践

实践是检验真理的唯一标准，是认识世界的基础，更是链接理想与现实的实践纽带，为不断改造客观世界提供了科学的方法论。构建新型电力系统整体构想，自诞生之初即将实践性放在首要位置，从实践中来、到实践中去，坚持真解决问题、解决真问题，围绕源荷"双随机"、发用"产消者"等新问题，直面概率潮流、颠覆性技术等应用挑战，通过电力系统这个小切口，找到认识世界和改造世界的关键桥梁。同时，创新是改造世界的第一生产力，新型电力系统"双高"特征明显，更加需要创新引领，通过聚焦机组灵活发电、柔性交直流输电、小型产消者负荷特性转变、储能等多种前沿技术领域，强化重点攻坚和技术兜底，以电力之为推动新旧动能转换，以电力创新带动全域突破性进展。

（三）构建新型电力系统是融合发展前进性与曲折性的有益探索

发展是事物由小到大、由简单到复杂、由低级到高级的变化。事物发展的总趋势是前进的，但发展的道路是曲折的。从薪柴时代到煤炭时代，再到石油天然气时代、电气化时代，人类能源利用符合由"高碳"向"低碳"，由"黑色"向"绿色"的演进历程，新型电力系统正是历史接续。而在这个复杂的构建过程中，新型电力系统既面临低惯量、低阻尼等自身稳定性挑战，也面临极端天气、恐怖袭击、网络攻击等安全风险，因此，构建路径注重有序推进、摸索前进，以大概率思维应对小概率事件，在发展进程中探索解决各种长远性的、基础性的、根本性的、全局性重大问题。

（四）构建新型电力系统是践行联系普遍性、客观性和多样性的实际行动

世界上一切事物都处在普遍、客观且多样的联系之中，同时，事物之间以及事物内部各要素之间存在着相互影响、相互制约的关系。构建新型电力首先厘清"整体与局部"的辩证关系，遵循服务大局、统筹各方的基本原则，从全局着眼、大局出发，始终从党中央工作大局中谋划、部署和推动相关工作。此外，新型电力系统本身，统筹源网荷储全链条，链接数字化、智能化等先进技术和设备；外延上，涉及大量新业态，包含矿产、土地、资本等多元素，链接气象、交通、地理信息等多系统，整合政府、企业、高校、用户等多主体，通过协调电力领域乃至能源领域的产业链分布逻辑和分布形态，持续带动优化行业内外骨干企业优化产业布局，切实提升产业链安全水平和韧性水平。

 新型电力系统特征的认识

新型电力系统具有清洁低碳、安全充裕、经济高效、供需协同、灵活智能的

五大特征，总体来看，这是对新型电力系统的要求从行业上升到全社会视角，进一步强调中国特色、先立后破、创新驱动。

（1）清洁低碳是构建新型电力系统的核心目标。"清洁低碳"位列新型电力系统五大特征之首，表明能源领域的绿色发展主基调始终未变，电力系统的新能源发展目标一如既往。新型电力系统中，非化石能源发电将逐步转变为装机主体和电量主体，核、水、风、光、储等多种清洁能源协同互补发展，化石能源发电装机及发电量占比下降的同时，在新型低碳零碳负碳技术的引领下，电力系统碳排放总量逐步达到"双碳"目标要求。因此，构建新型电力系统需要推动形成清洁主导、电为中心的能源供给和消费体系，推进能耗总量和强度"双控"逐步向碳排放总量和强度"双控"转变，电能占终端能源消费比重不断提升，进而实现能源供给侧多元化、清洁化、低碳化，能源消费侧高效化、减量化、电气化。

（2）安全充裕是构建新型电力系统的基本前提。"安全充裕"具有丰富的内涵，新能源大量接入后，平衡压力显著增大，低惯量、低阻尼等风险特征日益凸显，系统控制规模呈指数级增长，安全风险呈现全新特征。近年来，欧美、东南亚等地区接连因极端干旱低温、俄乌冲突等因素引发能源短缺，严重影响经济社会发展和人民生命财产安全，国内电力紧平衡亦长期存在。因此，需要合理安排稳定支撑性电源和调节性资源建设，建设规模合理、结构坚强的大电网，保证电力供应和系统调节能力充裕。及时适应内外部系统高度交互形成的开放的复杂巨系统形态，扩展安全防御内涵，综合考虑极端天气、恐怖袭击、网络攻击等安全风险，构建覆盖全时间尺度、全空间维度、协调统一的综合安全防御体系。值得注意的是，随着气候风险指数升高、国际地缘冲突加剧、中国式现代化扎实推进，未来"安全充裕"要求只会越来越高。

（3）经济高效是构建新型电力系统的科学要求。"经济高效"作为价格要素，表明新能源快速发展下系统成本上涨的灰犀牛式风险得到充分重视。在满足"安全—经济—低碳"三元目标约束的前提下，新型电力系统既不同于德国近10年间可再生能源发电量占比提升近30%，而居民电价和工业电价分别上涨38%和89%的"德国模式"，也不能出现近年欧美因能源危机导致的电价飙升的"欧美模式"，需要形成既基于市场又适合国情的新模式。因此，需要坚持全面节约战略，将以科学供给满足合理能源电力需求作为关键发展主线，建立源网荷储互动、多能协同互补的资源配置平台，提升系统整体效率，实现转型成本的公平分担和及时传导，以及电力的价值升级和价值创造，推动更经济、更可持续的能源转型。

（4）供需协同是构建新型电力系统的机制保障。纵向上看，随机性、波动性、间歇性新能源在电源结构中逐渐占据主导地位，分布零散、双向互动的电动汽车等新型负荷海量接入，电力供需协同由确定性"源随荷动"向概率性"源荷互动"演进。横向上看，新型电力系统涉及大量新业态、新业务和新模式创新，涉及发输配用各领域、源网荷储各环节、电力与其他能源系统协调联动，如综合能源、新型储能、微电网与分布式能源，电网数字化等，建设主体更加多元化、多样化。这就要求统筹"源网荷储"全要素，实现供需双方动态均衡，进而从全产业链视角，保障各元素、各系统供需平衡。因此，加强传统火电、新型储能、虚拟电厂等海量系统调节资源的存量挖潜和增量能力建设，实现源网荷储多要素、多主体协调互动，推动电力系统与冷热、氢、气等多能源系统互联；充分激发需求响应潜力，吸引社会各界广泛参与和主动响应，实现高质量的供需动态平衡。

（5）灵活智能是构建新型电力系统的重要支撑。"灵活智能"侧重技术保障，是应对新型电力系统不确定性的解决方案。新型电力系统"双高"特征明显，需要通过调动各类灵活性资源，提高各环节调控灵活性，支撑新能源接入和消纳，维持系统安全稳定运行。这就需要融合应用"大云物移智链"等新型数字化技术、先进信息通信技术、先进控制技术，建设新型数字能源基础设施，发挥电力的灵活转化特性和电网的基础平台作用，支撑源网荷储海量分散对象协同运行和多种市场机制下系统复杂运行状态的精准感知和调节，实现电力与燃气、热力等终端能源之间的互通互济和灵活转换，以"空间换时间"适度打破供需完全实时匹配，助力电力系统实现高度数字化、智能化和网络化。

第二章
新型电力系统建设路径

··

　　城市是能源消费的主体，根据 2020 年我国第七次人口普查结果，城镇人口占比已超过六成，推动城市能源清洁低碳转型意义重大。通过构建城市新型电力系统，将有力促进我国能源清洁化、电气化、低碳化进程，在深入推进能源革命、构建新型能源体系中发挥典型引领和示范作用。本章结合天津市能源电力发展现状，分析了大型城市构建新型电力系统的需求挑战和构建基础，提出了新型电力系统城市建设路径，为深入推进新型电力系统建设提供有益参考。

第一节 构建新型电力系统的需求与挑战

一 天津市能源电力发展现状与需求

（一）电源装机情况

天津市电源结构仍以煤电为主。截至 2023 年，天津市总发电装机容量达到 2443.53 万千瓦，其中煤电装机容量 1249.05 万千瓦，装机比重 51%，燃气发电装机比重约 19%，如图 2-1 所示。近年来，天津市风电、光伏等新能源发电装机快速增长，2023 年当年新增风电装机容量 26.3 万千瓦，新增光伏装机容量 269.94 万千瓦，增幅均创历史新高，两者总装机比重已接近 30%。2018 — 2023 年天津市新能源发电装机容量如图 2-2 所示。

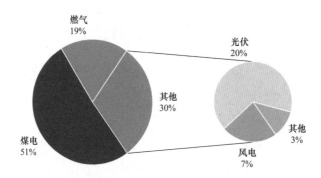

图 2-1　2023 年天津市发电装机结构

受土地资源开发紧张与风光资源分布不均影响，天津市火电机组主要集中在滨海、东丽、蓟州三区，集中式新能源发电机组主要集中在滨海、宁河等东部沿

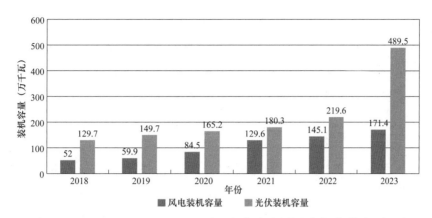

图 2-2 2018－2023 年天津市新能源发电装机容量

海区域，呈现出电力负荷与电力供应分布空间错位的特点。随着新型电力系统建设的不断推进，城市能源结构加速转型，能源供给与消费向清洁低碳方向发展的特征愈加突出。电源结构由可控连续出力的煤电装机占主导，向强不确定性、弱可控出力的新型清洁发电装机占主导转变，非化石能源发电将逐步成为装机主体和电量主体，电力供给将朝着清洁低碳化迈进。

（二）电网建设情况

天津市是中国最早用电的城市之一，电力工业起始于 1888 年，新中国成立后，特别是改革开放以来，天津电网得到了长足发展。截至 2023 年，天津市特高压电网已形成"两通道一落点"网架结构，500 千伏形成"目"字型双环网结构，220千伏电网形成 6 个合理供电分区，基本建成链式和自环网相结合的电力通道。10 千伏线路联络率、N-1 通过率 100%，电缆化率 49.46%。天津电网已建成省级智能电网调度控制系统 2 套，地级智能电网调度控制系统 12 套；独立配电自动化系统 5套，调配一体化的配电自动化系统 5 套，实现配电自动化覆盖率 100%；35 千伏及以上变电站调度数据双网覆盖率、省级骨干传输网站点光纤覆盖率均为 100%。

"十四五"期间，天津市将规划形成"三通道两落点"的特高压受电格局，进一步增强外受电能力，500 千伏电网将扩大双环网结构，220 千伏电网持续构建合理分区，配电网方面将优化配置电压序列、优化网架结构、提高供电能力、提升装备水平；将建设新一代调度控制系统，适应特高压交直流混联大电网一体化安全运行、大规模清洁能源高效消纳、电力市场化运营以及源网荷储协同互动；深化配电自动化应用，提升配电网可观、可测、可调、可控水平。

为充分发挥新型电力系统优化能源、资源配置的枢纽作用，提高城市电网接纳新能源发电和多元化负荷的承载力和灵活性，城市电网形态需由单向逐级输电为主的传统电网，向包括交直流混联大电网、微电网、局部直流电网和能源互联网转变，以实现新能源按资源禀赋因地制宜规模化接入，满足多元化用能需求。

（三）电力需求情况

近年来，天津市电力需求平稳增长。全社会用电量由 2019 年的 878.42 亿千瓦·时增长到 2022 年的 991.22 亿千瓦·时；最大负荷由 2019 年的 1530.02 万千瓦增加到 2022 年 1771.03 万千瓦。从用电结构来看，自 2019 年以来，天津市第一产业用电比重呈逐年下降趋势，第二产业用电比重呈波动下降趋势，第三产业与居民生活用电比重呈上升趋势。从用电特性来看，在"煤改电"政策驱动下，冬季取暖负荷快速增长，全年已呈现冬夏两个高峰。受电动汽车等新型负荷接入影响，天津电网日内负荷峰谷差进一步拉大，2023 年最大峰谷差已达到 740.1 万千瓦，峰谷差率 40.9%，电力供需平衡形势严峻。

"十四五"期间，天津市将深入实施节能减排和"以电代油""以电代煤"等能源政策，加大工业、交通、生活等领域电能替代力度，进一步提高电气化水平。预计到 2025 年，天津市电能占终端用能比重将达到 38%，负荷结构将呈现多元化，特别是电动汽车、空调、电采暖等负荷占比将进一步提升，为开展电力负荷管理提供丰富的可调资源。

构建新型电力系统的挑战

未来，随着风电、光伏等新能源的快速发展，天津电网"双高"特征日益突显，电源结构、电网形态、负荷特性都将发生深刻改变，电力系统稳定、保护等基础理论面临重构，集中体现为六方面挑战：

（1）新能源的波动性、间歇性给电力系统的调度运行带来挑战。新能源发电受自然条件或天气特征影响，存在间歇性、随机性、波动性的特征，为维持系统动态平衡，需要调用大量的调峰、备用资源，增加了电力系统调度运行难度。截至 2023 年，天津市新能源装机约 800 万千瓦，受天气影响，新能源场站小时级最大功率波动可以达到装机容量的 15%~25%，2 小时最大波动可达 40%，传统电力系统调度方式已无法适应，这对调度体系的智能化水平提出了更高要求。

（2）新能源低惯量、弱支撑特性给电力系统的安全稳定带来挑战。新能源大量替代传统同步电源，经变频器、逆变器与多级变压器接入电网，降低了系统惯量及短路容量支撑、调压和调频能力，严重影响电网暂态稳定水平及抗干扰能力，且易引起电网宽频带振荡问题。以天津市宁河区为例，集中式新能源装机容量超过700兆瓦，日发电量超过地区用电量，高比例电力电子设备的接入，降低了系统抵御风险能力，增加了连锁反应风险。

（3）"双高"特征凸显给电力系统稳定、控制基础理论带来挑战。新能源时变出力导致系统工作点快速迁移，基于给定平衡点的传统稳定性理论适应性降低。高比例的电力电子设备导致系统动态呈现多时间尺度交织、控制策略主导、切换性与离散性显著等特征，传统过渡过程分析理论、与非工频稳定性分析相协调的基础理论亟待完善。天津市作为超大型城市，海量新能源和电力电子设备从各个电压等级接入，控制资源碎片化、异质化、黑箱化、时变化，使得传统基于模型驱动的集中式控制难以适应，需要新的控制基础理论对各类资源有效实施聚纳与调控。

（4）源荷分布不均给电力跨区传输与就地平衡消纳带来挑战。源荷空间分布不统一，带来新能源就地平衡和消纳困难，给跨区电力高效输送能力提出新的要求。天津市宁河、宝坻等东北部区域，风光资源丰富，新能源开发势头迅猛，远超过当地负荷水平和电网安全承载能力，亟需采用"打捆升压，集中送出，区外消纳"模式，来缓解新能源消纳难题，而远距离输电工程投资规模大，建设周期长，给电网建设带来极大压力。

（5）分布式新能源给配网结构、技术、功能带来挑战。随着分布式电源和多元负荷的接入，配电网由"无源"变为"有源"，潮流由"单向"变为"多向"，呈现出愈加复杂的"多源性"特征，对已有配电网的网架结构、故障保护等带来一系列影响，导致配电网的运行状态接近极限。天津市滨海、静海等地区新能源场站大规模接入后，配电网由传统单向无源网络向供需互动的有源网络转变，运行特性发生深刻变化，对控制电网短路电流水平、暂态稳定、电压稳定等提出更高要求。

（6）大量分散的高不确定性负荷给负荷聚合调节带来挑战。新型电力系统运行特性将由"源随荷动"单向计划调控向源网荷储多元协同互动转变，而负荷的高不确定性、高分散性使得负荷协同优化及聚合能力不足，海量具备可调潜力的负荷并未参与需求响应，难以形成有效的"源荷互动"能力。截至2023年3月，天津市新能源车保有量已达到36.8万辆，充电负荷调节潜力巨大，如何充分调动以电动汽车为代表的负荷侧灵活性资源，实现动态聚合，提升电网运行平衡和调节能力面临诸多困难。

第二节　新型电力系统的构建基础

　　天津市作为北方最大的港口城市，资源禀赋、区位优势独特，电网建设基础良好，拥有完善的能源电力产业链和学科体系，产学研创新要素聚集，在推动打造能源革命先锋城市中走在前列，为破解新型电力系统建设难题提供了典型示范和关键助力。

一　区位优势

　　京津冀协同发展战略和"一基地三区"功能定位助力新型电力系统发展。自京津冀协同发展战略提出以来，京津冀三地紧密合作，优势互补，在区域建设、政策体系、交通网络、生态环境及产业创新方面协同发展。天津具有门类齐全的工业制造业，北方最大的海港天津港，联通海内外、辐射"三北"（东北、华北、西北）的便捷交通。天津主动承接北京非首都功能和疏解京冀产业转移，推进科技协同创新，吸引优质资源来津布局，产业对接协作紧密，产业转型升级加快，将京冀优势转换为天津优势，促进天津高质量发展。京津冀能源基础设施互联互通，两条特高压通道、三座液化天然气接收站、十条天然气主干管线在津交会聚集，有利于将天津打造为能源枢纽，服务新型电力系统建设。"一基地三区"（全国先进制造研发基地、北方国际航运核心区、金融创新运营示范区、改革开放先行区）功能定位和世界一流智慧绿色港口、自由贸易试验区、国家自主创新示范区等国家重大战略布局为电力高水平发展搭建了重要平台，提供了强大市场，也为推动新型电力技术和装备的研发和应用，提供资金保障和政策支持。

二 产业基础

现代化工业产业体系完备且特色鲜明。天津是中国现代工业文明的发祥地，新中国工业的摇篮，拥有全部41个工业大类，207个工业中类中的191个、666个工业小类中的606个，是全国工业产业体系最完备的城市之一。现已形成以智能科技产业为引领，以生物医药、新能源、新材料为重点，以装备制造、汽车、石油化工、航空航天为支撑的"1+3+4"现代工业产业体系。截至2023年2月，全市规模以上工业总产值超过2.1万亿元，拥有151家国家级创新平台，77家国家级企业技术中心，数量位列全国主要城市第三名。电力领域相关产业覆盖了上游电力生产、中游输配电和下游用电行业完整产业链条，为实现电力稳定保供、产业链自主可控、保障多元化用能需求，提供了完备的产业基础。

电力及新能源行业技术领先。天津新能源产业规模已超800亿元，形成了涵盖生产—加工—制造—运营的风光储全产业链，拥有一批细分领域的龙头企业。自主研发的4兆瓦以上陆上风机和10兆瓦以上海上风机在国内外市场占有重要地位；硅片加工、光伏组件生产达到国际先进水平；锂离子电池产业具备30千兆瓦时年产能力，市场占有率及产业规模居全国前列。新能源行业的技术进步，有力带动了新型电力系统核心元素产业链加速完善，推动电力系统的技术和装备创新，为新能源发电、储能等在天津的快速发展奠定了基础。

三 创新环境

天开高教科创园推动产教融合、科教融汇，促进创新成果转化。天津依托南开大学、天津大学等在津50余所高等院校重点打造天开高教科创园，如图2-3所示，该园区以南开区环天南医大片区为核心区，以西青区大学城片区为西翼拓展区，以津南区海河教育园区片区为东翼拓展区，形成以研发孵化为主的"一核"和以研发转化产业化为主的"两翼"。截至2023年年底，天开园"一核两翼"累计注册企业达到1100余家，吸引了电力产业链上下游企业和支撑性企业。天开园探索"学科＋人才＋产业"的创新发展模式，开展重点学科联合攻关等方式，发挥科教人才优势，开展跨学科、跨专业协同攻关，不断提高科技成果转化和产业化水平，促进新型电力系统技术进步，加速电力产业转型升级，支撑高质量发展，助力破解新型电力系统建设面临的技术创新难题。

图 2-3　天开高教科创园

　　海河实验室助力基础理论研究，推进重大技术和装备攻关。天津打造以海河实验室为核心突破，以市级重点实验室为网络支撑的实验室体系，汇集了一批以京津两院院士为核心的顶级科研团队和两地高校、企业优质资源。截至 2023 年年底，6 家实验室均已获批设立博士后工作站，已汇聚院士、国家杰青、长江学者等高端人才近 400 名，整个科研团队超 3000 人。海河实验室作为高端创新平台，从科技创新源头解决"卡脖子"难题，通过产学研合作，联合实施重大产品装备试制，协同推进重大试点工程示范，深化科研、政策、标准、产业融合发展。图 2-4 为物质绿色创造与制造海河实验室。

图 2-4　物质绿色创造与制造海河实验室

四 **资源条件**

天津地处华北平原北部，东临渤海，北依燕山，南北长 189 千米，东西宽 117 千米，陆界长 1137 千米，海岸线长 153 千米，气候温和，地质稳定，自然资源条件优越，是我国北方最大的沿海开放城市。

（1）风光资源。天津位于渤海湾西岸，东亚季风盛行，海陆风现象明显，属Ⅳ类风资源地区。塘沽、大港和汉沽等沿海地区及海上区域风能资源丰富，70 米高度风速达到 6.0~6.5 米 / 秒，可开发潜力巨大。太阳能资源方面，天津年日照时数为 2500~2900 小时，属Ⅱ类光资源区，年均太阳能总辐射量约 5256 兆焦 / 米^2，具备良好的光伏发电开发条件。图 2-5 为天津宁河渔光互补项目。

图 2-5 天津宁河渔光互补项目

（2）油气资源。天津拥有大规模的油气田、储气库群和液化天然气。液化天然气资源丰富，年均接卸量超 600 万吨，为燃气发电提供了充足的资源保障。石油资源主要集中在渤海海域、大港油田，随着技术进步和勘探力度加大，天津石油资源储量和开采规模不断扩大。2022 年石油产量居全国第一。图 2-6 为天津渤海石油平台。

图 2-6　天津渤海石油平台

（3）地热能资源。天津地热资源丰富，赋存面积占全市总面积的 81%，且开发和利用程度较高，位居全国前列。目前天津发现六个热储层，在深度 300~4000 米范围内立体展布。天津地热开发利用以水热型供暖为主，约占全市集中供暖面积的 7.5%，可替代天然气 2.77 亿米^3，创造的直接经济效益 11.66 亿元。

第三节　新型电力系统的实践路径

构建新型电力系统是一项复杂艰巨的系统工程，不同发展阶段特征差异明显，需要统筹谋划路径布局，科学部署、有序推进。国网天津电力立足资源优势，以点带面推动城市电网高标准规划、高水平建设、高质量发展，围绕"四个转变"思路和"十个坚持"原则，以"五个创新"方法论为指引，制定天津电网"三步走"建设路径和重点，加快构建新型电力系统，助力打造能源革命先锋城市。

一 思路原则

（一）构建思路

以习近平新时代中国特色社会主义思想为指导，深入贯彻"四个革命、一个合作"能源安全新战略，坚持清洁低碳是方向、能源保供是基础、能源安全是关键、能源独立是根本、能源创新是动力、节能提效要助力，统筹发展和安全、统筹保供和转型，立足源网荷储各环节协同发力，加强科技驱动、市场带动、政策联动，加快构建清洁低碳、安全充裕、经济高效、供需协同、灵活智能的新型电力系统，推动规划建设新型能源体系。

随着能源格局深刻调整，未来电力生产结构、电网发展形态、用电负荷特性、系统运行机理和平衡模式将发生重大变化，构建新型电力系统，需遵循发展目标、发展内容、发展思路、发展方向等四个方面转变，如图 2-7 所示。

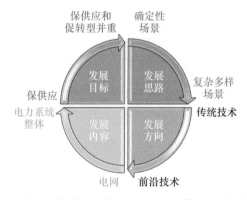

图 2-7 构建新型电力系统"四个转变"

（1）发展目标从以保供应为主向保供应和促转型并重转变。坚持统筹协调，既要确保电力安全可靠供应、保障经济社会发展和民生用电需求，还要推动能源清洁低碳转型、确保如期实现"双碳"目标。

（2）发展内容从以电网为主向电力系统整体转变。坚持系统观念，推动构建多元化电力供应体系，创新电网发展方式，挖掘需求侧调节潜力，促进储能规模化应用，强化政策机制建设，实现源网荷储协同互动、多能互补协调发展。

（3）发展思路从适应确定性场景向适应复杂多变场景转变。坚持底线思维，充分考虑新能源发电强不确定性、弱可控性，电网形态多元化、平衡特性复杂化，用电负荷多样性、柔性、生产与消费兼具性等特点，以及能源价格波动、极端天气频发等因素，加强前瞻性、全局性和系统性风险的识别和管控，提高电力行业适应性。

（4）发展方向从以传统技术为主向超前布局前沿技术转变。新型电力系统建设是一个高度依赖技术创新的迭代升级过程，既要认识到当前及今后较长时间内电力系统仍以交流电技术为基础，必须发挥好现有技术作用，也要高度重视前沿技术对新型电力系统演化发展路径的决定性作用，加强自主创新，积极探索新型电力系统建设路径。

（二）基本原则

新型电力系统构建以"十个坚持"为基本原则，如图2-8所示。

图2-8　构建新型电力系统"十个坚持"基本原则

（1）坚持党的领导、加强党的建设。坚持党的领导、加强党的建设是国有企业的"根"和"魂"。国网天津电力高举中国特色社会主义伟大旗帜，深入贯彻新时代党的建设总要求，弘扬伟大建党精神，践行"人民电业为人民"的企业宗旨，深入实施"旗帜领航"党建工程，以高质量党建引领保障公司高质量发展。

（2）坚持服务大局。聚焦服务党和国家工作大局、服务经济社会高质量发展、服务人民美好生活需要、服务能源绿色转型。始终胸怀"国之大者"，坚定不移地走中国式现代化道路，增强战略自信，准确领会和把握党中央提出的能源安全新战略，以扎实有力的工作为党分忧、为国尽责、为民奉献；始终坚持人民至上，做好电力先行官。

（3）坚持系统观念。坚持不断提高科学思维能力，把握好全局和局部、当前和长远、主要矛盾和次要矛盾的关系。针对构建新型电力系统面临的重大理论和实践问题，加强前瞻性思考、全局性谋划、整体性推进，加强能源绿色低碳发展顶层设计，建立并完善跨行业、跨部门协同机制，努力实现多目标平衡和整体最优。

（4）坚持推动绿色发展能源革命。新型电力系统的构建必须立足能源资源禀赋，坚持先立后破、通盘谋划，支持煤炭清洁高效利用，积极促进风能、太阳能、氢能、水能等清洁能源发展，加快构建新能源供给消纳体系，推动能源结构从以化石能源为主向以清洁能源为主转变。

（5）坚持统筹好发展和安全。坚持加强安全生产，优化电网运行方式，严肃调度纪律，确保电网安全稳定运行。坚持党政同责、一岗双责、人人有责，深入推进安全生产专项整治，健全风险管控和隐患治理长效机制，紧盯重点企业、重点部位、重大风险开展排查，牢牢守住大电网安全底线。

（6）坚持统筹好保供和转型。坚决扛牢电力保供和能源转型责任，助力新型能源体系规划建设和实现"双碳"目标。坚持"需求响应优先、有序用电保底、节约用电助力"，加强政企联动，源网荷储协同，保障民生用电，满足经济社会发展用电需求。

（7）坚持问题导向。坚持聚焦改革发展稳定面临的突出矛盾和问题，以钉钉子精神化解矛盾、破解难题，切实做到"真研究问题、研究真问题"，找准靶心、对症下药、有的放矢，敢于坚持原则、敢于动真碰硬，奋力将构建新型电力系统的各项事业不断推向前进。

（8）坚持科技自立自强。坚持创新驱动发展，实施科技强企战略，瞄准电网科技制高点，为企业高质量发展提供强大的创新动能。坚持科技是第一生产力，人才是第一资源，创新是第一动力。进一步强化顶层设计，深耕配用电特色优势领域，优化整合院士高校等资源，持续优化创新体制机制、激发全员创新活力。

（9）坚持守正创新。坚持以既定目标为战略指引，坚持中国特色电网发展道路、中国特色能源电力改革道路、中国特色现代企业制度；始终坚持稳中求进，强基固本、稳扎稳打，锐意改革创新、加快转型发展。

（10）坚持促进产业协同。充分发挥电网基础保障、创新引领、产业带动作用，全力保障产业链供应链安全稳定，带动上下游产业发展，提高产业链供应链稳定性和现代化水平。充分发挥中央企业龙头带动作用，将自身资源禀赋和要素优势拓展辐射到全产业链，帮助上下游企业发展，助力畅通产业循环、市场循环、经济社会循环，以实际行动服务构建新发展格局。

 构建方法

新型电力系统的构建需要结合外部环境的重大变化，以创新作为其构建的根本动力，以探索创新组织体系作为关键实现方式，推动形成新型体制下适用于天津等大型城市的创新组织体系范式。国网天津电力在对当前形势与问题需求研判基础上，以"理论创新、形态创新、技术创新、产业创新、组织创新"五大创新方法论为指引，系统性有序推动构建新型电力系统，如图 2-9 所示。

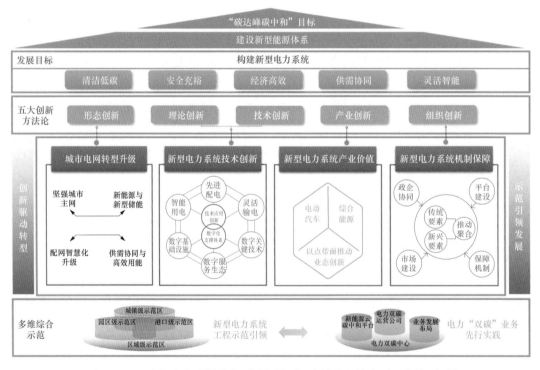

图 2-9　以五大创新方法论推动天津新型电力系统建设

（1）以电网形态创新方法论推进城市电网转型升级。新型电力系统建设要发挥电网形态转变在推动能源系统协同发展中的重要作用，推动电网结构优化完善，源网荷储协同发力，加大特高压及各级电网协调发展，提升承载高比例可再生能源外送消纳能力、分布式新能源并网能力，实现输电网与配电网的灵活互济、协调运行。依托电网形态创新方法论和重大工程项目，国网天津电力深入推进主网架优化，配电网智慧升级及需求侧管理，大力推动新能源＋储能发展，发挥电网枢纽和平台作用，以电网发展方式带动电力系统转型升级，推动能源系统向更加安全高效、经济方向迈进。

（2）以理论、技术创新方法论推进新型电力系统技术创新应用和数字化转型。构建新型电力系统，涉及领域多、覆盖面广，时间跨度长、不确定性强，要科学统筹基础设施、人力资源、资金保障、制度环境等创新要素，以国家重大攻关任务为纽带，构建资源集聚、优势互补、合作共赢的机制，全力推进新型电力系统技术创新和数字化转型。国网天津电力创新开展智能配电、柔性输电、需求响应等多维度关键核心技术攻关，增强对关键交叉学科领域的支持力度，发挥数字化技术与能源电力深度耦合优势，激发各类资源要素互联互通，为未来构建新型电力系统做好技术储备，夯实支撑新型电力系统构建的技术基础。

（3）以产业创新方法论推进综合能源、电动汽车等新兴业务布局。新型电力系统产业要通过在各环节上的业态创新实现结构调整、产品升级、服务优化、价值环节攀升的价值创造模式，利用可再生能源、电动汽车、互联网等技术手段推动多种能源协调互动，满足用户多能需求，实现能源使用效率提升、安全性提高、用能成本降低。国网天津电力拓展综合能源服务、电动汽车等新业务、新模式、新业态，推动电动汽车充电基础设施建设、运营、产业链整合和技术研发，推进综合能源业务发展，全面提升新型电力系统的弹性灵活性和互联互济等关键能力，形成新型电力系统产业价值创造模式，以点带面推动业态创新。

（4）以组织创新方法论推进新型电力系统组织机制保障。在组织创新维度，新型电力系统建设要以畅通和推动传统与新兴生产要素聚合为核心，牵引构建行业大平台组织模式，明确创新、管理、数据、人才等新要素的定位，依靠发展新要素、新平台，开辟发展新领域、新赛道，塑造发展新动能、新优势。国网天津电力以政企协同、平台建设、市场建设、保障机制为抓手，全面提升能源领域资源配置能力和管理效能，强化新型电力系统技术创新联盟凝聚共识，推动各要素优化组合，为推动能源清洁转型、建设新型电力系统提供可靠组织机制保障。

（5）依托典型示范推动构建新型电力系统。充分调动新型电力系统建设的探索动力，推动先进研究成果转化，根据新形势要求、能源禀赋及发展阶段，培育推广具有创新性、先进性、示范性和推广性的新型电力系统示范项目。国网天津电力因地制宜，打造覆盖城镇、区域、园区、乡村、港口等多维度全方位具有大型城市特色的新型电力系统系列示范,推动示范区高质量建设。先行实践"双碳"业务,率先打造全国首个省级政企合作碳达峰碳中和运营服务中心,推动"双碳"技术创新、市场机制创新、商业模式创新,服务绿色低碳发展,全面提升能源供给和能源服务水平,为碳减排、碳治理赋能赋智,为新型电力系统构建和新型能源体系建设提供坚强支撑。

三 建设路径

锚定"2030年前实现碳达峰、2060年前实现碳中和"的战略目标,以2030、2045、2060年为新型电力系统构建战略目标的重要时间节点,制定天津新型电力系统"三步走"发展路径,即加速转型期(当前—2030年)、总体形成期(2030—2045年)和巩固完善期(2045—2060年),有计划、分步骤推进天津市新型电力系统建设,如图2-10所示。

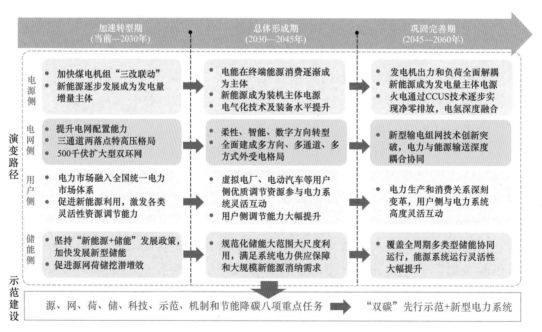

图 2-10　新型电力系统阶段性发展路径

(一)加速转型期(当前—2030年)

在加速转型期间(当前—2030年),需要进一步提升电网配置能力,基本形成多方向、多通道、多方式外受电格局，构建"三通道、两落点"特高压受电格局，建成 500 千伏扩大型双环网。继续发挥煤电机组的基础保障作用。加快煤电机组"三改联动"，推动煤电机组逐步向清洁低碳化转型，调节能力进一步提升。风电、光伏等新能源保持快速发展态势，逐步成为发电量增量主体。坚持"新能源＋储能"发展政策，加快发展新型储能。电力市场建设逐步完善，融入全国统一电力市场体系，促进新能源发展和高效利用、激发各类灵活性资源调节能力。各市场主体在安全保供、成本疏导等方面形成责任共担机制，促进源网荷储挖潜增效。

（二）总体形成期（2030—2045 年）

2030—2045 年处于总体形成期，电能在终端能源消费中逐渐成为主体，助力能源消费低碳转型。新能源发展进一步提速，以新能源为主的非化石能源发电逐步替代化石能源发电，全社会各领域形成新能源可靠替代新局面，新能源成为系统装机主体电源。全社会各领域电能替代广泛普及，各领域各行业先进电气化技术及装备水平进一步提升。虚拟电厂、电动汽车、可中断负荷等用户侧优质调节资源参与电力系统灵活互动，用户侧调节能力大幅提升。电网稳步向柔性化、智能化、数字化方向转型，全面建成多方向、多通道、多方式外受电格局，网架结构进一步加强，电网全面柔性化发展，常规直流柔性化改造、柔性交直流输电、直流组网等新型输电技术广泛应用。规范化储能大范围大尺度利用，满足系统电力供应保障和大规模新能源消纳需求。

（三）巩固完善期（2045—2060 年）

2045—2060 年为巩固完善期，电力生产和消费关系深刻变革，用户侧与电力系统高度灵活互动，发电机组出力和用电负荷逐步实现全面解耦。新能源逐步成为发电量结构主体电源，电能与氢能等二次能源深度融合利用，火电通过碳捕集、利用与封存技术（Carbon Capture, Utilization and Storage, CCUS）逐步实现净零排放，成为长周期调节电源。新型输电组网技术创新突破，电力与能源输送深度耦合协同。

坚持"清洁低碳是方向、能源保供是基础、能源安全是关键、能源独立是根本、能源创新是动力、节能提效要助力"，把高水平建设电力"双碳"先行示范区作为推动双碳目标的重要抓手，一体推进电力技术创新、市场机制创新、商业模式创新等领域创新，在新型电力系统建设实践迈出坚实步伐。

四 建设重点

（一）持续提高电力保供能力

持续开展动态量化的供需平衡分析，及时掌握各类电源和用电负荷家底，统筹源网荷储各环节，推动大港电厂关停替代项目等常规保障性电源和应急备用电源建设，提升负荷管理能力，通过加快发展来保障用电需求，确保电力安全可靠供应。坚持"各级政府是主管家、电力企业是主力军、电网企业是排头兵、电力用户是主人翁"的工作定位，发挥好有为政府、有效市场、有志企业作用，形成保障电力安全可靠供应的合力。

（二）积极服务新能源高质量发展

按照"全局统筹、量率一体"滚动开展新能源消纳率测算，及时研究提出措施建议并积极向政府部门汇报，积极探索明确新能源发展总规模、建设布局和合理利用率目标，引导全行业合理预期。用好"绿色通道"机制，优先安排资金，加快新能源并网工程建设。加强新能源并网服务，深化新能源云推广应用，做好各类电源全流程线上并网服务，打造新型能源数字经济平台，服务新能源高质量发展。

（三）加快各级电网发展

加快构建"三通道、两落点"特高压受电格局，提升大范围资源优化配置能力。加快建设500千伏扩大型双环网结构，优化与周边电网联络，提升潮流疏散能力及故障抵御能力，提高安全可靠水平。持续构建220千伏"互联式自环网"与"链式自环网"目标网架结构，合理优化220千伏供电分区，形成结构坚强、运行灵活的220千伏网架结构。加快发展现代智慧配电网，推进坚强局部电网建设和高层住宅小区供电改造，差异化规划电网，加快分布式电源感知终端部署，强化数据融合贯通。加快推进电网数字化转型，健全企业级数据治理体系，提升基础设施全场景、高性能承载能力，促进电网全环节业务流程、管理模式和作业方式变革。

（四）加强创新示范引领

加快新型电力系统科技攻关，大力提升自主创新能力，持续加大研发投入和攻关力度。深化重大前瞻专题研究，总结新型电力系统重大前瞻课题成功经验，聚焦关键问题和重要环节，深入开展新型电力系统专题研究。开展示范试点项目建设，统筹电力保供和低碳转型，围绕重点环节和关键要素，因地制宜开展示范试点项目建设。推动体制机制创新，聚焦新型储能、应急调峰电源等新要素，研究新型主体参与市场机制与交易模式，深化电—碳市场协同机制。

第三章
城市电网转型升级

· ·

　　电网是新型电力系统的核心载体，为适应新型电力系统源网荷储各环节物理形态变化，需要增强电网资源配置能力、负荷互动调节能力、新能源及储能主动支撑能力，多维度协同发力推动城市电网的转型升级。本章从主网架优化、配电网升级、需求侧管理、新能源与新型储能等方面，介绍天津构建新型电力系统的重点工程、典型经验及成果成效。

第一节　坚强城市主网

坚强城市主网作为远距离、大范围能源配置的最优载体，是多能转换利用的枢纽，是新型电力系统构建的关键物质基础。国网天津电力坚持最高标准、最优设备的原则，加强特高压交直流外部输电通道建设，增强接纳外部电力的能力，建成超高压输电网双环网结构，形成高压输电网系统独立或联合分区的供电方式；依据"强简强"的网络分层结构原则，建设相对简洁的网架结构，逐步推进主网架优化完善，促进清洁能源大规模消纳，实现各级主网架协调发展。

一　"1001"工程

2018年5月，天津市政府与国家电网公司签署战略合作协议，全面实施"1001工程"（到建党100周年时，天津初步建成世界一流能源互联网），开启了天津电网高质量发展新篇章。"1001工程"总投资665亿元，共分为9大工程、924项子任务。"1001工程"的建设有效完善了主网架结构，推动了仁屈柳屈改造等重点工程项目取得突破性进展，规划新建了一批变电站，满足了"煤改电"等负荷的增长，电网可靠性显著提高。通过创新实施"1001工程"，天津电网实现跨越式发展，为向新型电力系统转型升级夯实了网架基础。

（一）实施背景

落实能源安全新战略和习近平总书记来津视察指示精神。2014年6月，习近平总书记提出"四个革命、一个合作"能源安全新战略，坚持创新、协调、绿色、开放、共享的新发展理念，以推动高质量发展为主题，以深化供给侧结构性改革为主线，全面推进能源消费方式变革、构建多元清洁的能源供应体系，实施创新驱动发展战略，不断深化能源体制改革，持续推进能源领域国际合作，从全局和战略的高度指明了保障我国能源安全、推动我国能源事业高质量发展的方向和路径。作为关系国计民生的国有重点骨干企业，国家电网公司主动适应电网向能源互联网转型发展的新趋势，提出建设具有中国特色国际领先的能源互联网企业战略目标。国网天津电力始终坚决贯彻国家电网公司部署，加快提升自身能力素质，努力在打造核心竞争力上率先突破，推动天津电网加快向能源互联网升级。

支撑"五个现代化天津"建设。2018年，天津市政府工作报告中提出加快推进"五个现代化天津"建设。作为城市发展成熟度、运营管理水平的重要标志，电网企业必须与城市发展定位相匹配。国网天津电力作为具有区位、技术、人才优势的直辖市电力公司，必须在对标世界一流城市的电力能源企业中实现率先突破。围绕天津市"一基地三区"定位，加快经济结构优化升级，持续用力推进创新型城市建设，扎实推动乡村全面振兴，加强营商环境建设。利用多年管理、技术、人才积累的基础和条件，推动企业和电网向更高层次迈进，在天津打造一流营商环境、大气污染防治、满足人民美好生活需要等任务中发挥带动引领作用。

解决天津电网发展瓶颈矛盾。对照新时代新要求，天津电网还存在发展不平衡不充分的问题。一是500千伏双环网尚未形成，"日"字型环网结构中双回线比例仅为37.5%。东部环渤海通道上500千伏线路重载情况严重，滨桥线最大潮流超过200万千瓦，特高压电力消纳能力不足。二是220千伏电网结构不合理，西部电网链式通道长，"卡脖子"问题突出，东部电网部分地区全停风险极高。三是配电网基础薄弱，110千伏及以下电网结构不合理，站间联络通道少，互带互济能力不足。10千伏配电线路联络率低，线路供电半径长、供电可靠率低，负荷转供能力差、故障查找时间长。四是电网供电能力不足，部分500、220、110千伏变电站及线路重载运行不满足$N-1$要求，超百条10千伏线路负载率超过80%。五是设备健康水平不高，500千伏北郊变电站变压器运行年限超过30年，220千伏宝坻变电站全站运行年限超过25年，220千伏红旗路变电站主变压器及组合电器老化严重，电磁型保护装置达289台，运行年限超过20年。

（二）实施体系

"1001工程"包括主网架提升工程、世界一流城市配电网建设工程、农村电网升级改造工程、"煤改电"配套电网建设工程、助推营商环境优化工程、绿色出行保障工程、能源绿色发展保障工程、"互联网+"服务水平提升工程、智慧园区和智慧小镇示范工程9方面任务。

"1001工程"将目标转化为具体任务、具体项目，并明确了时间表、任务书、路线图，显著增强了项目可操作性和实施性。"1001工程"推进过程中，对内全力凝聚公司合力，对外积极促进政企联动，有力保障了电网工程的快速落地实施。

政企融合、合作联动，构筑高规格指挥体系。通过"六步法"推动构建高规格、集约化的指挥体系，如图3-1所示，市政府印发"1001工程"实施方案，纳入全市政府督察督办体系。构建天津市"1001工程"指挥体系，成立由副市长挂帅、18个委办局、16个区政府参与的"1001工程"指挥部并下设办公室，选派34名骨干力量与公司"1001工程"办公室联合办公。16个区全部组建由主要负责同志牵头的领导小组，深度对接"1001工程"属地实施。成立18个委办局、16个区政府为成员的高规格指挥部，推动政策制度下沉，形成政企协同推进电网建设的良好局面。

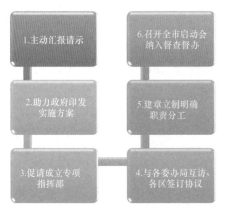

图3-1 "六步法"构建高规格指挥体系

系统布局、多线并进，构筑全方位配套保障体系。成立落实战略合作框架协议领导小组，抽调专业骨干成立"1001工程"办公室，专门推动"1001工程"建设。围绕人财物资源配置、前期工作堵点、施工建设难点、项目管理需求，先后推出"1+6"财务保障方案（1项总方案和资金供应、提升有效资产等6项子方案）、"物十条"等23项配套保障措施；围绕过程监测、督办考核、氛围营造、成果评价，先后推出"1001工程"任务管理、"黎明杯"劳动竞赛、党员建功、专项监督、主题宣传、项目后评价等系列举措，形成了完善的支撑保障体系。

贯穿全程、闭环监管，构筑高标准协调监督体系。由天津市工业和信息化局牵头，指挥部各成员联合办公，实施"三会、三单、四报、两制"管理模式如图3-2所示，通过任务下达、专题协调、工作督办方式，快速解决建设难题。同时，通过实行预警约谈考核机制，采用预警、通报、约谈三级管控模式，确保工程有序推进。

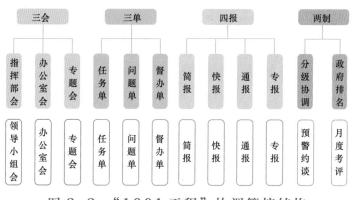

图 3-2　"1001 工程"协调管控结构

专项防控、预警督导，构筑四维度风险防控体系。安全方面，坚持领导分片包干，常态化现场检查督导，引入第三方稽查，严惩施工违章。廉政方面，围绕资金使用、工程分包等7大领域，开展机动巡察和专项监督。法律方面，对351项制度开展评估和"废改立"工作。环保方面，组建专项工作组，落实责任清单和"日自查、周检查、月抽查"三级风险防控，杜绝环保违规。

（三）实施成效

"1001 工程"是国网天津电力以高度的政治站位，坚决落实习近平总书记能源安全新战略的重大举措。通过实施该工程，国网天津电力在贯彻脱贫攻坚、治理大气污染、乡村振兴等国家重大战略上取得积极成效；补齐了电网短板，契合构建新型电力系统，筑牢了"双碳"落地电网之基；加快国网天津电力向能源互联网企业转型，有力推动了打造能源革命先锋城市，带动地方经济发展、改善民生；增强了企业核心竞争力，促进实现个体先进向群体先进拓展升级；夯实了"十四五"电网和企业高质量发展基础，为"十四五"期间"双碳"目标落地奠定了坚实基础。

1. 契合新型电力系统构建，供电保障能力显著增强

电网网架结构、供电能力、整体功能全面升级，特高压形成"两通道、一落点"受电格局，500千伏基本形成"目"字型双环网。新增与北京联络通道，向

北京电网送电能力提升33%。220千伏电网形成6个供电分区，110千伏链式网架结构现状提升，联络通道增长17%。35千伏变电站升压改造，联络通道增长1.8%。10千伏电网供电能力大幅提高，可合环点数增长35%。电网清洁能源供给和配置能力显著增强，相较2017年年底，"十三五"末新能源接入规模增长164%，新能源电量在全社会用电量中的占比提升106%。各级电网协调发展有效保障了大规模新能源并网要求落地，"十三五"期间未发生新能源弃电现象，实现新能源电量100%全额消纳。截至2023年年底，天津新能源装机规模达到706.5万千瓦，约占总装机容量的28.9%。吴庄—静海500千伏输电线路工程如图3-3所示。

图3-3　吴庄—静海500千伏输电线路工程

2. 建设管理能力大幅提升，支撑电网高质量建设

电网建设效率明显提升。争取"以函代证"等50余项简化审批措施，工程前期及施工外协周期分别压减30%和50%以上，保障了电网建设任务按期完成。民生工程建设成绩斐然，高质量完成"煤改电"和1342个村庄农网升级改造任务，惠及47.2万户居民冬季清洁取暖。农网户均配电变压器容量由2.41千伏·安提升至4.58千伏·安，农网核心指标进入全国前列，为脱贫攻坚、乡村振兴提供了坚强支撑。

基建工程技术创新取得重大突破。依托"1001工程"实践，大力推进"标准化设计、模块化建设、工厂化加工、机械化施工"。推动天津地区首座地下220千伏变电站开工建设、华北地区首条采用"顶盾复合技术"的电力隧道全线贯通。基建专业管理水平得到较大提升。渠阳500千伏变电站创造了天津地区500千伏输变电工程 292 天最短建设纪录，荣获国家电网公司优质工程金奖和中国电力优质工程奖。开展国家电网公司首个三维建管试点研究，在三维建管、智慧工地、辅助电子结算等方面取得突出成效。

3. 经营质效全面提高，带动公司高质量迈进

资产规模大幅增加，质量持续提升，发展基础愈发坚实。"1001 工程"实施以来，国网天津电力有效资产规模增长 24%，通过加大电网资产技术改造力度，电网资产平均使用寿命延长 1 年，资产性能不断提升；通过加大老旧设备更新改造，在运资产健康状况得到优化，万元资产运维费水平从 2017 年的 298 元/万元下降为 2020 年的 262 元/万元，年均下降 4.16%，资产质量不断提升。

4. 政企协同、联合办公的创新机制突破

构建政企合作天津新模式，电网发展环境不断优化。首次以政府文件发布任务，推动电网建设上升为政府意志，转化为全市共同行动，纳入全市督察督办体系，推动政企合作由政府搭台向既"搭台"又"唱戏"升级，电网建设由"单兵作战"转变为"联合作战"。13 个委办局联合出台《天津市电网工程项目联合审批流程实施方案》等 10 项制度文件，推动将国家电网公司通用设计成果纳入政府审批体系，取消施工许可等 50 余项简化优化审批措施，开创了"天津速度"、打造了"天津质量"，使"1001 工程"成为享誉天津市各界的靓丽名片。

政企合作开启崭新局面，"1001 工程"的顺利实施有力推动了"十三五"电网投资的全面落地，铸就了天津电网史上支持政策最多、电网建设最快、社会反响最好的发展黄金期，天津电网网架结构、技术装备、功能形态实现全面升级。2021 年 7 月，天津市"1001 工程"总结大会胜利召开，"1001 工程"圆满收官。

二 特高压电网

特高压输电是指交流电压等级在 1000 千伏及以上、直流电压在 ±800 千伏及以上的输电技术，具有输送容量大、传输距离远、运行效率高和输电损耗低等技术优势，是实现远距离电力系统互联，建成联合电力系统的物理架构基础。相较于传统高压输电，特高压输电技术的输电容量将提升 2 倍以上，输送距离超过 2500 千米，输电损耗可降低约 60%，单位容量造价降低约 28%，单位线路走廊宽度输送容量增加 30%。特高压将会成为新型电力系统的重要能源运输通道，在构建新型电力系统中发挥重要作用。

（一）基本情况

"十三五"期间，天津地区投产特高压工程 4 项，见表 3-1。形成"两通道、一落点"特高压交流电网格局，新增特高压交流变电站 1 座，变电容量 600 万千伏·安；新增特高压交流线路 8 条，线路长度 577.89 千米。

表 3-1 特高压电网项目（天津段）情况

序号	项目名称	投产年份
1	锡盟—济南特高压交流输电工程（天津段）	2016
2	蒙西—天津南交流输变电工程（天津段）	2016
3	锡盟—泰州特高压直流工程（天津段）	2017
4	扎鲁特—青州特高压直流工程（天津段）	2018

"十四五"期间，天津电网坚持构建独立坚强输电网结构。充分发挥特高压交流输电功能和网架优化作用，依托特高压电网与周边 500 千伏电网联络合理断开，保持断面清晰，逐步形成 500 千伏电网独立分区运行的能力。坚持防控电网安全风险，优化完善电网结构，持续提高供电能力，系统解决短路电流超标、潮流穿越等问题，提高电网抵御严重故障的能力，从电网结构上消除发生严重电网事故的风险。坚持提高电网外受电能力。逐步形成多方向、多形式、多落点的受电格局，持续提升 500 千伏电网供电能力及天津电网外受电能力，满足"十四五"天津新增电力需求。坚持提升电网资源配置能力，充分发挥电网的能源转换枢纽和配置平台作用，提升电网消纳和配置外来电、低价电的能力，降低生态环境保护压力和社会终端用能成本。到 2025 年，初步建成与"一基地三区"功能定位相匹配的一流坚强智能电网，形成以"三通道、两落点"特高压电网为依托、500 千伏扩大双环网为主干网架、市域范围内各大型电源为支持、220 千伏电网形成合理分区供电的电力空间布局，支撑城市供电可靠率进一步提高，满足天津市"十四五"发展供电需要和大规模新能源科学合理并网及高效消纳需求。

（二）特高压网架

"十三五"期间，天津特高压电网形成"两通道、一落点"受电格局，天津电网实现升级。2016 年，投产天津南 1000 千伏特高压变电站。天津南特高压站是连接蒙西—天津南"一横"和锡盟—山东"一纵"特高压输电通道的关键点，是实现特高压电网西电东送，北电南送的重要节点。天津南站的投产，为天津电网提供了有力的电源支撑，解决天津电网装机容量不足问题，同时增加了外受电通道，天津电网将通过特高压及 500 千伏电网两个层级接受外来电力，实现了多方向、多通道、多方式分散受电，提高地区外受电比例，保障天津地区电力可靠供应。图 3-4 所示为天津"十三五"特高压网架结构。

图 3-4 天津"十三五"特高压网架结构

"十四五"期间，天津特高压电网预计形成"三通道、两落点"受电格局，并初步形成多方向、多通道、多方式分散受电格局。根据天津电网电力平衡测算，随着电力需求水平不断提高，本地电源增长有限，天津电网仍存在电力缺口，"十四五"期间天津电网规划新建天津北 1000 千伏变电站，扩建天津南 1000 千伏变电站。天津地区新增第三条特高压送电通道，形成"三通道、两落点"的受电格局。

（三）建设成效

提升资源配置，满足电力需求。天津电网正式进入特高压时代，大范围资源配置能力得到大幅提升。"十四五"期间，天津北 1000 千伏变电站建设形成天津电网特高压交流受电第三通道，可新增特高压交流下送能力200万千瓦，提高天津电网外受电能力及外来电比例，弥补"十四五"末天津电网电力供应缺口，满足天津市持续增长的电力需求。天津南1000千伏特高压变电站扩建工程，进一步提升天津电网的受电能力。天津南特高压变电站扩建工程投产后，天津电网通过天津南特高压站受入外来电力的能力从300万千瓦提升至600万千瓦，满足"十四五"新增电力需求。天津南1000千伏特高压变电站如图3-5所示。

图3-5　天津南1000千伏特高压变电站

优化主网结构，控制短路水平。天津北变电站及其特高压通道建成后，唐承秦地区新能源富余电力通过天津北变电站经北部通道疏散，大幅降低天津500千伏电网穿越潮流，彻底解决环渤海500千伏通道潮流重载问题。有效降低东北部500千伏电网短路电流，天津北破口接入渠阳—芦台双回线后，天津500千伏电网环网进一步外扩，有利于拉大500千伏厂站电气距离，有效降低天津东北部区域500千伏电网短路电流水平。

 ## 三　500千伏电网

天津电网是华北电网的重要组成部分，完善受端电网主网架结构形成双环网结构，有利于从多方向受入电力，通过环网通道实现电力的再分配及灵活互济。2022 年，天津电网最大负荷达到 1771 万千瓦，2023 年天津电网最大负荷达到 1811 万千瓦，电网负荷的逐年增长标志着天津地区经济的快速发展。作为天津电网的"大动脉"，天津 500 千伏双环网运行后，电网结构显著优化，对助力天津推进新型电力系统建设，打造能源革命先锋城市具有显著作用。

（一）建设背景

随着人们对清洁能源的要求不断提升，城市大气治理工作力度不断加大。北京、天津等大城市在确保城市供电、供热安全的基础上，大幅压减本地电厂发电量。但是，城市在压控本地发电的同时，形成了严重的电力供给缺口，亟须通过提高外受电比例解决这一问题。目前，天津外受电比例低于同为能源输入型城市的上海和北京。考虑到天津电网负荷刚性增长需求、地区资源禀赋特点，天津电网需要通过建设更多对外联络通道进一步提高外受电比例。

从国内外先进城市电网发展看，大城市建立的受端电网主网架结构大多已形成双环网结构，这种结构有利于从多方向受入电力，通过环网通道实现功率的再分配及事故时的相互支援。但如果环网较小，系统的短路电流水平控制将成为主要问题。天津电网属于典型的受端电网，但其作为华北电网的组成部分，承担着部分潮流转移功能。借鉴其他城市电网发展经验，结合天津"南北跨度大"的特征，适宜建设 500 千伏"目"字形双环网结构。

预计"十四五"期间天津市经济增速较"十三五"期间有所提高，电网负荷及电量将呈持续增长态势。从电源发展看，常规电源增长空间几乎为零。

（二）网架结构

2023 年，天津地区建成板滨双回线路，网架结构进一步向目标网架迈进。500 千伏主网架建成渠阳—北郊—正德—吴庄—静海—天津南—板桥—滨海—芦台—渠阳的双环网结构。500 千伏电网通过渠阳、南蔡、北郊、东丽、吴庄、正德、滨海、芦台、板桥、静海 10 座 500 千伏站向 220 千伏电网供电。天津 500 千伏双环网正式合环运行，形成"目"字型双网架结构，如图 3-6 所示。

图 3-6　天津 500 千伏"目"字型网架

"十四五"期间，天津 500 千伏电网规划安排 14 项工程。为满足临港、南港地区新增负荷需求，规划大港以及海港 500 千伏变电站；为满足滨海北部、蓟州、宁河以及宝坻地区新增用电需求，扩建滨海、渠阳以及芦台 500 千伏变电站；为提升设备质量，安排吴庄以及北郊站重建工程，合理增加 500 千伏电网布点及变电容量。为满足特高压变电站送出，安排天津北出线等工程，形成扩大型双环网结构，有效控制短路水平，提升输电网潮流转移能力，天津电网外受电能力提升至 50% 以上。

至 2025 年年底，天津 500 千伏形成天津南—静海—吴庄—正德—北郊—南蔡—渠阳—天津北—芦台—滨海—板桥—海港—大港—天津南扩大双环网结构。通过盘山至安定单回、南蔡至新航城双回、吴庄至孝彩双回、天津南至宣惠双回共计 4 个通道 7 回 500 千伏线路与北京电网、河北南网、冀北电网联络。500千伏公用变电站 13 座，500/220 千伏联络变压器 32 台，变电容量 3480 万千伏·安。500 千伏网架形成"目"字型扩大双环网，电网结构将进一步完善，天津电网安全稳定水平将得到提高。

（三）建设成效

国网天津电力历时 5 年先后建成 500 千伏正德站、渠阳站、吴静线、渠芦线、渠蔡线、北正线、正吴线等工程，500千伏变电站增加至10座，线路达到40条共计1328千米，形成了以天津南1000千伏特高压变电站为支点的500千伏双回环网结构，对提升500千伏电网整体安全稳定水平和特高压电能向下输送起到了重要支撑作用。

建成500千伏"目"字型双环网。吴庄—静海500千伏线路工程投产后，500千伏环网向南扩大至天津南特高压站。天津房山—南蔡500千伏线路工程，贯通京津冀中部横向输电通道，形成北京、天津及冀北电网"三横三纵"500千伏主干网架，对提高北京、天津及冀北电网"西电东送"输电能力，满足北京、天津及冀北地区用电需求具有重要作用。

改善网架结构，提升输电水平。天津500千伏电网基本建成多方向、多通道受电格局的双环网，电能输送能力、区域安全供电能力全面提升。通过5个通道9回线路与北京、冀北、河北南网联络，500千伏电网变电容量由2015年的1485.3万千伏·安增长至2022年的2205.3万千伏·安，电网供电能力及安全水平持续提升。板桥—滨海500千伏输电线路工程如图3-7所示，送电后，天津全面建成500千伏双环网。

图3-7 板桥—滨海500千伏输电线路工程

提高500千伏电网供电可靠性。随着天津电网建设的不断推进，天津电网结构日益增强，500千伏电网整体短路电流有所降低，500千伏厂站短路电流水平控制在61.5千安培以下，提高了电网安全稳定水平。从 $N-1$ 通过率看，500千伏电网主变压器 $N-1$ 通过率由88.89%增加至100%，主变压器 $N-1$ 通过率同比提高

11%，500 千伏电网线路 N-1 通过率达到 100%，天津 500 千伏主变压器及线路均满足 N-1 要求，有效提升了设备安全水平和关键断面的输电能力，消除了安全隐患，优化了地区网架结构。

第二节 配电网智慧化升级

配电网作为城乡重要基础设施，既承担着广泛的政治责任、经济责任和社会责任，也是新型电力系统建设的着力点。国家发展改革委、国家能源局于 2022 年发布《"十四五"现代能源体系规划》，明确提出"加快配电网改造升级，推动智能配电网、主动配电网建设""强化配电网的支撑保障能力，建设满足负荷增长、分布式电源接入和新能源消纳的城乡配电网"。推动配电网智慧化升级，促进微电网和分布式能源发展，满足各类电力设施便捷接入、即插即用，是承接新型电力系统建设、践行"双碳"目标、推动电网安全经济高效发展的必然选择。国网天津电力开展 10 千伏"雪花形"配电网（以下简称雪花网）、配电物联网和基于调控云的主配一体应用等系列实践，加快推动配电网技术、功能、形态变革，支撑新型电力系统建设。

一 10 千伏雪花网

雪花网是指以环网箱为核心节点，由 4 座（3 座）变电站的 8 回（6 回）10 千伏线路组成的电缆主干网。每座变电站 10 千伏出线 2 回，每回线路具有 1 个站间联络，1 个站内联络，开环运行。因线路合围区域外形像雪花瓣形状，称为雪花网结构。

2022 年 7 月，天津电网开展了全自主知识产权的全国首个 10 千伏雪花网项目建设，首创以环网箱为核心双层架构的雪花网新型配电网结构，搭建了更坚强、易拓展、网格化的能源配置平台。雪花网的建设，标志着国网天津电力加快建设新型电力系统、打造国际领先型城市配电网迈入了新阶段。

（一）网架结构

雪花网是由 10 千伏单环网、双环网演变升级而成的。它不是对现有电网的颠覆和推倒重建，不会造成电网建设投资浪费，而是更能适应新型电力系统发展新需求的 10 千伏电网新形态，主要包括四站模式和三站模式。如果现状为 3 组标准站间联络单环网，新建 3 个站内联络，形成三站雪花网结构，其演变过程如图 3-8 所示。如果现状为 2 组标准双环网，则需要新建 2 个站间联络、4 个站内联络，形成四站雪花网结构。

雪花网结构简明清晰，网架灵活可靠，具有高包容性和强适应性，具体表现为安全可靠、经济高效、绿色低碳、服务优质、友好互动五大特征。

（1）安全可靠。抵御事故风险能力和自愈能力强，电力供应稳定可靠；支撑上级电源变电站负荷灵活转移，满足本级 10 千伏线路供电安全，保障下级电力用户可靠用电。

（2）经济高效。电网设备平均负载率有所提高，当设备容量受到约束时，因地制宜通过小范围的网架优化，减少主馈线新建项目，节省电网投资；支撑配电网自动化系统实现更多高级功能，释放电网智能化投资的效率效益。

（3）绿色低碳。适应分布式电源、电动汽车、储能等多元化负荷高比例接入，促进能源供给清洁化、终端消费电气化；提高电能占终端能源消费比重，服务"双碳"目标实现。

（4）服务优质。适应办电更省时、办电更省钱、用电更可靠的"获得电力"新要求；可实现用户就近接入，保障用户个性化、综合化、智能化服务需求。

（5）友好互动。通过光纤通信网、智能融合终端等，实现信息系统与一次网架的有机融合；有效支撑新型电力系统横向多能融合互补、纵向源网荷储多元聚合互动。

与双环网、单花瓣、双花瓣、钻石型等国内外典型配电网网架结构相比，雪花网的先进性体现在供电可靠性、技术经济性等方面，主要指标对比见表 3-2。

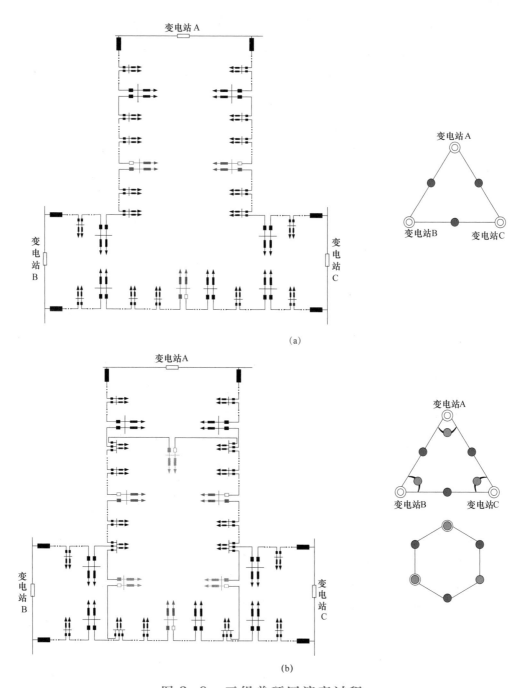

图 3-8　三组单环网演变过程

（a）现状为三站 3 组站间单联络；（b）新建 3 个站内联络，形成三站雪花网

表 3-2 不同网架结构技术指标对比

项目	关键指标	双环网	单花瓣	双花瓣	钻石型	雪花网
供电可靠	供电可靠率 /%	99.99962	99.99965	99.99968	99.99965	99.99965
供电安全	馈线 N-1 负荷转移能力 /%	100	100	100	100	100
效率效益	馈线最大负载率 /%	首段有联络75%；无联络50%	50	75	首段有联络75%；无联络50%	87.5
	主变压器最大负载率 /%	75	50	75	75	83.33
技术经济	双环网基础上增加总成本 /（万元 / 年）	—	198.12	336.14	230.70	127.03
		—	较大，改造光纤纵差	大，新建开关站、改造光纤纵差	大，新建开关站、改造光纤纵差	较小，分段联络优化
优质服务	用户接入电源点可选择数	4	4	4	4	8

注 1. 供电可靠率 =（8760- 户均年停电小时数）/8760×100%，只考虑故障停电时间，为理论计算值。

　　2. 馈线 N-1 负荷转移能力 =N-1 条件可转供负荷 / 需转供负荷 ×100%。

　　3. 馈线最大负载率 = 馈线联络数 /（馈线联络数 +1）×100%。

　　4. 主变压器最大负载率 =（上级电源）主变压器联络数 /（主变压器联络数 +1）×100%。

表 3-2 中，供电可靠方面，通过故障模拟计算不同网架结构的供电可靠性，雪花网与单花瓣、钻石型持平，低于双花瓣，高于双环网。供电安全方面，双环网、单花瓣、双花瓣、钻石型和雪花网均能 100% 满足线路 N-1 供电安全要求，此外雪花网、双花瓣、钻石型还可满足变电站 N-1。效率效益方面，雪花网构建了 4 站 8 线的馈线集群，单条线路最大平均负载率最高，且可支撑上级 4 座电源变电站负荷灵活转移。技术经济方面，在双环网的基础上进行提升改造，雪花网比其他网架结构更具优势。优质服务方面，雪花网可提供 8 个方向的电源点供用户选择，相比单花瓣、钻石型和双环网，更方便用户就近接入。

（二）智能化升级

雪花网的建设与改造以规范化网架结构为基础，采用技术成熟、经济适用的电网设备，升级配电自动化主站模块功能，同步配电通信网建设和智能终端部署，应用先进信息网络技术、控制技术，有效支撑电力用户灵活可靠接入以及新型电力系统新元素开发利用，推动源网荷储协调互动，助力新型电力系统发展与建设。

1．主站模块功能升级

雪花网具有支撑配电网负荷大范围转移的能力，基于馈线集群内线路站内、站间联络优势，在10千伏线路重载、上级主变压器重载或变电站不满足$N-1$等情况下，通过多站互联解合环和网络动态重构进行区域负载拆分，灵活转移负荷至馈线集群内其他线路。雪花网配电自动化主站升级主要功能如下：

（1）负荷预测。负荷灵活转移作为常态化运行状态下的优化控制手段，为避免运行方式的频繁变换和开关的频繁操作，不能仅仅依赖某一时间断面的数据，而是应该综合历史、现状和未来预测情况，综合考虑配电网网络重构方案和启动时机。

（2）动态网络重构。网络重构作为配电系统正常运行状态下的优化控制手段，结合历史、实时、预测数据确定某一时间段内可以达到理论最优的重构方案并付诸实施。当预测值与实际情况差别较大时，则新的网络重构方案可能相对于现有网络形态的优化效果更好，当超过一定阈值时，启动新一轮的网络重构方案。

（3）故障分析及处理。基于雪花网的故障处理是在传统配电自动化的故障定位、故障隔离、故障恢复的基础上，以雪花网馈线集群为故障处理单元，配电自动化主站在前台界面上新增可调负荷、合环分析信息显示等内容，在故障处理逻辑上新增光纤纵差故障隔离闭锁和柔直运行线路故障恢复闭锁策略。

2．通信网升级

雪花网建设区域主要采用电缆线路供电，配电自动化终端光纤通信覆盖率按照100%目标建设，利用现有排管或市政管道建设光缆，在相关变电站内配置OLT设备，各配电站点新增ONU设备，构建光纤组网方式的EPON技术终端通信接入网。然而，按照现有配电自动化故障处理技术路线，配电自动化终端遥控操作必须采用光纤通信方式，配电自动化"三遥"终端仅限于发挥"两遥"功能，遥控操作、故障处理必须依靠人工进行，配电自动化效率提升有限。

为解决光纤通信网覆盖率较低与"三遥"终端发挥遥控功能需求的问题，开展5G通信方式的研究探索，在确保安全、稳定的前提下对部分无法实现光纤通信的区域采用5G通信方式开展遥控操作，提升配电自动化"三遥"站点的可控、可用比例。

3．自动化终端升级

针对不同区域的供电可靠性要求，对配电自动化终端开展差异性规划研究。

在考虑供电可靠性与经济效益的基础上，完善配电自动化终端配置规划，寻求最优解决方案。在考虑各区域供电可靠性不同要求的基础上，结合饱和年线路负载率水平，计算各区域配电自动化终端的具体数量。将馈线上的"二遥"和"三遥"配电终端布点配置问题转化为开关布点配置问题，在考虑停电电量损失的基础上对配电终端进行布点配置建模。以系统缺供电量最小为目标，确定"二遥"和"三遥"配电终端安装位置。

（三）典型示范

2022 年初，国网天津电力启动首批雪花网试点建设。2022 年 11 月，圆满完成了滨海生态城旅游区、河西全运村先进适用型试点和北辰高端装备产业园领先示范型试点建设工作。项目建成后，电网运行良好，达到了试点建设目标。2023 年，扩大试点建设范围，第二批雪花网试点项目覆盖了国网天津电力全部地市公司，以点带面，强化目标网架结构引领，以雪花网建设带动配电网全面升级。

1. 滨海新区生态城旅游区先进适用型雪花网

项目位于滨海新区中新生态城旅游区北部，属于 A 类供电区域，规划面积 12 千米^2，居住人口超过 10 万人，区内负荷以居民、商业、生态文旅、智能科技产业为主。在航园 35 千伏变电站、琥珀溪 110 千伏变电站、玉辰 110 千伏变电站航 12、航 32、琥 43、琥 63、航 14、航 31、辰 34、辰 54 等 8 回 10 千伏线路基础上，新建 10 千伏线路 4 条，形成琥珀溪 110 千伏变电站至玉辰 110 千伏变电站站间双环网联络，新建站内联络 6 组，形成 1 组 3 站 12 线"双雪花瓣"，如图 3-9 所示，完善 10 千伏网架结构。借鉴雪花网一次网架设计思想，设计网格化的通信接入网整体架构，全面升级通信网。

进一步优化升级配电自动化主站 OPEN5200 系统功能模块，开展配电网复杂网架配电故障处理系统建设，新增动态网络重构（见图 3-10）、解合环分析等功能，支撑负荷大范围灵活转移，完成滨海先进适用型雪花网建设，取得显著成效。

电网安全升级。构建"主干网 + 接入网"双层网架结构，电网运行更灵活，单条线路配置 7 种运行策略，比单环网、双环网多出 4 种，变电站全停全转率 100%，主变压器负载均衡度由 84.78% 提升至 90.99%，10 千伏线路负载均衡度由 91.48% 提升至 93.64%。在满足线路 $N-1$ 安全校核下，3 站 12 线双雪花瓣供电能力与 9 组 18 线单环网供电能力相当，节约 3 组 6 线单环网新建线路投资约 3100 万元。

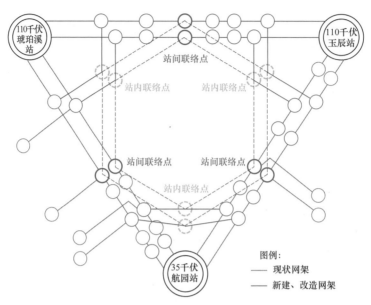

图 3-9　滨海雪花网多层网络电气拓扑

图 3-10　滨海雪花网动态网络重构

　　电网绿色升级。适应分布式电源、电动汽车、储能等多元化负荷高比例接入，提高电能占终端能源消费比重，实现试点区域内分布式电源接入率100%、新能源利用率达到100%、电动汽车充电桩报装接入率100%，全面助力"双碳"目标实现。

电网智慧升级。提升"三遥"终端和光纤通信覆盖水平,"三遥"终端覆盖率由 60% 提升至 100%,站点光纤覆盖率提升至 100%,故障隔离时间缩短至 30 秒以内。深化智能融合终端运行数据接入应用,补齐用户侧、低压侧运行数据,高效助力主动抢修,抢修时长平均缩短 30 分钟。构建分布式新能源调控管理平台,实现分布式电源数据覆盖率 100%。

电网服务升级。促进用户服务可视化、透明化、高效化,用户可接入点由 4 个增加至 8~12 个,线路平均可开放容量由 8.44 兆伏·安提升至 16.99 兆伏·安,平均供电距离压缩至 0.7 千米,客户业扩报装服务时限达标率 100%、供电服务"十项承诺"兑现率 100%。开发供电方案编制辅助决策工具,用户位置、备选接入点清晰可见,电网规划、建设项目公开透明,实现供电方案便捷高效编制。

2. 河西全运村先进适用型雪花网

项目位于河西区解放南路起步区内,属于 A 类供电区域,规划面积 5.52 千米^2,区内负荷主要为居民、商业负荷,居民 10.8 万人。项目通过在微山路 110 千伏变电站、双林、长青 35 千伏变电站 6 回 10 千伏线路标准单环网结构的基础上,增设 3 组联络,完善网架结构。通过优化台区智能融合终端部署模式、智慧开关应用方案、感知层组网方式等,实现台区智能融合终端和智能端侧设备的互联互通完成智能化升级,并对配电自动化主站进行合环分析、网络重构等模块升级,完成先进适用型雪花网建设。主要成效如下:

电网安全升级。构建"主干网 + 接入网"双层网架结构,合理设置站内联络开关、站间联络开关、重要分段开关位置,如图 3-11 所示,变电站全停全转率为 100%,变电站主变压器负载均衡度由 88.84% 提升至 89.08%,10 千伏线路负载均衡度由 92.69% 提升至 95.51%。根据区内负荷测算,单位投资增供负荷为 0.061 兆瓦 / 万元,单位投资增供电量为 12.27 万千瓦·时 / 万元。

电网绿色升级。雪花网更能适应分布式电源、电动汽车、储能等多元化负荷高比例接入,试点区域分布式电源接纳能力由 20.7 兆瓦提升至 34.5 兆瓦,分布式电源接入率 100%,充电桩接纳能力由 172 个提升至 370 个,电动汽车充电桩报装接入率 100%。通过 3 台能量路由器实现台区柔性互联,低压台区协同高效运行,如图 3-12 所示。

电网智慧升级。雪花网建设提高了 10 千伏通信网络结构水平,形成"手拉手"型为主,链式为辅的光缆结构,采用光纤倒换保护机制。提高低压配电网精准感知能力,将站内各类智能设备全部接入台区智能融合终端,远程、实时感知

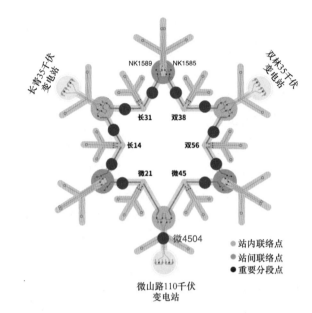

图 3-11 多层网络及分段电气拓扑

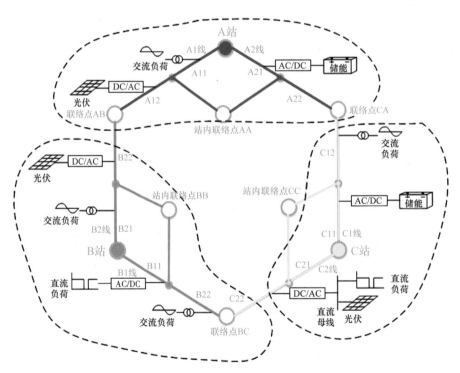

图 3-12 分布式电源及多元负荷接入

站房环境信息、设备局放信息、运行数据，打造透明配电站房，智能融合终端覆盖率达 100%。

电网服务升级。雪花网提供了更多可选择的接入点，方案制定更加快速，答复时间压缩了 37%，客户"办电更省时"。雪花网接入方式更加灵活，满足客户就近接入的需求，中交富力房地产住宅配套项目节约客户办电成本约 400 万元，客户"办电更省钱"。陈塘庄地区 2 万千伏·安业扩报装项目，降低客户接入对主干网影响，客户"用电更可靠"。

3．北辰高端装备产业园领先示范型雪花网

项目位于北辰国家产城融合示范区，属于 A 类供电区域，规划面积 20 千米²，居住人口 1.2 万，具有产城融合、多能互补的区域特征。选取喜逢台、风电园、万河道 3 座变电站 4 回 10 千伏线路，新建 10 千伏线路 2 回，站内联络线 3 组，站间联络线 2 组，结合已建成的柔性多状态开关站，形成 1 个 3 站 6 线环网运行的单雪花瓣，如图 3-13 所示。再进行配电网自动化主站升级，将 OPEN3200 系统升级为 OPEN5200 系统，完成领先示范型雪花网建设，均衡线路负荷，提升电能质量，支撑负荷大范围灵活高效转移，实现运行状态下的动态重构和故障状态下的快速自愈。主要成效如下：

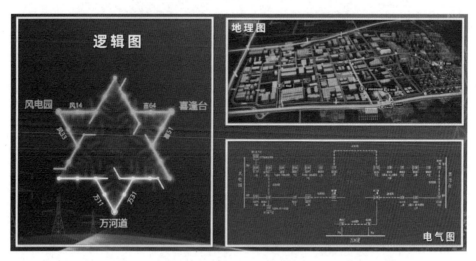

图 3-13　北辰高端装备产业园雪花网网架结构

电网安全升级。雪花网实现环网运行方式下线路故障点两侧直接跳闸，用户"零停电、无感知"。环网线路负载均衡度由常规模式 90% 提升至 97.26%，可实

现动态调整。进一步提升了站间联络能力，变电站全停全转率 100%，可提供 3 组单环网 1.6 倍的供电能力。

电网绿色升级。通过环网运行，以网为单位，就近灵活接入 6 兆瓦分布式电源、多元化负荷。区域分布式电源接入率 100%、新能源利用率 100%，充电桩接入由 28 台提升至 37 台。配电网与新能源由刚性管理转为柔性互动，全面助力"双碳"目标实现。

电网智慧升级。光纤纵差保护 30 毫秒内动作，结合馈线自动化策略，快速隔离故障，抢修业务由传统的 14 个环节压减至 5 个环节。运维检修数字化水平有效提升，实现配电系统透明化、运检业务精细化、班组业务全能化。在线实时开展线损分析，经济运行管理由事后分析升级为事前决策。

电网服务升级。单条线路负载率上限由 50% 提升至 80%，增强了电网承载力。依托多状态开关，特定线路最大接入容量达到 24 兆伏·安。精准规划地块红线外预留接入点，原计划 35 千伏接入的用户采用 10 千伏电压等级实现了就近接入，"获得电力"更便捷，用户运维成本更低。北辰高端装备产业园雪花网现场调试如图 3-14 所示。

图 3-14　北辰高端装备产业园雪花网现场调试

配电物联网

配电物联网是传统工业技术与物联网技术深度融合产生的一种新型电力网络

形态，通过配电网设备间的全面互联、互通、互操作，实现配电网的全面感知、数据融合和智能应用，满足配电网精益化管理需求，支撑新型电力系统配电网快速发展。

（一）总体架构

配电物联网建设以配用电领域应用需求为导向，以价值创造为核心，以数据融通和业务协同为主线，遵循"云、管、边、端"架构体系及技术路线，将"大云物移智"等先进信息通信技术融入配电侧的各个环节，实现配电网的数字化、信息化和智能化。配电物联网模式下功能模块的框架图，如图 3-15 所示。

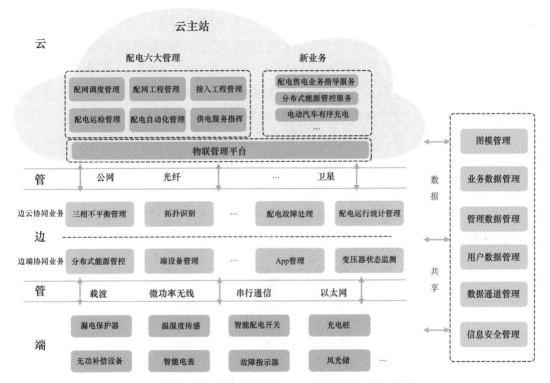

图 3-15　配电物联网模式下的功能模块框架图

"云"：基于统一的云平台、企业中台，实现物联网架构下的配电主站全面云化和微服务化，满足需求快速响应、应用弹性扩展、资源动态分配、系统集约化运维等要求。

"管"：为"云""边""端"数据提供传输通道，采用"远程通信网+本地通信网"的技术架构，完成电网海量信息的高效传输。

"边"：即边缘计算节点，采用"通用硬件平台＋边缘操作系统＋边缘计算框架＋App业务应用软件"的技术架构。对下，边缘计算节点与智能感知设备通过数据交换完成边端协同，实现数据全采集、全感知、全掌控；对上，边缘计算节点与物联管理平台实时全双工交互关键运行数据完成边云协同。

"端"：配电物联网架构中的感知层和执行层，实现配电网运行状态、设备状态、环境状态以及其他辅助信息等基础数据的采集，并执行决策命令或就地控制，包括传感器、智能开关等设备。

（二）建设内容

2019年，国网天津电力作为配电物联网首批试点单位，顺利通过实用化验收。2020年，完成配电自动化四区云化升级、完成14类高级应用App开发。2022年年底，天津城南示范区入选国家电网公司"5市10县"能源互联网示范区。目前，按照"供电服务指挥强前端、四区主站大后台"的技术路线，有序推进配电物联网建设，实现实时监控、风险预警、主动处置。

台区智能融合终端。采用硬件平台化、功能软件化、结构模块化、软硬件解耦设计，满足高性能并发、大容量存储、多采集对象需求，集配电台区供用电信息采集、各采集终端或电能表数据收集、设备状态监测及通信组网、就地化分析决策、协同计算等功能于一体，支撑营销、配电及新兴业务发展需求，台区智能融合终端现场应用如图3-16所示。

图 3-16 台区智能融合终端

营配数据本地全交互。差异化开展营配数据本地交互，对在运比例较高的品牌集中器，采取 RS-485 线连接的方式实现台区营配数据融合。同时，探索采用更换集中器、伴听模式、外置电流互感器采集等多种方式相结合实现营配数据融合。外置电流互感器采集方式如图 3-17 所示。

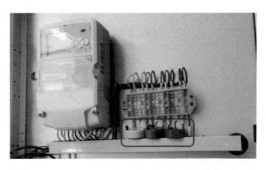

图 3-17　外置电流互感器采集方式

配电物联网四区主站。四区主站具备配电网监测、馈线停运分析、馈线重过载分析等功能。通过获取中压侧一区配电自动化系统数据，实现配电线路运行状态监测；接入低压侧智能融合终端监测数据，基于边缘计算结果，实现低压配电网全景感知；将异常信息推送给供电服务指挥系统，以工单驱动开展主动运维、主动抢修，支撑数字化应用落地。配电物联网四区主站功能界面如图 3-18 所示。

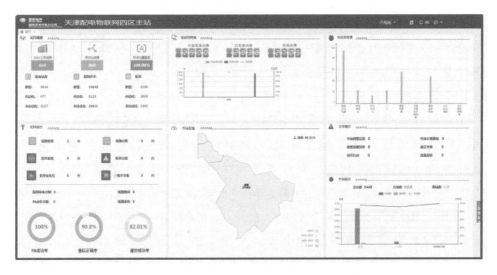

图 3-18　配电物联网四区主站功能界面

终端运维管理。制定台区智能融合终端建设与运维管理办法，开展工单驱动业务，对频繁投退、离线终端进行告警和督办处置，提升运维管控水平。利用移动终端快捷调试工具开展台区智能融合终端运维，提升现场运维效率。供电服务指挥系统如图 3-19 所示。

图 3-19　供电服务指挥系统

（三）建设成效

配电网运行管理水平显著提高。打通配电四区主站和供电服务指挥系统，对四区主站异常数据进行分析处理，根据分析结果向配电相关部门派发主动运维工单，实现以移动终端为载体的配电网运、检、抢全业务工单驱动，减少业务链条，降低管理成本，管理效率提升 32%。

配电网运维数字化高效转型。通过台区智能融合终端强化对台区设备的监测水平，促进低压配电网运维的数字化转型，实现通信网络高效传输、数据共享互联互通、配电网可观可测可控。2022 年共开展台区低压设备故障主动抢修 2980 次，通过主动运维提前发现并处理设备异常 1124 次，保障可靠供电。

供电可靠性和营商环境全面提升。通过配电物联网建设应用，中低压可靠性进一步提升。2022 年累计节约 1382.76 时户，累计增加售电量 65 万千瓦·时；台区经济运行水平显著增强，累计节约电量 720 万千瓦·时。用户用电体验和电力营商环境进一步提升，平均复电时间由原来的 42 分钟降至 22.3 分钟，降低 47%，配电网感知能力显著提高，实现精准、主动和快速服务。

主配一体调控应用

随着新型电力系统加速构建，配电网有源化、多元化特征日益明显，配电网与主网的关系日益密切，需要通过完善调度系统配电网模型等基础数据，进一步加强主配网调度协同，强化配电网新能源消纳、负荷资源统筹、用户优质服务等业务支撑，提升新型电力系统调度精益管理水平。

（一）基本情况

调控云是面向电网企业生产控制业务的私有云，承担调控相关的数字化业务。国家电网公司调控云由1个国分云和27个省地云组成，采用两级部署模式。其中，国分云为主导节点，主要负责国分及省调主网业务；省地云为协同节点，主要负责省、地及县调的省域业务。2017年，国网天津电力首批启动省地调控云建设。2022年，建成国网天津电力调控云A/B双站点基础平台，实现全方位的同城异地业务双活，提供稳定、持续、可靠的数据服务。

调控云面向主网与配电网调度控制及相关业务，结合大数据、人工智能、物联网等技术，将电力系统各种数据存储在云端，实现了信息的实时共享和协同处理，具有资源虚拟化、数据标准化和应用服务化的特点，有助于提升电网运行的稳定性、可靠性和经济性。主配一体调控应用的功能结构如图3-20所示。

天津调控云接入天津电网主网及配电网模型数据、运行数据等基础信息，建立调控数据基座，全面整合电网运行数据资源，打造跨专业数据共享、业务协同的生态，实现"数据一个源、电网一张图、业务一条线"，为电网全景安全、清洁高效发展提供技术支撑。根据客观需求，充分结合天津超大型城市电网特征以及近年城市配电网建设发展趋势，国网天津电力首批开展配电网模型数据上云、基于调控云的主配一体应用建设等工作，组织开展配电网建模及数据汇集、有源智能配电网分析、调控智能防误及辅助决策、主配协同全景监视及故障智能处置、主配网运行方式管控等系列功能建设，支撑保障主配网协同安全稳定运行。

图 3-20　主配一体调控应用功能结构

（二）应用功能

配电网建模以及数据汇集。基于天津调控云，以统一标准、统一平台、统一模型为基础，构建调控云配电网数据中心，建设多源数据接入管理、主配网模型拼接、多源数据治理等功能。以调度自动化系统、配电自动化主站为源端，辅以调度运行管理数据，采用多源数据融合技术，以调控云的电网基础信息为基础，对各类结构化、非结构化数据进行治理，完成10千伏配电网馈线与主网变电设备数据上云及模型拼接，建立完整的主配网一体化模型，实现500千伏~10千伏电网模型贯通，为市地一体、多电压等级协同调度提供模型数据支撑。

有源智能配电网分析。通过新能源供电路径溯源、新能源供电路径风险分析、新能源可视化展示、新能源拓扑应用等功能的建设，确保电网的可靠性、安全性和效率，满足未来电力需求并保证能源供应的可持续性。考虑新能源具有间歇性和波动性，可能导致电压、频率不稳定，甚至电网崩溃等问题，对新能源发电站的出力进行实时监测和运行管理，确保电网稳定运行。通过供电路径分析，当新能源出力下降时，可追踪电力流向，确定出现问题的具体环节，辅助采取相应措施确保电力可靠供应。

调控智能防误及辅助决策。包含运行方式智能管理、主配网智能操作票管理、故障辅助管理等功能。实现电网运行方式智能管理，异常方式自动记录，操作票全过程管理、智能自动成票、智能防误校核，提高调控操作的效率，提高配电网运行管理的安全性、规范性和可靠性，最大限度减少停电时间和次数，减少对用户的影响。

主配协同全景监视及故障智能处置。通过主配网数据异常分析、多机构应用权限管理、电网承载力分析、重要用户管理展示、主配协同电网全景运行监视、基于电网调度知识图谱的主配协同电网故障处置策略与预案编制，实现配电网负荷端至上级主网电源的拓扑溯源，优化大电网海量运行数据分析应用，获得基于准实时电网运行方式的源网荷供电路径，构建主配一体化全业务人工智能辅助决策分析功能，提高电网调控操作智能化水平。

主配网运行方式管控。基于调控云的主配一体基础数据，开展配电网架构分析，建设电网运行方式分析、线路合 / 解环分析、电网断面分析、配电网联络方式评估、无功电压分析、配网负荷接入能力分析、电网第三道防线管理、主配网网架结构评估等功能模块，实现人工智能、大数据和云计算等新技术与调度业务的深度融合，促进平台建设向算法可靠、数据齐全、应用可控的方向迈进。

第三节　供需协同与高效用能

新型电力系统中电源结构、用电结构和系统生态发生深刻变化，仅依靠电源侧的调节能力已难以保障电力可靠供应和电网安全稳定运行，推动电力系统由"源随荷动"向"源荷互动"转变，充分发挥需求侧资源在新型电力系统中的作用十分迫切和必要。国网天津电力不断提升用户侧电气化水平，持续推进海量用户聚合下的双向互动与需求响应，加快聚合空调热泵、分布式储能、电动汽车等用户侧灵活可调资源，负荷侧角色由被动向主动转变，供需互动与高效用能对保障新型电力系统安全供电重要作用逐步显现。

一 电力负荷管理

电力负荷管理是指为保障电网安全稳定运行、维护供用电秩序平稳、促进可再生能源消纳、提升用能效率，综合采用经济、行政、技术等手段，对电力负荷进行调节、控制和运行优化的管理工作，包含需求响应、有序用电等措施。为适应新型电力系统建设新要求，电力负荷管理要发挥双重作用，一方面保障电网安全稳定运行、维护供用电秩序平稳；另一方面促进可再生能源消纳、提升用能效率。

（一）建设背景

近年来，随着经济发展带动全国用电负荷特别是居民用电负荷的快速增长，全国范围内夏季、冬季用电负荷"双峰"特征日益突出，极端气候现象多发，增加了电力安全供应的压力，具有随机性、波动性、间歇性特征的可再生能源大规模接入对电力系统的稳定性带来新的挑战，同时社会各方面对电力安全稳定供应的要求不断提高，迫切需要筑牢电力安全保供的底线。2022年5月，国家发展改革委、国家能源局联合印发《关于推进新型电力负荷管理系统建设的通知》（发改办运行〔2022〕471号），就加强电力运行调节，深化新型电力负荷管理系统等工作进行部署。2023年9月，结合全国电力负荷管理工作面临的新形势、新要求、新内涵，国家发展改革委会同有关方面，在《有序用电管理办法》的基础上研究修订了《电力负荷管理办法（2023年版）》，电力负荷管理的重要意义进一步显现。

（二）建设内容

市—区两级电力负荷管理体系。2019年，天津市工信局授权成立天津市需求响应中心，常态化组织开展电力需求响应工作，为负荷管理体系建设打下坚实的组织基础。2022年，坚持"政府主导、电网组织、政企协同、用户实施"的原则，成立了全国首家政府授权的省级电力负荷管理中心，如图3-21所示，围绕需求响应、应急指挥、虚拟电厂运营管理、科技创新、交流培训五大功能定位开展工作。推动各区授权成立分中心，构建了新型政企协同联动的"1+10""市—区"两级负荷管理常态化组织体系，以电力负荷管理中心为主要载体，有效承载负荷资源管理、供需平衡高效会商和电力保供精准决策等业务场景，有力支撑负荷资源统一管理、统一调控、统一服务。

图 3-21 天津市负荷管理中心

新型电力负荷管理系统。为深入落实国家发展改革委、能源局关于统筹能源电力安全保供和清洁低碳转型、稳妥有序推进新型电力负荷管理系统建设的要求，2022年1月，开展新型电力负荷管理系统试点建设和探索工作，完成新型电力负荷管理样例系统和测试环境搭建，实现从系统平台到负控终端，再到用户分路开关"两个贯通"的样例测试与架构验证。2022年5月，新型电力负荷管理系统正式上线，涵盖负荷资源管理、运行管理、负控方案管理、负控执行监测、负荷控制执行等功能。2023年，开发负荷资源排查模块，强化系统功能实战应用，打造电力保供指挥舱，为电力保供提供了有力支撑。

用户负荷接入。综合考虑安全性和经济性，优先控制客户末端低压负荷380伏出线开关，对同类负荷控制10千伏及以上高压开关。根据客户实际情况，开展控制回路建设，针对客户的分路负荷，将客户低压开关或高压开关二次，与专变采集终端连接，实现控制回路贯通。按重要程度由低到高、可控负荷从大到小依次接入的原则，实现客户负荷分轮次接入。对于未接入控制回路的Ⅰ型、Ⅱ型、Ⅲ型专变采集终端，将专变采集终端的各轮控制输出端子与现场负荷断路器连接，遥信端子接入对应负荷断路器的辅助触点，脉冲端子与现场电能表脉冲端口连接。其中，最后一轮接入总负荷断路器，终端上行通信优先采用无线公网和无线专网双模通信信道（Ⅱ型、Ⅲ型为无线公网），加装分支监测单元通过RS-485接入终端。

（三）实施成效

打造政企协同新体系。成立了政府授权的"1+10"市区两级负荷管理中心，聚焦负荷管理预案、负荷资源排查、负荷管理中心运营、节约用电、空调负荷管理等业务领域，配合两级政府出台《天津市2023年电力需求响应实施细则》《2023年迎峰度冬负荷管理预案》等政策60余项，政企联合开展负荷管理专项演练、举办负荷集成商和虚拟电厂运营商集中授牌仪式。规范两级负荷管理中心场地建设、协调指挥、运营管理和值守规范等常态工作体系，细化各项工作举措，在新型电力负荷管理系统建设、有序用电方案编制、负荷管理措施执行等方面，全力做好支撑保障。

提升负荷精细化管理能力。高质量开展电力客户负荷资源排查工作，精准制定典型行业、重点用户的负荷管理策略，累计完成6136户排查任务。开发部署电力保供协调指挥舱模块，利用单兵设备打造"市—区—员"全场景监控调度指挥体系，圆满完成迎峰度夏（度冬）演练。依托新型电力负荷管理系统，丰富时间维度、产业行业等负荷标签体系，实现负荷资源分级分类管理、在线监测、异常预警。持续优化数据链路，确保需求响应和有序用电用户执行数据高效采集，及时掌握客户执行情况。

激活客户侧保供潜力。举办天津市空调负荷优化管理宣讲会，完成空调负荷优化管理试点任务，应用智慧能源单元"新设备"、物联管理平台"新通道"，顺利验证空调负荷监测、柔性调节的技术路线。接入天津铁塔公司储能资源，实现其中790个分布式储能站的实时监测，增加可调负荷2400千瓦。有序用电最大可调能力达到544万千瓦，达到天津市最大用电负荷的30%。

二 需求响应

需求响应是指应对短时的电力供需紧张、可再生能源电力消纳困难等情况，通过经济激励为主的措施，引导电力用户根据电力系统运行的需求自愿调整用电行为，实现削峰填谷，提高电力系统灵活性，保障电力系统安全稳定运行，促进可再生能源电力消纳。深化电力需求侧管理，充分挖掘需求侧资源，对推动源网荷储协同互动，保障电网安全稳定运行，助力新型电力系统和新型能源体系建设具有重要意义。

（一）实施背景

2015 年 11 月，国家发展改革委、国家能源局《关于有序放开发用电计划的实施意见》首次提出逐步形成占最大用电负荷 3% 左右的需求侧机动调峰能力。2022 年 1 月，《"十四五"现代能源体系规划》提出，力争到 2025 年，电力需求侧响应能力达到最大负荷的 3%~5%。2022 年 2 月，《天津市能源发展"十四五"规划》将提升能源系统灵活调节能力列为重点任务之一，要求深化电力需求侧管理，加快推进虚拟电厂建设，聚合工商业、建筑楼宇、电动汽车、储能等响应资源，提高数字化、智能化水平，纵深推进电力需求响应试点，引导和激励电力用户参与系统削峰填谷，形成占年度最大用电负荷 5% 左右的需求响应能力，根据供需形势及时启动需求响应。

天津是国内首批开展春节"填谷"、夏季"削峰"需求响应的城市。2018 年至今，天津市电力需求响应工作已持续开展 6 年，需求响应参与主体条件、实施流程、补贴原则、竞价机制等细节日臻完善，具体补贴模式及价格见表 3-3。

表 3-3　　　　2023 年天津市需求响应类型及价格

需求响应类型	邀约提前时长	补贴价格	补贴条件
邀约型 填谷需求响应	日前	1 元 /（千瓦·时）	日实际响应量不小于日申报响应量的 50%
日前邀约型 削峰需求响应	日前	2~5 元 / 千瓦	平均负荷小于基线平均负荷，且实际响应率不小于 80%
日内紧急型 削峰需求响应	1~4 小时	5 元 / 千瓦	
	1 小时内	8 元 / 千瓦	

（二）实施内容

政企协同完善需求响应政策机制。依托市、区两级负荷管理中心，与用电企业开展座谈调研、现场走访，促进持续深化合作。推动完善需求响应实施细则，将公共楼宇、商业等中央空调负荷单独参与的补贴单价提高至 2.5 倍，鼓励多种资源参与需求响应。细化不同负荷响应速度用户分类，日内小时级、分钟级需求响应用户补贴单价分别提高至 2.5 倍、4 倍，多维度提升补贴激励。联合政府开展负荷集成商、虚拟电厂运营商授牌，鼓励推广新型储能、分布式电源、电动汽车等资源作为负荷集成商、虚拟电厂运营商主体参与需求响应。

多点发力强化需求响应技术支撑。充分收集用电企业和政府需求建议，开发"负荷管理系统 + 绿色国网"内外联动的需求响应功能模块，通过负荷管理系统实现需求响应全流程智能决策，通过绿色国网为用电企业提供便捷化注册申报、邀约确认、执行查看、政策解读等服务，负荷管理系统统计计算等功能为政府发放补贴提供重要依据。针对企业不同用电需求，推出"阳光办理"线下需求响应申报服务，形成"线上 + 线下"的办理机制，进一步提升了需求响应组织实施的效率和便捷性。与天津市饭店协会深入合作，深挖餐厅、商业建筑等空调负荷调节潜力，推动实现"商圈级"空调资源柔性管理。

精益服务助力企业能效持续升级。依托负荷管理中心开展负荷资源排查，深入了解用户负荷情况和用能需求，如图 3-22 所示，帮助用户理清内部回路的负荷信息，按照时间尺度为企业清晰划分日前、日内（小时级、分钟级）响应速度的负荷设备，有针对性地对不同类型用电企业个性化制定需求响应参与方式，帮助企业制定内部负荷调整方案。同步依托新型电力负荷管理系统、省级智慧能源服务平台提供"供电 + 能效服务"的电力增值服务，开展能效诊断，降低企业用能成本。

图 3-22　用户负荷摸排

（三）实施成效

形成政企协同的良性合作模式。在长期实践的基础上，需求响应各参与主体的职责、分工日趋完善。天津市政府进一步优化需求响应政策机制，更加可靠地保障民生用电，实现保经济、促发展的目标。电网企业实现角色转变，与政府、用电企业紧密配合，共同保障电网安全。用电企业需求响应参与方式发生转变，实现价值共创共赢。

需求响应执行效果显著提高。2018—2022年，通过实施春节填谷需求响应，累计有效拉升谷段电量约2644.32万千瓦·时，降低企业用能成本3598.26万元，实施效果见表3-4，减少热电联产机组停机，有效破解春节期间供电供热矛盾，实现了政府、电网、社会、用户的多方共赢。2023年，经政府、电网、企业多方协商，天津市春节填谷需求响应实施时间调整至白天，加之补贴机制的优化，用户参与数同比提升43%，响应量同比提升31%，充分缓解了冬季电热供需矛盾。需求响应负荷资源池申报规模同比增长38%，同时填补了分钟级需求响应资源空白。试点实现高频采集、秒级调控与边缘计算，在企业中推广智慧能源单元实现"秒级精准负荷调控"与"1分钟级数据采集"，全面实现需求响应执行过程全流程可监测、可管控。

表3-4　　　　　　　　天津历年春节需求响应实施效果

年度	2018	2019	2020	2021	2022
响应电量/（万千瓦·时）	40	34	593.12	957.42	1030.39
补贴金额/万元	357	782.14	454.36	1021.32	969.33

精益化服务水平有效提升。为475户公共机构免费提供标准化能效诊断服务，服务148户重点用能企业针对工业八大用能系统进行了评估诊断，企业能源利用效率和清洁能源消费比例提升20%。需求响应精益化服务水平有效提升，对保障居民和企业用电需求，促进地区新能源消纳，助力电网就地平衡、就近平衡，保障用电秩序、确保电网安全、服务社会民生，具有重大社会效益。

三　虚拟电厂

虚拟电厂是依托负荷聚合商、售电公司等机构，通过新一代信息通信、系统集成等技术，实现需求侧资源的聚合、协调、优化，形成规模化调节能力支撑电力系统安全运行。在"双碳"目标和新型电力系统构建背景下，能源互联网建设进程稳步推进，能源消费侧电能替代速度加快，海量、异质、分散、泛在的分布式资源不断涌现。对这些灵活资源进行规模化聚合与高效调配，是建设新型电力系统的关键举措，将为新型电力系统的供需匹配与灵活运行提供重要的解决方案。

（一）建设背景

经济社会的持续发展及用电结构的改变，使电力供需矛盾不断加剧，电网峰谷差日趋增大。从趋势上看，传统机组难以满足日益增长的调峰需求。同时，分布式电源、电动汽车发展迅速，且具有地理位置分散、随机性强、波动性大等特点，随着接入规模的不断扩大，给电网的安全、可靠、经济运行等带来新的挑战。通过虚拟电厂建设，整合各类分布式能源及可调负荷，可以辅助电网运营，提高电网经济性和可靠性，虚拟电厂架构如图 3-23 所示。

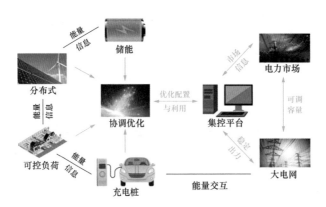

图 3-23　虚拟电厂架构

目前，国外虚拟电厂技术已逐步推广应用，欧盟建设了由英国、西班牙、法国等 8 个国家参与的 FENIX 虚拟电厂项目，通过对大型虚拟电厂和分布式能源进行管理，最大化提升分布式能源对电力系统的贡献；美国 SunPower 公司推出新型屋顶光伏＋储能捆绑服务包，并在纽约建立了包含光伏和储能电池的虚拟电厂。在国内，国网冀北、上海、江苏等公司均做出了有益尝试，国网冀北电力在秦皇岛构建的虚拟电厂，通过聚合可调资源，实时响应调峰需求，增加用户收益，减少建设投资；国网上海电力构建了包含 4 家运营商和 512 个客户的虚拟电厂，涵盖电动汽车充电桩、分布式能源、冰蓄冷装置等；国网江苏电力建设的"大规模源网荷友好互动系统"2018 年规模达到 260 万千瓦,实现全省覆盖。

(二)建设内容

2020 年,在天津市滨海新区惠风溪小镇建设区域级虚拟电厂,聚合用户侧负荷资源、分布式电源、集中式储能资源,构建了"源网荷储协调、市区两级联动"的虚拟电厂试点工程,并以此为基础建设天津市虚拟电厂数字化管理平台,实现能源精细化、数字化集中管理。

1. 惠风溪小镇虚拟电厂

依托惠风溪智慧能源小镇丰富的"源—荷—储"响应资源,形成以"多级响应用户库""动态配置资源库""优化调度策略库"为核心的"全资源池"运营模式,建成源侧多能互补、荷侧柔性互动、储侧灵活调节的新型区域级虚拟电厂。

公共资源用户改造。主要涉及中央空调冷水机组、循环水泵和新风机组三部分。在冷水机组主机设备控制柜安装电力能效采集终端,实现冷冻水出水温度、机组用电负荷的远程无线调节;在循环水泵加装变频调速设备、电力能效采集终端和响应调控装置,在室内环境实现调控策略执行;在新风机组加装电动阀和控制模块,实现开关及送风量的自动控制。

居民用户改造。在用户空调电源侧安装家庭智慧能源网关和智能插座,实现空调设备的远程调控。家庭智慧能源网关通过红外热点与空调设备连接,通过专用网络与通信服务器相连,实现居民负荷的远程监测(状态监测、运行参数监测、电量监测、环境参量监测)、远程控制(状态控制、运行方式控制、运行模式控制)。

分布式光伏接入。通过部署交换机,在现场光伏逆变器及相关设备与虚拟电厂服务器之间建立数据通道,通过 VPN 网络及 MQTT 协议实现现场设备与虚拟电厂服务器的数据交换。

小镇虚拟电厂平台。平台实现了终端监测、潜力分析、调度控制、市场交易等功能。终端监测模块对居民用户、公共资源用户、电动汽车充电桩等的能耗水平进行监测;潜力分析模块对居民、公共资源、工商业等的响应潜力进行评估;调度控制模块具备日前协调优化方案制定、邀约管理、执行监控、评估反馈等功能,是整个系统内部运行的中枢;市场交易模块为多方市场主体提供业务结算、辅助信息化服务。

2. 天津市虚拟电厂数字化管理平台

为持续提升源网荷储协同调控能力,落实《天津市加快推进虚拟电厂建设工作方案》等决策部署，依托惠风溪小镇示范工程，建成天津市虚拟电厂数字化管理平台，如图 3-24 所示。平台具备资源接入、档案管理、资源能力校核、资源聚合、运行监测、潜力分析、市场互动、效果评估等功能，并内嵌可调潜力分析及协调优化功能，可有效支撑天津市虚拟电厂运营，广泛聚合用户侧储能、光伏、楼宇空调、电采暖、电动汽车等可调资源 21.87 万千瓦，有效支撑源网荷储友好互动和协调应用。

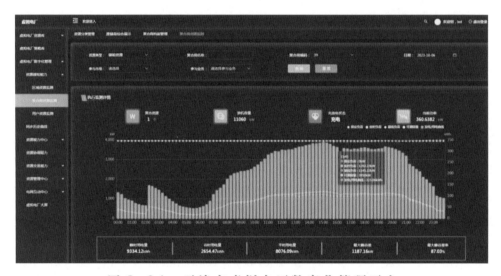

图 3-24　天津市虚拟电厂数字化管理平台

（三）应用成效

引领示范凸显虚拟电厂成效。在惠风溪智慧能源小镇建成基于源储荷全量可控资源池的区域级虚拟电厂，共接入 50 户公共资源用户和 500 户居民用户的用电负荷、5.75 兆瓦分布式电源、10 兆瓦集中式储能和充电桩，实现了各类能源资源的灵活调度。

多方共赢有效缓解电热矛盾。虚拟电厂数字化管理平台常态化发挥市场作用，代理负荷聚合商用户参与 2023 年天津市冬季填谷需求响应，谷时负荷平均提高 14 万千瓦，有效缓解了春节期间供电供热矛盾，保障了全市居民节假日用暖需求，实现政府、电网、企业、群众多方共赢。

四 电能替代

电能替代是在终端能源消费环节，使用电能替代散烧煤、燃油的能源消费方式，如电采暖、地能热泵、工业电锅炉（窑炉）、农业电排灌、电动汽车、靠港船舶使用岸电、机场桥载设备、电蓄能调峰等。稳步推进电能替代，有利于构建层次更高、范围更广的新型电力消费市场，扩大电力消费，提升我国电气化水平，提高人民群众生活质量，同时带动相关设备制造行业发展，拓展新的经济增长点。

（一）实施背景

电能易于同其他形式能源相互转换，不产生直接碳排放，随着清洁能源发电占比的提升，电能的间接碳排放也显著下降。电能占终端能源比重每上升 1 个点，能源强度可下降 3.2 个百分点，清洁能源消纳提升 1.6 个百分点。电气化水平的提升，对提高能源综合利用效率、推进能源清洁低碳转型具有重要作用。实施电能替代对于推动能源消费革命、落实国家能源战略、促进能源清洁化发展意义重大，是提高电煤比重、控制煤炭消费总量、减少大气污染的重要举措。

从绿色发展看，二十大报告指出"推动能源清洁低碳高效利用，推进工业、建筑、交通、农业等领域清洁低碳转型"。在重点终端用能领域，全力建设以电力为中心的能源消费格局，是促进能源绿色低碳转型和实现"双碳"目标的重要途径。从保障能源安全看，我国油气资源长期依赖进口，电气化水平提升 1 个百分点，能源对外依存度有望降低 0.5~1 个百分点。随着国际地缘政治冲突加剧、资源争夺愈发激烈，大力推行能源电气化消费是保证国家能源安全的重要手段。从经济高质量发展看，电气化、低碳化、智能化是产业结构调整和经济社会发展的必然趋势。在终端用能环节推进电气化消费可以提升产品竞争力，提升产业附加值，提高全要素生产率，支撑企业和经济社会高质量发展。

2022 年，国家发展改革委、国家能源局等 10 个部门联合发布《关于进一步推进电能替代的指导意见》明确，"十四五"期间，进一步拓展电能替代的广度和深度，努力构建政策体系完善、标准体系完备、市场模式成熟、智能化水平高的电能替代发展新格局。预计到 2030 年，我国电气化率将提升至 33%，能源自给率提升至 80% 以上，能源自主保障能力进一步增强。预计到 2050 年，电能成为终端主导能源，占终端能源比重提高至 55% 以上，能源自给率超过 95%，能源系统实现高水平安全可靠、灵活韧性。

（二）实施内容

提高电能替代服务水平。依托电能替代技术联合实验室（见图3-25），国网天津电力解析整合14种典型电能替代技术的工作原理、技术指标、经济性和适用场景，形成《电能替代技术指导手册》，方便用户快速掌握各类技术的优缺点，量身定制电能替代方案。推动电能替代项目落地，助力企业降低运营成本，减少碳排放，经济社会效益显著。

图 3-25　电能替代技术联合实验室

强化电能替代技术支撑。建设电能替代多能流仿真与实证平台，如图3-26所示，具备冷热电气多能流仿真分析、设备运行特性分析、优化策略验证等能力，

(a)　　　　　　　　　　　　　　(b)

图 3-26　电能替代多能流仿真与实证平台
（a）综合能源实验舱；（b）电能替代分布式控制试验平台

能够为电能替代项目的实施提供坚实技术支撑，助力提升用户终端能源利用效率和运行经济性。

促进电能替代数字化管理。基于省级智慧能源服务平台，开发部署电能替代模块，嵌入大数据人工智能算法，实现潜力挖掘、投资测算、智能推介、辅助决策、综合评估等功能。构建典型电能替代案例库，为用户推介适配度最高的电能替代方案，提供精益化、定制化、便捷化的电能替代服务。

（三）实施成效

天津市科学有序推广电能替代技术，在工业、建筑、交通、农业等重点领域开展了一系列工作，建成大量替代项目，取得了良好的经济社会效益。

工业领域电气化设备得到广泛应用，绿色制造体系初步建立。电锅炉、电窑炉、热泵等成熟电气化设备在工业领域得到广泛应用，余热余压利用技术日益成熟，中低温热源电气化比例不断提升。电动叉车、电动重卡等工矿企业电气化运输工具蓬勃兴起，铸造、玻璃、陶瓷等重点工业领域电气化水平获得显著提升，建成一批绿色工厂、全电工厂。

建筑领域用能电气化占比逐渐提升，碳排放强度显著下降。初步建立以电力为核心的建筑能源消费体系，建筑用能电气化的理念深入人心。大量推广高能效建筑用电设备和产品，热泵、电锅炉、电磁灶具等电能替代设备得到广泛应用。建成具有示范引领意义的全电建筑、绿色建筑和（近）零能耗建筑，满足采暖制冷、生活热水、炊事用能等各类需求。

交通领域电气化水平不断提高，绿色低碳成效显著。陆上交通方面，公交、环卫、邮政、物流、公共服务等领域新能源汽车显著增加。截至 2023 年 3 月，天津市新能源车保有量约 36.8 万辆，充电桩总量超过 11.5 万台，车桩比为 3.2：1，高于国家平均水平，配套设施建设及服务水平显著提升。水上交通方面，建成一批高低压港口岸电设施，港作船舶 100% 使用岸电，港口岸电连船突破 200 次 / 年。空中交通方面，具备实施条件的机场停机位 APU 替代设施配备率达 100%。

农业农村电气化水平不断提升，清洁取暖成果持续巩固。完成超过 47 万户农村居民家庭煤改电，碳排放和污染物排放显著下降，彻底打赢"蓝天保卫战"。电动农机、电气化大棚、电排灌、电烘干、电喷淋、电磁灶具等先进电气化设备大量应用，共享替代等商业模式逐渐成熟，建成一批全电乡村旅游、绿色低碳民宿等示范景区。

第四节　新能源与新型储能

随着新型电力系统加快构建，新能源逐步成为发电量增量主体，新型储能快速发展并广泛落地。国网天津电力加快各级电网建设，积极服务规模化新能源集中并网、分布式光伏友好接入，强化新能源科学高效调度，推动新型储能健康有序发展，确保新能源全额消纳。

一　规模化新能源集中并网

大规模开发利用新能源一方面是应对能源环境危机、转变经济发展方式的有效手段，另一方面是抢占未来产业发展制高点、提高国际竞争力的重大举措。推动清洁能源大规模开发、建设适应高比例新能源发展的新型电力系统，是实现我国能源绿色低碳转型、构建新型能源体系的重要举措。

（一）建设背景

2022 年，天津市发展改革委印发《天津市能源发展"十四五"规划》和《天津市可再生能源发展"十四五"规划》，明确了新能源规模化发展的重点任务，要求坚持集中式和分布式并重，加快本地可再生能源开发，打造滨海"盐光互补"、宁河"风光互补"等百万千瓦级新能源基地。

积极开发陆上风电，稳妥推进海上风电，促进风能资源高效开发利用，带动风电装备制造产业发展。陆上风电以滨海新区等区域为重点，积极开发陆上风资源，加快推进大苏庄、小王庄、东棘坨等一批集中式风电项目建设。海上风电按照"试点先行、以点带面"的原则，结合生态文明建设要求，统筹考虑开发强度和资源环境承载能力，科学稳妥推进海上风电开发。

统筹土地资源利用、电网消纳和生态保护，大力推进集中式光伏发电。按照"优先存量、优化增量"的原则，有效利用坑塘水面、农业设施，推进渔光互补、农光互补等复合型光伏项目建设。开展盐光互补、水面光伏等项目建设，推动滨海新区"盐光互补"百万千瓦级基地建设。拓展"光伏+"综合应用领域，探索"光伏+制氢""光伏+晒盐""光伏+旅游"等综合应用模式。

预计到 2025 年，天津市投产可再生能源电力装机容量超过 800 万千瓦，其中，风电装机容量达到 200 万千瓦，光伏发电装机容量达到 560 万千瓦。

（二）建设内容

为促进清洁能源健康有序发展，国网天津电力坚持新能源因地制宜消纳的基本原则，合理制定新能源并网方案，引导规模化新能源科学接入。优先考虑本地新能源就地、就低并网，在武清、西青、北辰等本地消纳能力充裕且靠近负荷中心的区域布局新能源就地、就低接入，最大程度发挥新能源对电网的积极支撑作用。合理优化大规模集中式新能源发电项目跨区并网，对于"扎堆式开发"和"碎片式并网"的地区制定集中升压、打捆送出、跨区消纳方案，对于新能源开发主体集中且远超低电压等级电网消纳能力的并网需求制定电网全域消纳方案。针对新能源重点工程，一区一策科学制定并网方案，提高天津可再生能源开发利用规模，优化能源结构。

国网天津电力发布"全力服务保障'十项行动'电力赋能天津高质量发展"36 项举措，不断提升服务便捷性、高效性、智慧性。其中，服务新能源并网消纳、推广"新能源云"平台、加快发展绿电绿证交易等措施有力促进了天津地区新能源可持续发展。

服务新能源并网消纳。做好海晶盐场"盐光互补"及宁河、港西等地区百万级新能源项目并网接入工作。加快太平镇光伏、小王庄风电等清洁能源配套工程开工建设，提高滨海地区清洁能源消纳能力。

推广"新能源云"平台。发挥新能源数字经济平台作用，提高新能源管理透明度。持续完善平台功能、拓展应用场景，为新能源电源用户、厂商等群体提供建站并网、运营运维、能源社区、数据服务等线上"一站式"全流程服务。

加快发展绿电绿证交易。优化完善绿电绿证交易机制和服务体系，加快扩大交易规模，鼓励各类用户自愿消费绿色电力，引导全社会形成绿色电力消费意识，积极推进新能源机组入市交易，促进绿色能源可持续发展。

（三）建设成效

1. 集中式新能源快速发展

2023年年底，天津市建设集中式风电场34座，装机容量171.40万千瓦，建设集中式光伏电站46座，装机容量489.54万千瓦。2023年11月23日，天津电网新能源发电电力408.7万千瓦，创历史新高。

截至2023年年底，天津电网新能源发电量70.52亿千瓦·时，同比增长43.83%。其中，风电发电量31.91亿千瓦·时，同比增长25.08%；光伏发电量38.61亿千瓦·时，同比增长64.17%。2018—2023年，天津电网新能源发电情况如图3-27所示。

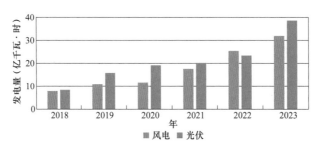

图3-27　2018至2023年天津电网新能源发电量

2. 世界单体最大"盐光互补"项目投产

2023年7月，天津市能源绿色低碳转型发展重要项目，世界单体最大"盐光互补"项目——华电天津海晶100万千瓦"盐光互补"光伏项目正式并网发电。"盐光互补"是将晒盐和光伏发电结合在一起，在保证基本盐业生产前提下，在盐田上一定高度架设光伏组件，实现水上发电、水面晒盐、水下养殖的新型立体高效生产方式，实现一地三用，极大地提高了单位面积产值效益。

海晶"盐光互补"项目，位于天津市滨海新区，占地面积2万亩，相当于1868个足球场，每年可提供15亿千瓦·时清洁电力，节约发电标煤超50万吨，等效减排二氧化碳约125万吨，可满足150万户家庭1年的用电量，为天津市降低单位GDP碳排放强度、促进区域能源结构转型、构建安全和清洁低碳的能源体系、落实国家"双碳"战略部署发挥重要作用。

二 分布式新能源友好接入

随着光伏在建筑、交通等领域的融合发展，叠加户用的应用规模，屋顶分布式光伏加速发展，预计未来分布式光伏将成为实现碳达峰、碳中和目标的主力军之一。大量分布式新能源接入城乡电网，电网形态由单向逐级输电为主的传统电网向能源互联网转变，对电网提出更高要求。新型电力系统建设将不断提高电网适应性、可靠性以及数字化、智能化水平，更好支撑新能源科学高效开发利用。

（一）建设背景

2022 年，国家发展改革委、国家能源局印发《"十四五"现代能源体系规划》，对"十四五"时期加快构建现代能源体系、推动能源高质量发展作出部署。在"区域能源发展重点及基础设施工程"专栏中，将京津冀及周边地区定位为能源低碳转型引领区，强调大力发展分布式光伏。

"十四五"时期是天津市推动高质量发展、加快实现"一基地三区"功能定位的关键时期，必须充分发挥能源基础支撑作用，做好规划顶层设计，大力发展可再生能源，为推动能源清洁低碳转型、实现"双碳"发展目标奠定良好基础。在此背景下，天津市发布《天津市可再生能源发展"十四五"规划》，明确要求充分挖掘屋顶资源潜力，结合电力体制改革，加快发展分布式光伏发电，重点推动光伏建筑一体化应用，推广分布式光伏发电系统，建设户用分布式光伏，推进整区（镇）屋顶分布式光伏开发试点。

天津市已出台整区屋顶分布式光伏开发试点方案，推动滨海、西青、东丽、津南四个地区屋顶光伏开发，各区域因地制宜推进本地分布式清洁能源开发。

（二）建设内容

为更好服务分布式光伏并网，引导天津市分布式光伏持续健康发展，国网天津电力出台服务举措促进乡村能源清洁转型，支持乡村发展分布式光伏、地热等新能源，推动构建经济可持续开发模式；结合农村垃圾整治、畜禽粪污资源化利用，支持"光伏 + 农业"发展，推进乡村分布式新能源快速接网。

锚定协调发展基调。2023 年 7 月，天津市发展改革委发布《关于进一步加强分布式光伏发电管理有关事项的通知》（津发改能源〔2023〕200 号），确定就地平衡、协调发展的基调，规范新形势下自然人分布式光伏项目备案要求，推动开展分布式光伏接入电网承载力评估。

优化并网服务流程。依据现阶段分布式光伏项目发展特点，结合分布式光伏用户需求，优化并网服务流程，精简自然人用户报装资料，确保在受理分布式光伏项目并网申请后 30 个工作日内答复接入电网意见，单点并网类项目更可缩短至 20 个工作日内完成答复。

丰富主动服务维度。联合区县政府，出台分布式光伏项目建设投资风险告知政策，加强分布式光伏项目并网流程及公司相关政策宣传，引导投资者有效规避相关风险，有效保证广大农村地区居民房屋财产安全，同时推动区县政府组织做好新能源开发企业需求对接，提前做好并网服务准备。

（三）建设成效

截至 2023 年 10 月，天津地区分布式光伏装机容量 162.46 万千瓦，同比增长 86.21%，接入用户总计 26345 户，各地区分布式光伏装机情况见表 3-5。天津地区分布式光伏装机主要集中在滨海、武清地区，其中，滨海地区装机容量 33.10 万千瓦，武清地区装机容量 24.43 万千瓦。

表 3-5　　　　　　天津电网分布式光伏装机分布情况

辖区	滨海	城东	城南	城西	东丽	蓟州	静海	武清	宝坻	宁河
用户数量	574	139	211	213	110	5420	1911	6483	7779	1256
装机容量/万千瓦	33.1	6.9	8.9	14.55	16.24	13.82	21.26	24.43	17.79	5.46
占比/%	20.37	4.25	5.48	8.96	10.00	8.50	13.09	15.04	10.95	3.36

2019—2023 年，天津市分布式光伏用户数量由 4178 户增长至 26345 户，年均增长率 55.46%，如图 3-28 所示。分布式光伏装机容量由 38.49 万千瓦增长至 162.46 万千瓦，年均增长率 43.33%，如图 3-29 所示。

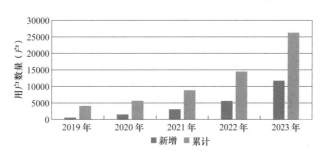

图 3-28 天津分布式光伏用户数量

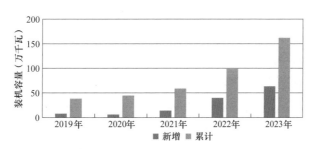

图 3-29 天津分布式光伏装机情况

 新能源灵活高效调度

新能源出力与复杂随机气象因素呈强相关性，而且新能源与新型负荷具有海量分布式并网的特点，将使电网调度运行方式与潮流分布呈现随机化与多元化特点。新型电力系统需要依托数字化技术，统筹源、网、荷、储资源，完善调度运行机制，多维度提升系统灵活调节能力、安全保障水平和综合运行效率，满足电力安全供应、绿色消费、经济高效的综合性目标。

（一）建设背景

2018 年，国家发展改革委、国家能源局制定《清洁能源消纳行动计划（2018 — 2020 年）》，贯彻"清洁低碳、安全高效"的方针，以促进能源生产和消费革命、推进能源产业结构调整、推动清洁能源消纳为核心，形成清洁能源消纳新机制。2022 年，国家能源局编制《能源碳达峰碳中和标准化提升行动计划》，到 2025 年，初步建立起较为完善、可有力支撑和引领能源绿色低碳转型的能源标准体系，有效推动能源绿色低碳转型；到2030年，建立起结构优化、先进合理的能源标准体系，有力支撑和保障能源领域实现"双碳"目标。

为保障新能源最大化消纳，实现"双碳"目标，国网天津电力加大新能源调度管理力度，逐步建立适应新能源占比逐渐提升的新型电力系统的新能源调度管理体系，依托新能源调度管理系统，提升新能源功率预测水平，统筹源、网、荷、储资源，完善调度运行机制，满足电力安全供应、绿色能源消费、科学合理调度的综合性目标。

（二）建设情况

2010年9月，大神堂风电场并网投产，新能源电源首次接入天津电网。国网天津电力围绕新能源调度运行管理，持续加强新能源调控能力建设，如表3-6所示，全力服务新能源发展和消纳，有效缓解新能源消纳矛盾，新能源利用率在国内始终处于领先水平。随着新能源大规模接入电网，电力电量调度与控制的理论基础、控制对象、调度手段等不断变化，国网天津电力持续建设适应电力绿色低碳转型的新能源调度体系，建设适应分布式电源发展的新型配电调度体系，推动电网调度转型升级，提升驾驭新型电力系统的能力。

表 3-6 　　　　　　　　　　新能源调控能力建设

年度	里程碑事件	能力提升
2010	大神堂风电场投产	首次开展风电场调度管理
2012	西站光伏电站投产	首次开展光伏电站调度管理
2013	建成新能源运行管理系统	完善新能源调度运行监测手段，强化新能源功率预测管理
2015	部署新能源统计分析功能模块	实现对新能源波动性、调峰特性、出力概率分布、功率预测精度以及弃电等的统计分析
2016	新能源功率预测功能提升	实现天津电网新能源功率预测数据自动上报
2017	上线新能源两个细则考核系统	加强新能源场站调度管理，功率预测指标正式纳入新能源场站两个细则考核
2018	新能源装机突破100万千瓦，建成新能源消纳分析平台，建成富余可再生能源现货交易系统	实现新能源出力特性仿真模拟和新能源消纳测算分析，具备富余可再生能源现货交易功能，提升新能源消纳能力

续表

年度	里程碑事件	能力提升
2019	组织机构调整，组织新能源参与调峰辅助服务市场	增设水电及新能源处，提升新能源调度管理规范化水平，开展新能源调峰辅助服务，促进新能源消纳
2020	编制"十四五"新能源调度规划	明确未来 5 年新能源调度管理工作方向
2021	建成分布式新能源承载力分析系统	提升分布式新能源接入电网承载力分析能力
2023	500 千伏华电海晶百万千瓦光伏电站投产，新能源最大发电电力达 408.7 万千瓦，创历史新高	首次开展 500 千伏电压等级的新能源场站调度管理，新能源最大发电电力同比提升 65.7%

通过加强新能源调度管理，提升新能源功率预测水平，开展跨区域富余可再生能源现货交易，督促火电机组灵活性改造，实现新能源最大化消纳。近五年来，天津电网新能源利用率始终保持在 99.9% 以上。

（三）典型案例

聚焦分布式新能源科学有序规划与配电网安全可靠运行，在全要素信息管理、全范围功率预测、全场景发电调控三个方面向配电网纵向延伸，同时抓实做实分布式电源态势实时感知、风险预警防控和接入科学规划，打造模块化应用，构建了分布式新能源"鸿蒙态"新型地调终端。以"三延三实"为框架，打造数字化与智能化的多维全场景调控舱，实现电网承载力规划管控、新能源潮流精准量化、源网荷储优化调度三大能力的全面提升。

通过搭建分布式新能源消纳监测平台，如图 3-30 所示，制定低成本、便捷化、可推广的分布式光伏信息采集接入方案，以分布式新能源消纳监测平台模型数据中心为内核，打造了分布式新能源有功控制、无功控制、安全评估、建模预测、接入辅助等模块化功能组件，构建了分布式新能源"鸿蒙态"地调终端系统。系统实时感知分布式光伏发电情况和并网状态，同时辅助电网调度运行、事故处置、方式安排和检修工作的高效开展，并为分布式电源规模化接入提供满足电网安全性需求和接入需求的规划方案，实现分布式新能源"可观、可测、可控、可调"，取得了显著的应用成效。分布式新能源控制业务流程如图 3-31 所示。

提升电网经济运行水平。通过调整分布式新能源无功输出，提高了台区功率因数，增强了无功就地平衡能力，降低了配电网线损，通过 AVC 实现线路降损 1%。

图 3-30　分布式新能源消纳监测平台

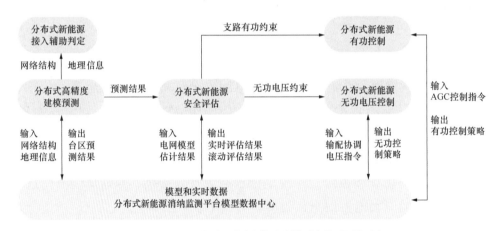

图 3-31　分布式新能源控制业务流程

增强运行安全控制能力。通过与调度自动化 AVC、AGC 系统交互，调控台区逆变器有功输出和无功输出，解决出现问题的分布式新能源或台区。同时，协同解决相邻台区电压问题，实现无功电压控制的分层分区治理、就地平衡、自律协同，增强了主配协同控制、电网安全控制能力。

指导分布式新能源合理接入。构建涵盖存量与增量分布式新能源接入电网的辅助分析模型，提供接入方案可行性评估辅助分析，包括接入校验、结果输出与评估分析等，支持节点级分布式光伏可接入容量精准评估，为分布式新能源和配电网的规划与建设提供科学指导，提升电网对分布式新能源的接纳力。

分布式新能源"鸿蒙态"地调终端系统，在提升电网经济运行水平、安全控制能力的同时，进一步指导分布式新能源接入，激发辅助调峰服务市场活力。2022年，国网天津电力《打造分布式新能源"鸿蒙态"地调终端》获评国家电网公司典型经验。

四 新型储能应用

新型储能是构建新型电力系统的重要技术和基础装备，是实现"碳达峰、碳中和"目标的重要支撑，也是催生国内能源新业态、抢占国际战略新高地的重要领域。"十三五"以来，我国新型储能行业整体处于由研发示范向商业化初期的过渡阶段，在技术装备研发、示范项目建设、商业模式探索、政策体系构建等方面取得了实质性进展，市场应用规模稳步扩大，对能源转型的支撑作用初步显现。

（一）建设背景

在新能源快速发展的同时，电力系统面临着"保供应"和"保安全"两个挑战：一方面，新能源发电出力具有随机性、波动性，电力电量时空分布不均衡，加上用电负荷日益尖峰化，以及极端气候的影响，给电力可靠供应带来巨大挑战；另一方面，新能源发电设备具有低抵抗、弱支撑性，大规模接入会导致系统转动惯量降低、调频能力下降，系统安全稳定风险凸显。储能具有灵活调节、快速响应、主动支撑等优势，既可布局在大电源、大电网的关键节点，也可作为分布式智能电网、综合智慧能源系统的关键装备之一，可储可放、兼容并举，具备及时有力支撑电力系统安全稳定运行的能力。未来，储能将在新型电力系统"双保"中发挥重要作用。

新型储能是指除传统抽水蓄能外，以输出电力为主要形式的储能类型。按技术原理，可分为压缩空气、飞轮储能、重力储能、相变储能、超导储能等物理储能，以及锂离子电池、液流电池、钠离子电池、超级电容、氢（氨）储能等化学储能两类。按放电时长，可分为短期储能（分钟级以下，如飞轮储能、超级电容储能）、中短期储能（15秒~6小时，如电化学储能、压缩空气储能），以及中长期储能（6~100小时，如氢/氨储能）等。

经过多年的技术迭代和应用试错，锂离子电池、压缩空气、液流电池、钠离子电池和飞轮储能等技术得到行业的广泛关注。锂离子电池储能响应速度快（毫秒级）、放电时长2~4小时，磷酸铁锂电池储能系统广泛应用于调峰、调频等场景。压缩空气储能使用寿命长（可达 30~40 年）、放电时长 6~15 小时，主要应用于调峰场景。液流电池循环寿命 15000 次以上、放电时长 4~10 小时，主要应用于调峰场景。与锂离子电池相比，钠离子电池具有更优异的倍率性能和安全性能，在极端情况下的热失控更加温和，但能量密度和循环寿命相对不足。飞轮储能使用寿命 15~30 年，具有较高的功率密度和响应速度（毫秒级），主要应用于调频场景。

截至 2023 年 6 月底，全国已建成投运新型储能项目累计装机规模超过 1733 万千瓦 /3580 万千瓦·时，平均储能时长 2.1 小时。2023 年 1~6 月，新投运装机规模约 863 万千瓦 /1772 万千瓦·时，相当于此前历年累计装机规模总和。从投资规模来看，按市场价格测算，新投运新型储能拉动直接投资超过 300 亿元人民币。中国新型储能位居全球装机榜首，已处于快速发展通道，迈上千万千瓦新台阶。

2023 年 12 月，国网能源研究院发布《新型储能发展分析报告 2023》指出，未来一段时间，新型储能将继续保持规模化增长态势，在加速竞争格局下，其场景的先进性、实用性，乃至经济性也会愈发凸显。预计到"十四五"末期，中国新型储能装机规模将超过 6000 万千瓦，在国家规划的 3000 万千瓦基础上翻一番。

（二）建设内容

"十四五"期间，天津市围绕"双碳"目标，稳中求进推动新型储能高质量发展，形成新能源增长、消纳和储能协调发展的良好格局，为加快构建清洁低碳、安全高效的现代能源体系提供有力支撑。结合新能源发展实际、以满足调峰需求、提升电力系统安全稳定水平为导向，合理确定发展目标，科学布局重点项目，积极有序推动新型储能高质量发展。天津海旭道集中式储能电站如图 3-32 所示。

图 3-32　海旭道集中式储能电站

2023 年 7 月，天津市发展和改革委员会发布《天津市新型储能发展实施方案》指出，大力发展电源侧储能，因地制宜发展电网侧储能，灵活发展用户侧储能，统筹布局集中式共享储能。到 2025 年，实现新型储能从商业化初期规模向规模化发展转变，新型储能与电力系统深度融合发展，综合考虑天津市电力安全供应、系统调节能力、电网和用户需求等情况，建设新型储能电站 100 万千瓦，"十五五"新型储能电站规模进一步扩大，有效支撑新能源电力调峰需求。随本方案，下发明确了 10 个新型储能项目，总规模 246.5 万千瓦 /532.4 万千瓦·时，涉及锂离子电池、超级电容、电解制氢、储热等储能技术。天津市新型储能示范项目清单见表 3-7。

表 3-7 天津市新型储能示范项目清单

序号	项目名称	所在区	项目规模
1	大唐镇混合储能电站项目	宝坻区	200 兆瓦 /400 兆瓦·时锂电池 + 40 兆瓦 20 秒超级电容
2	国电投临港共享储能电站项目	滨海新区	400 兆瓦 /800 兆瓦·时锂电池
3	天津绿动未来北部储能科技有限公司滨海北共享储能电站项目	滨海新区	400 兆瓦 /800 兆瓦·时锂电池
4	国网时代电网侧储能项目	滨海新区	400 兆瓦 /800 兆瓦·时锂电池
5	天津华电南疆共享储能项目	滨海新区	200 兆瓦 /400 兆瓦·时锂电池
6	建投海望氢储能示范项目	滨海新区	150 兆瓦电解制氢系统
7	国华天津静海区共享储能电站项目	静海区	200 兆瓦 /400 兆瓦·时锂电池
8	子牙经济开发区共享储能项目	静海区	100 兆瓦 /200 兆瓦·时锂电池
9	天津子牙热电联产独立共享储能项目	静海区	225 兆瓦 /1224 兆瓦·时热储能
10	未来科技城基础设施提升及绿色低碳建设项目宁河区东北片区集中式（独立）共享储能电站项目	宁河区	150 兆瓦 /300 兆瓦·时锂电池

第四章
技术创新与应用

··

　　构建新型电力系统的重大范式变革对技术创新提出了全新的要求，亟需开展适应新型电力系统的重大技术创新研究，有力支撑能源电力转型发展。本章着眼于国网天津电力在源网荷储等关键环节开展的创新实践，详细介绍了静止同步串联补偿器关键技术、虚拟同步机与配电网交互技术等 7 项重大技术成果。

第一节 概述

从技术发展趋势看，新型电力系统的主要运行基础仍将是交流同步机制，但未来电力系统将从以大电网为主的形态向大电网、微电网和局部直流电网并存的形态转变；平衡模式将从传统源荷实时平衡模式向源网荷储协同互动的非完全源荷间实时平衡模式转变；系统末端将由单一的被动刚性负荷形态过渡到具有响应能力的柔性负荷，并最终向具有自平衡能力的"微电网+微能网"形态转变。电力系统技术创新将由源网技术为主向源网荷储全链条技术延伸，由电磁输变电技术为主向电力电子技术、数字化技术延伸，由单一的能源电力技术向跨行业、跨领域技术协同转变。

2021年8月，国家电网公司印发《新型电力系统科技攻关行动计划》，围绕构建新型电力系统重大技术需求，统筹加强科技支撑顶层设计，系统开展基础理论、核心技术和关键装备等研究，统筹加快技术标准布局和新技术新产品推广应用，充分发挥能源电力行业龙头企业和国家科技创新领军企业作用，全力支撑新型电力系统构建。

国网天津电力深入实施创新驱动发展战略，立足天津经济社会发展需要和大型城市受端电网特点，适应新型电力系统清洁低碳、安全充裕、经济高效、供需协同、灵活智能五大技术特征要求（见图4-1），取得了一系列代表性成果，为电力科技进步和天津电网高质量发展贡献了力量。

在坚强主网方面，特高压电网和500千伏主网架加速建设，区域电网之间耦合加剧，安全约束相互关联，对潮流科学调控和故障风险协同处置的要求不断提高。针对上述问题，国网天津电力攻克了静止同步串联补偿器（简称SSSC）、城市电网精益感知与防控等关键技术，有效解决了电网局部潮流重载、整体风险防控等重大问题。

在先进配电网方面，高比例新能源与电力电子设备大规模接入，交直流混联配电网规模加速扩大，配电网接入设备种类数量持续增加，对配电网精准调控和

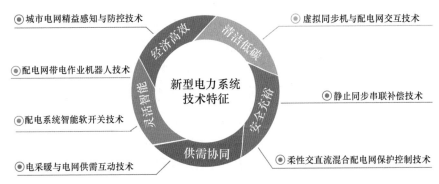

图 4-1 适应新型电力系统技术特征的相关创新技术

精益运检要求不断提高。针对上述问题，国网天津电力攻克了柔性交直流混合配电网保护与控制、智能软开关、配电网带电作业机器人等关键技术，有效降低了配电网运行维护风险，提升了供电可靠性与经济性。

在智能用电方面，电动汽车、综合能源、电采暖、储能等新型柔性负荷广泛接入，负荷调控潜力不断提升，源网荷储互动机理和响应特性更加复杂。针对上述问题，国网天津电力攻克了电采暖与电网供需互动、虚拟同步机与配电网交互等关键技术，有效提升了电网与负荷协同互动的科学性与精准性，助力清洁能源消纳和电网平稳经济运行。

第二节　静止同步串联补偿技术

 一　技术背景

新能源大规模并网及远距离输送，引起电网潮流大范围波动、潮流分布随机性增强，局部潮流重载和阻塞严重制约了电网输送能力。220 千伏及以下电网普遍采用分区或辐射状供电方式，各分区间无法相互功率支援，接入的分布式新能源大发时，区内消纳不足导致功率跨级倒送，影响电网安全运行，限制了新能源就地高效消纳。高比例电力电子设备和高比例新能源广泛接入各级电网，产生的时变宽频谐波导致系统谐振风险显现，严重影响电网安全稳定运行。出力可连续控制的常规机组被强不确定性、弱可控性的新能源机组大规模替代，电网潮流调控更加困难，调节手段更加匮乏。提升电网潮流控制能力、抑制系统宽频振荡的需求日益迫切。

动态调整线路阻抗是调节潮流、抑制宽频振荡最直接的手段。可控串联电容补偿器为串联容性补偿，单方向提升潮流，不能抑制宽频振荡；统一潮流控制器（UPFC）兼顾电压和潮流调节双重目标，需采用串、并双换流器结构，换流阀采用 MMC 拓扑，其电气结构复杂，换流模块数和连接电抗器数量多，造价高、占地大。SSSC 仅需单换流器，直接控制线路阻抗，具有限制和提升双向调节潮流功能，且换流器可叠加输出等效宽频电阻提供振荡阻尼，是综合解决潮流调控与宽频振荡问题的经济有效手段。

SSSC 无并联换流器提供电源支撑，在主电路拓扑、动态强耦合系统潮流控制、故障电流耐受与复杂工况接入运行等方面的研发难度极大。

（1）主电路拓扑方面。串联换流器的自励启动与独立控制功能依赖于主电路的灵活换流回路，经济型主电路拓扑成为主要难点。

（2）潮流控制方面。线路潮流的有功 / 无功、装置与线路交互的有功 / 无功相互强耦合，在潮流动态调整过程中尤为突出。

（3）故障电流耐受方面。系统故障电流穿越换流阀，无外部电源供能或泄放情况下，难以提升器件短时大电流耐受能力、实现故障电流快速转移，避免因直流电容器过电压击穿换流阀。

（4）接入运行方面。SSSC 直接串入线路，各类过电压经串联变压器，逐级向换流阀传递，SSSC 过电压防护难度大。

核心关键技术

国网天津电力突破了混合自励型主电路结构、潮流动态控制与振荡抑制、换流阀过电流耐受与防护、SSSC 接入与工程应用等难题。研制了自励型链式换流阀、串联变压器、控制保护系统等核心装备。建成了世界首个自励型220千伏SSSC示范工程，取得了系列创新成果。静止同步串联补偿器（SSSC）关键技术思路如图4-2所示。

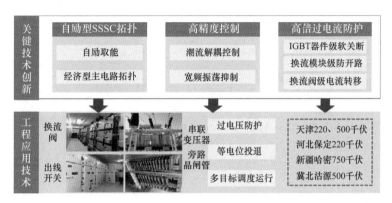

图4-2　静止同步串联补偿器（SSSC）关键技术思路

（一）混合自励型 SSSC 主电路结构

1. 构建有源 / 无源混合型 SSSC 主电路结构

混合自励型 SSSC 主电路结构如图4-3所示。无源阻抗与电压源换流器串联，无源部分进行固定阻抗补偿，兼具故障电流限制功能，电压源换流器动态控制潮流。相同换流阀容量下可将换流阀的潮流控制能力提升35%。

2. 磁链调节型高电位 TA 取能技术

TA 配置取能绕组和辅助绕组两个二次绕组，通过控制辅助绕组通流时间，使取能绕组获得稳定磁链，解决了线路电流大范围波动下的串联换流阀高电位控制系统稳定取能难题，为无并联电源支撑的串联换流阀自励启动和独立运行提供控制电源，保障了换流阀自励运行。

3. 构建电压触发自旁路型链式全桥换流阀拓扑

构建旁路晶闸管触发自保持电路，在无控制电源情况下，通过晶闸管两端电压直接产生触发电流，导通晶闸管，为高电位 TA 取能提供电流通道；首创串联自励型链式全桥换流阀拓扑，电压自触发型晶闸管旁路电路与链式全桥换流模块相并联，使换流阀以旁路状态接入系统，攻克了串联换流阀自励启动和独立运行难题。研制了串联自励型链式换流阀，较 MMC 型换流阀，换流模块数、连接电抗器数减少50%。

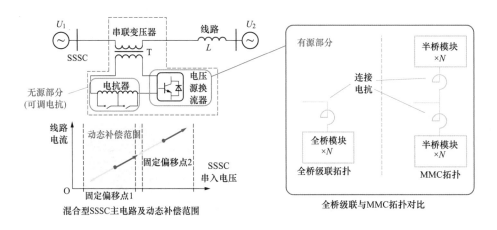

图 4-3　混合自励型 SSSC 主电路结构

（二）电流同步的潮流动态控制技术

1. 实时归一化电流锁相与注入线路电压前馈加速的控制技术

对实时归一化的电流进行锁相，实现线路电流大幅度变化下的有功无功解耦控制；提出注入线路电压前馈控制技术，研制成套控制系统，可大幅提升潮流动态控制性能，百兆瓦级潮流阶跃下超调量低于 2.5%，直流电压波动小于 3%。

2. 基于虚拟电阻的平滑充电与暂态阻尼控制策略

换流器输出与线路电流同相位电压，可等效为电流频率下的虚拟电阻；通过动态控制虚拟电阻的工频电阻值，可调整换流阀充电功率，避免换流阀充电过程中直流过电压，并消除对线路潮流的影响，实现装置平滑并网；通过快速控制振荡频率下的虚拟电阻值，在几乎不增加换流阀容量情况下，抑制系统功率振荡，如图 4-4 所示。

（三）换流阀过电流耐受与防护技术

1. IGBT 过电流门极电压阶梯软关断技术

研究基于微秒电平选择和射随放大电路的 IGBT 门极电压阶梯控制技术，实现四倍器件额定电流的安全关断。与换流模块内旁路晶闸管配合，充分利用晶闸管浪涌电流能力，过电流耐受时间从微秒级提升至百毫秒级，保障了故障下换流模块直流电压稳定，装置具备快速恢复能力。

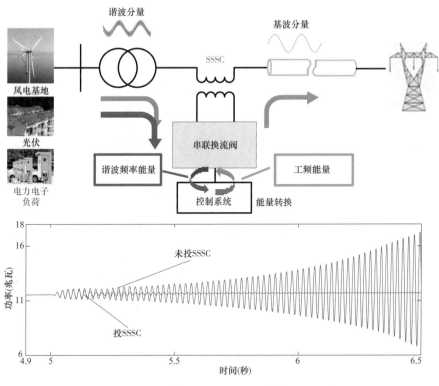

图 4-4 宽频振荡抑制策略及效果

2. 串联型换流模块开路防护技术

采用换流模块失效的双重化短路技术，通过旁路晶闸管与 IGBT 耐电压水平的级差配合和主动控制，在极端工况下，旁路晶闸管首先失效短路，保护换流模块；旁路晶闸管功能异常时，压接型 IGBT 器件可在压力下形成短路，避免了开路情况下换流模块逐个击穿。

3. 换流阀故障电流快速转移技术

利用线路短路下装置过电压先于过电流出现的特征，提出 BOD 过电压触发旁路晶闸管开关（TBS）电路，动作时间从毫秒级降至微秒级，如图 4-5 所示，实现了短路电流快速转移，换流阀过电流耐受能力可达 27 千安 /100 毫秒。

（四）SSSC 成套与工程应用技术

1. 串联变压器过电压防护优化及 SSSC 避雷器梯级配置方案

方案提出变压器绕组端部静电环结构，如图 4-6 所示，有效改善网侧绕组端

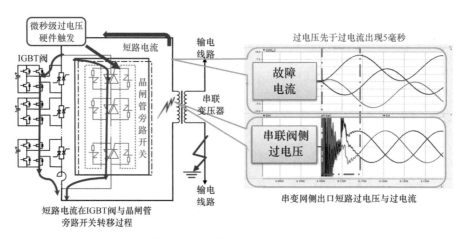

图 4-5 换流阀故障电流快速转移技术原理

部第一个线段的匝间冲击电压分布，研制了 220 千伏全绝缘串联变压器；提出了以换流阀为核心的避雷器梯级配置过电压防护方案，设计了网侧避雷器→TBS 避雷器→换流阀避雷器等效动作电压逐级升高的绝缘配合方案，为装置提供多重防护，保障 SSSC 过电压防护完整性。

2.SSSC 等电位投退技术

SSSC 投退时，串联变压器网侧绕组一端悬空，变压器阻抗与其分布电容耦合产生高频振荡冲击电流。通过旁路串联变压器网侧绕组，使其绕组两端处于等电位，破除与分布电容的振荡条件，避免高频振荡。

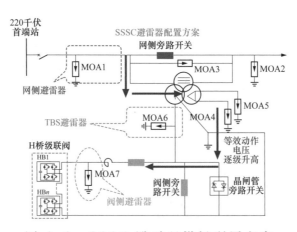

图 4-6 SSSC 避雷器梯级配置方案

应用成效

SSSC 作为新一代串联潮流调节装置，在占地、造价等多方面优势显著，具有广泛的应用前景。2018 年 12 月，该技术成果在天津 220 千伏高石线投入运行，装置补偿容量 30 兆乏，线路最大有功调节能力为 ±180 兆瓦，实现了全球首个 220 千伏自励型 SSSC 工程应用（见图 4-7）。工程投运后，解决了高石双线潮流分布不均问题，通道输送能力由 760 兆瓦提高至 960 兆瓦，输电能力提升 26.3%，进一步提高了天津西部电网整体供电能力约 300 兆瓦。在迎峰度夏等关键时期，对分区电网潮流进行紧急控制，有效避免 500 千伏主变压器重载、核心线路越限问题，增强了天津西部电网总体安全稳定供电能力。

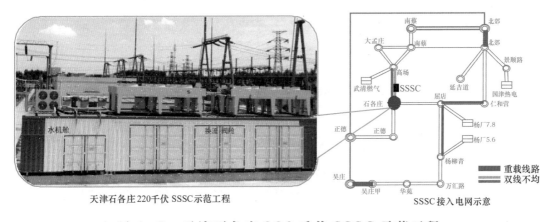

天津石各庄220千伏 SSSC示范工程

SSSC接入电网示意

图 4-7　天津石各庄 220 千伏 SSSC 示范工程

成果围绕混合自励型主电路结构、潮流动态控制与振荡抑制、换流阀过电流耐受与防护等技术难题，研制了世界首个自励型 SSSC 成套装备，经院士专家鉴定，整体技术居于国际领先水平，并获得国家电网公司科技进步一等奖，有效带动了灵活交流输电技术进步与产业的发展，为提升电网输送能力和运行效能提供了先进的技术手段，减少天津电网变电站和线路投资 2.36 亿元。SSSC 技术能够进一步提升所在分区供电能力，有力保障了天津武清地区"煤改电"冬季采暖负荷用能需求，实现了电能清洁替代。

第三节　虚拟同步机与配电网交互技术

一　技术背景

随着国家在新能源、电动汽车、惠农电采暖等优惠政策的推动，预计 2030 年电网将接纳近 9000 万个用户侧可控电源和负荷，如此大量高随机性、低惯量电力电子装置接入电网后，会带来巨大的管控压力，提升用户侧电力电子化装置的智能化水平，提高其支撑电网、服务用户的能力已形成行业共识，然而现有接入技术和调控水平条件下，海量电源和负荷的"可观、可测、可控、可调"水平不足，实现电力电子化分布式电源和可控负荷资源与电网友好交互存在三大难题：

（1）电网中大量存在的电力电子化电源和负荷仅考虑自身内部控制性能是否达到最优，未考虑与电网环境的交互特性，无法从根本上解决高速、高频的电力电子化装置与同步电网的系统性、结构性问题，导致分布式电源消纳难，大功率冲击负荷管理难，电网承担的投资和风险都不断增大。

（2）电网中的惯量机制是保证电网安全稳定运行的重要因素，惯量控制采用响应变化率的控制机制，较传统有差调节要快，但电力电子装置增加惯量机制后其对电网支撑的效果、效能缺乏量化分析手段，作为虚拟同步机技术的特征指标，如何捕捉惯量功率并评价其效果缺乏标准支撑。

（3）传统分布式电源和负荷或独立运行或构成为微电网（电站），三级通信机制实时性较差，借鉴调度的思路通过铺设专用通信线路的方式或安装专用接口装置进行统一管控，耗资巨大，不具有可实施性，预测、感知和控制大量随机性电源和负荷存在瓶颈。

核心关键技术

　　针对电力电子化电源和负荷调控灵活性难以发挥、惯量释放的效果难以验证、惯量自动响应控制介入时序难以协调、电网对分布式资源管控实时性差等重点问题，国网天津电力开展重点研究，全面突破虚拟同步机控制关键技术和实用化技术，并提出对应的性能指标参与电网互动效果（惯量支撑、频率调节、无功支撑）评价方法，建立了多机组网稳定运行策略，实现了自动控制和电网调控的统一，将分布式电源和可控负荷响应电网故障时间缩减至 20 毫秒，有效提高了用户侧资源在电压暂降、频率突变等异常情况下的主动支撑调节能力，实现电网状态的近实时感知，为高比例清洁能源和电力电子化电力系统的安全稳定运行、供需高效互动等提供技术支撑。

（一）虚拟同步机技术体系

1. 源侧和负荷侧虚拟同步机技术体系

　　通过构建分布式发电虚拟同步发电机运行、电动汽车虚拟同步电动机运行、储能发电整流 / 逆变双向运行机制，提出虚拟同步电机与配电网交互功能体系，并提出调频系数、调压系数、惯性和阻尼系数等关键参数和最优运行区域计算方法。研发出全球首套完整反映定转子间电磁关系的虚拟同步发电机成套装备，具备同步电机惯量、阻尼特性，实现了对电网状态追踪调节的功能，实现了对电网的暂态和稳态支撑，频率和电压响应时间小于 20 毫秒。

2. 基于 PCC 阻抗特性分析的故障穿越协调运行方法

　　实现变流器电压暂态扰动的同步检测，有效协调常态波动和故障穿越两种功能；提出一种基于频率变化率的算法，可在半个周波到一个周波内达到理想精度，有效实现对电网的暂态支撑。

（二）虚拟同步机惯量功率量化分析和效果评价方法

1. 自适应惯性和阻尼的虚拟同步电机控制技术

　　提出考虑正 / 负序、多频率点的差异化自适应阻抗控制策略，通过灵活配置阻尼和阻抗，提高了并网稳定性和阻尼振荡能力。

2.虚拟同步机惯量功率量化分析和检测方法

提出惯量和阻尼量化分析实验方法、性能指标评价方法和参与电网互动效果（惯量支撑、频率调节、无功支撑）验证方法，解决了虚拟同步机特征参量即惯量功率的抓取、辨识和测试难题。

3.多种运行工况下惯性和阻尼系数适时控制技术

从配电网和大电网两个维度定量描述惯量功率对电网的支撑作用，考虑配电网动态特性惯性和阻尼系数关键参数摄动对补偿效果的影响，提出考虑线路阻抗和扰动的多惯量要素跨区域同时作用时振荡的模态分析和时域分析方法。

（三）虚拟同步机群全自治控制及与配电网交互技术

1.虚拟同步机群接入调度的快速协调控制方法

该技术建立了日前、日内和实时三个不同时间尺度技术框架，通过设备端毫秒级惯量自动控制、调控端多机惯量介入的时序控制和 AGC 指令全方位对电网提供支撑，如图 4-8 所示。

2.基于数据驱动的设备 + 主站两级协同调控策略

建立"预测 – 交易 – 调度 – 结算 – 评估"自学习体系，与传统三级调控方案相比，得益于虚拟同步机不依赖通信自主响应电网状态的特点，可在 300 毫秒内实现调度系统对虚拟同步机指令下达，通过提高决策精细化水平实现虚拟同步机群调控。

三 应用成效

研发了面向配电网多种应用场景的虚拟同步机系列装备，在国内外百余个分布式发电和电动汽车充电站工程中应用，装机容量超过 230 万千瓦，创造经济效益约 7 亿元。其中，光伏虚拟同步机、风机虚拟同步机和储能虚拟同步机等电源侧系列装备在天津、河北、江苏等地区实现大规模推广，应用总容量约 216.2 万千瓦。负荷侧虚拟同步机电动汽车充电桩在天津滨海、河北承德、江苏泰州等近 70 座充电站应用，装机容量总计 13.9 万千瓦。技术成果在天津实现了电源侧和负荷侧虚拟同步机在配电网工程中的首次应用，并在天津生态城进一步实现整体应用，如图 4-9 所示。

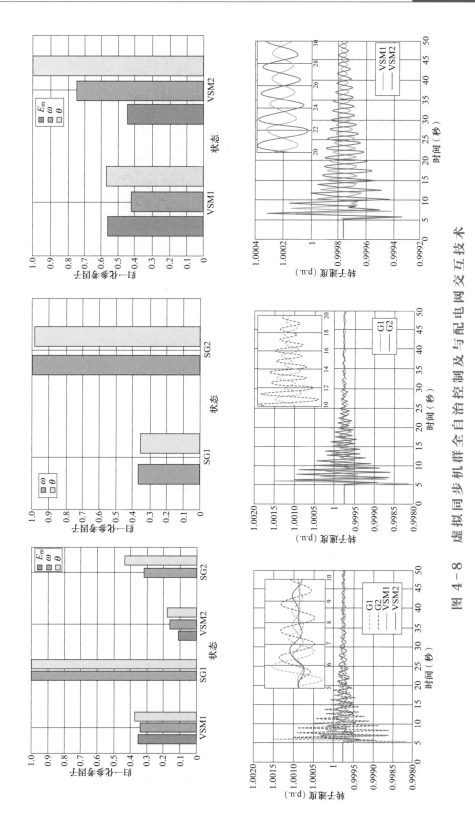

图 4 - 8　虚拟同步机群全自治控制及与配电网交互技术

图 4-9　天津生态城光储充虚拟同步机现场

突破了虚拟同步机控制关键技术和实用化技术，将分布式电源和可控负荷响应电网故障时间缩减至 20 毫秒，经院士专家鉴定，技术整体达到国际领先水平，获得了国家电网公司科技进步一等奖。有效提升了分布式电源、电动汽车充电桩接入配电网的适应性，为大规模清洁能源和电动汽车推广、缓解环境污染问题提供了技术支撑。通过对配电网中接入的电力电子设备进行协调控制，提升了配电网暂态和故障过渡能力，提高了配电网的安全可靠性。同时，实现了虚拟同步机全系列装备国产化，有力提升了行业影响力。

第四节　城市电网精益感知与防控技术

 技术背景

安全可靠的城市电网是经济可持续发展的重要保障。城市电网各类新元素大规模接入，分布式电源、电动汽车、电采暖等的随机性与波动性增加了电压波动、功率越限的风险,电网运行面临全新挑战。大量工程实践表明,一味加大电网投资、提高设备冗余的粗放发展模式,已难以满足城市高质量发展对日益增长的可靠优质供电需求。

目前,城市电网可观性弱、调控盲区多,特别是对占电网故障比例高达90%以上的中低压部分感知及调控能力不足;电网防控主要依靠冗余配置、经验调度、定期巡检、事后抢修等粗放管控手段,效率低、成本高、故障定位与隔离精度低,供电恢复慢。实现更精益的风险防控需要解决以下关键难题:

(1)可观性不足,薄弱环节辨识难。城市电网规模大、结构复杂,通过数量有限测控设备的精益化配置,实现电网运行状态的全面感知,相关技术亟待突破;运行风险与薄弱环节的感知需处理海量运行数据和系统潜在异常状态,在线风险感知与薄弱环节精准定位极其困难。

(2)调控指令时滞明显,协同防御难。分布式电源、电动汽车等调控资源仅能通过异构通信手段实施控制,受传输时滞影响,调控难以精准匹配系统需求;由于电网感知能力不足,大量可控资源无法主动参与系统协同防御,潜在风险极易演化为停电故障。

(3)中低压故障定位与隔离精度低,快速供电恢复难。大量分布式电源接入导致系统故障特征复杂,中低压故障研判及精准定位难;调控盲区导致故障隔离范围扩大,大量无辜用户被连带停电;分布式电源等资源的供电恢复潜力未能被充分挖掘,多级协同快速供电恢复困难。

 核心关键技术

针对城市电网面临的上述三大难题,国网天津电力攻克了精益感知、协同防御、精准控制三大关键技术,技术思路如图4-10所示。研发了成套核心装备及应用平台,在天津、江苏、浙江等省(市)规模化应用,为我国城市电网的优质可靠供电提供了坚实保障。

(一)城市电网精益感知技术

1. 基于调度主站(站)- 测控设备(端)协同校核的感知数据可信度提升技术

在端侧,针对异常数据分布极不均的特点,提出边缘节点数据类型自适应感知算法,实现复杂数据流环境下隐藏异常数据的快速检测。在主站,实现基于历

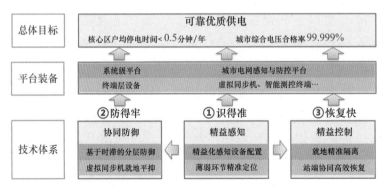

图 4-10 城市电网精益感知与防控关键技术及应用技术思路

史数据实现可疑数据的深度筛查。通过站-端两侧的协同校核，显著提升了量测数据的可信度。在数据传输层面，提出了基于轻量级数字签名算法的数据传输安全防护方法，可在满足传输实时性和终端计算能力的前提下，进一步提升感知数据的传输安全水平和数据可信度。

2. 基于影响增量的电网在线风险感知与薄弱环节精准定位技术

通过将高阶故障状态的影响拆分折算至相应的低阶故障，极大降低了风险评估所需分析的故障状态数量，有效提升了电网风险评估的计算效率，可满足在线应用需求；提出了基于设备风险排序的电网风险薄弱环节定位技术，将全局风险指标拆分折算至单台设备，可反映各设备故障对系统整体运行风险的影响，通过对设备风险指标排序进行实时更新，实现了电网风险薄弱环节的精准定位，为有针对性地制定协同防控措施提供依据。城市电网精益感知技术架构如图 4-11 所示。

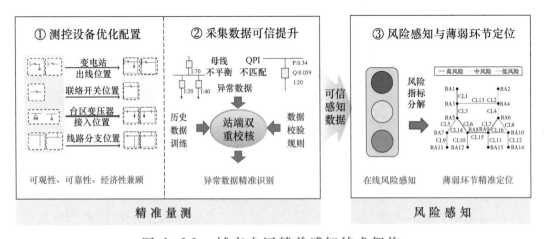

图 4-11 城市电网精益感知技术架构

（二）城市电网协同防御技术

1. 考虑响应时滞的源网荷可控资源分层协同控制技术

构建了城市电网时滞安全域分析理论，提出了基于时滞安全域的多类可控资源功率分层时空协同控制技术，可从时间维度（时间尺度和时序影响）、空间维度（规模和距离）、资源维度（响应容量、响应速率/爬坡率），以及价值维度（经济性、可再生能源消纳水平）出发，建立由点及面的城市电网功率协调控制架构，实现不同调控资源在空间上的有效互补，以及控制时间上的同期性、实时性和协同性，使电压过低、功率越界等运行风险显著降低。

2. 虚拟同步有功转矩/无功电压参数自适应的功率/电压波动就地平抑技术

基于考虑正负序、多频率点的差异化虚拟同步有功转矩/无功电压自适应动态优化方法，研制面向城市电网多运行工况的虚拟同步机成套系列装备，适用于分布式电源、电动汽车、大功率电采暖等并网场景，具备允许馈送功率条件下的第四象限运行能力，可通过自适应配置虚拟同步有功转矩/无功电压参数，提高并网点电压稳定和功率波动抑制能力。城市电网协同防御技术架构如图4-12所示。

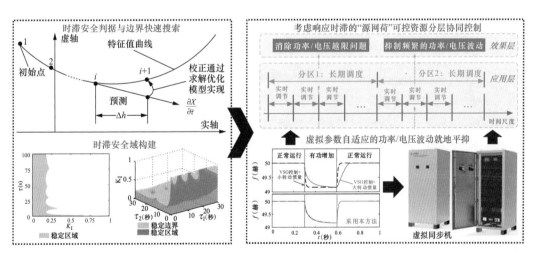

图4-12 城市电网协同防御技术架构

（三）城市电网精准控制技术

1. 含分布式电源城市电网故障快速研判与精准隔离技术

该技术提出了故障区段首末端节点一模电流分量反相的故障判据，实现了中低压三相不对称、不同过渡电阻条件下的双/多电源供电区段各类故障的精准研判。通过边缘计算实现故障的就地精准隔离，节省了主站分析和数据通信的时间，隔离最小范围由10千伏级缩小为380/220伏级，提升了故障隔离准确率，显著缩小了故障停电范围。城市电网精准控制技术架构如图4-13所示。

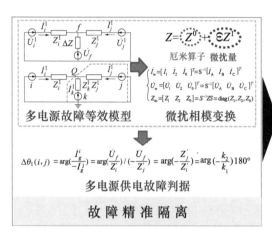 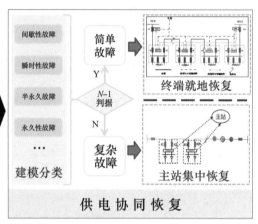

图4-13 城市电网精准控制技术架构

2. 计及分布式电源功率支撑的集中-就地协同供电恢复技术

针对满足 N-1 原则的简单故障，提出了基于过零同步的拓扑动态识别方法，通过智能测控设备自动生成供电路径，实现就地快速供电恢复；针对不满足 N-1 原则的复杂故障，在主站侧构建了兼顾负荷重要性、负荷损失、开关动作次数、恢复时间等多目标的负荷转供数学模型，在综合考虑故障恢复全时段潮流约束的基础上，提出基于低偏量随机模拟法的转供路径求解方法，多级协同实现了可调配资源的高效利用和供电快速恢复，保证了重要负荷优先供电，提升了极端天气下的故障处理能力。

3. 研发了具备边缘计算能力的智能测控设备和城市电网精益感知与防控平台

研制的覆盖多电压等级，兼具量测数据校核与故障就地处理功能的多类型智能测控设备，可基于边缘计算芯片完成异常数据辨识及故障快速研判隔离，隔离时间不少于200毫秒；开发的城市电网精益感知与防控平台，集成至城市电网运行控制与管理系统，通过站-端协同显著提升了城市电网精益感知与防控水平。

 应用成效

该技术陆续在天津、上海、杭州等城市开展了应用，并在全国范围内实现推广。

天津电网在实现状态全面感知的基础上，测控设备配置成本降低 10.14%，全额消纳可再生电源，保障了全市电动汽车、电采暖的规模化接入，核心区户均停电时间由 5 分钟／年降至 0.5 分钟／年，A+ 类区域重要用户实现故障零停电。在天津武清杨村街道办事处、海河医院、梅江国际会展中心等用户配置了智能测控设备，有效减少停电时间，尤其提高了在极端天气下供电可靠性。图 4-14 为城市电网精益感知平台。

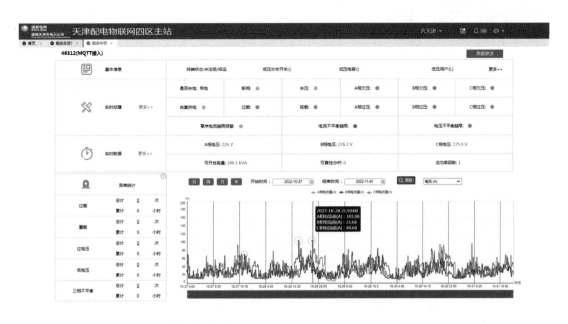

图 4-14 城市电网精益感知平台

该成果构建了集"精益感知""协同防御""精准控制"为一体的理论、方法和技术体系，研发了成套设备与系统，实现城市电网感知与防控由"粗放 + 被动"向"精益 + 主动"转变，经院士专家鉴定，整体达到国际领先水平，并获得国家电网公司科技进步一等奖。该技术研发的智能测控设备、虚拟同步机、精益感知与防控平台等多项创新成果，提升了我国智能电工装备制造业的自主创新能力、装备制造能力，推动了我国智能装备产业的进一步升级。该技术明显提升了电能质量，减少了电网功率和电压波动对精密加工、半导体制造、大型数据中心、轨道交通等高端行业造成的损失。降低了电网故障频率和故障处理时间，增强了电网的精益防控能力，改善了用户用电体验。同时，通过虚拟自适应技术在新能源、电动汽车等方面的应用，实现功率和电压波动性的就地平抑，天津市新能源实现 100% 消纳。

第五节　柔性交直流混合配电网保护控制技术

 一　技术背景

"双碳"目标下，新能源、储能、电动汽车、轨道交通等新型电源和负荷爆发式增长，传统交流配电网难以满足高比例分布式新能源并网和高可靠优质供电需求。柔性交直流混合配电网基于 IGBT 等全控型电力电子器件装备，将交流配电网潮流"自然分布"转变为"灵活可控"，将分布式新能源"被动并网"转变为"主动消纳"，实现各类电源和负荷的灵活接入与高效运行，是电网变革性发展方向。

然而，柔性交直流混合配电网运行和故障特性迥异于交流配电网，作为保障电力系统安全可靠运行的第一道防线，保护控制方法亟需原理性突破，解决以下关键科学技术问题：

（1）故障发展速度快，精准辨识难。交直流系统交互耦合机理复杂，直流线路参数频变分布特征影响显著，且低阻尼特性导致故障发展速度极快，在百微秒至数毫秒内即可波及整个配电网，基于工频稳态量的保护原理无法适用。

（2）故障冲击危害大，快速隔离难。直流故障电流上升速度快、幅值大，可达额定电流 10 倍以上，新能源并网逆变器、换流站等核心设备无法直接承受短路电流冲击，必须抑制故障电流，然而传统限流方法严重制约故障快速开断。

（3）交直流系统惯量小，平稳自愈难。高比例新能源接入、高度电力电子化导致交直流混合配电系统惯量小、抗扰能力弱，多换流站、多变量、多目标控制耦合加剧故障后系统失稳风险，极易导致新能源脱网和用户停电。

核心关键技术

围绕上述难题，国网天津电力攻克了柔性交直流混合配电网故障"准辨识-速隔离-稳自愈"关键技术，研制了首台套核心装备及平台，技术思路如图4-15所示。在天津、北京、江苏等省（市）交直流配电网应用推广，为新型电力系统建设提供了创新引领和坚实保障。

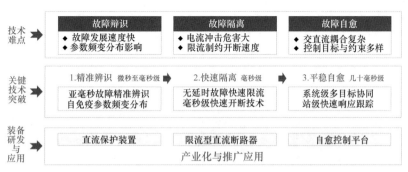

图 4-15　柔性交直流混合配电网保护与自愈控制技术思路

（一）故障精准辨识技术

1. 单端暂态量超高速线路保护新原理

基于保护区内外故障特性差异，发明了临窗叠加的高频暂态信号精准提取技术，首创利用线路边界特性的单端暂态能量超高速保护新原理，并基于直流电抗器两侧暂态电压幅值比辨别背侧故障，攻克了直流故障的快速精准辨识技术，解决了现有直流单端保护依赖仿真实现定值整定的难题。

2. 免疫线路参数频变分布的快速纵联保护技术

建立了保护测量点与故障点的电气量时空关系模型，提出了电容电流全补偿的模量快速电流差动保护新原理，并利用极量行波差电流判别故障类型。实现了线路参数频变、分布特性的自动免疫，克服了传统时域电流差动保护依赖长延时消除不平衡电流影响的问题，显著提升保护动作速度。柔性交直流混合配电网故障精准辨识技术架构如图4-16所示。

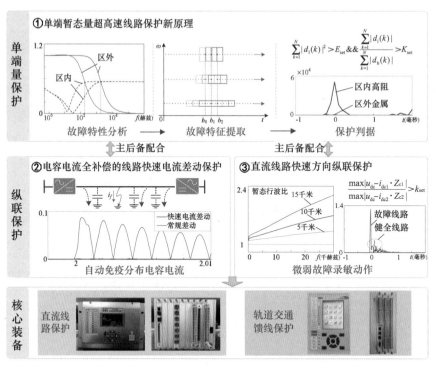

图4-16　柔性交直流混合配电网故障精准辨识技术架构

（二）故障限流与快速开断技术

1.基于电流转移技术的新型直流故障限流方法

基于柔性交直流混合配电网健全网络连续安全运行为核心目标的直流故障限流性能需求，分析限流电抗器直接接入柔性交直流混合配电网时的暂态响应能力弱化与失稳机理，提出了基于电流转移技术与运行状态预判的新型直流故障限流器。实现了直流故障的无延时快速限流响应，确保交直流混合配电网在故障情况下的安全运行，消除了限流电抗器对柔性交直流混合配电网暂态响应能力的不利影响，显著提升系统运行稳定性。

2.自适应限流能力的新型直流断路器

分析故障断流期间故障电流清除速度、断路器耗能容量与限流电抗器之间的能量耦合与耗散机理，提出毫秒级时间尺度内故障限流与故障断流的协调配合方法，研制出具有自适应限流能力的新型直流断路器。攻克了限流电感能量与线路电感能量耦合叠加导致断路器耗能容量大幅提升、断流速度大幅降低的难题。柔性交直流混合配电网故障快速隔离关键技术架构如图4-17所示。

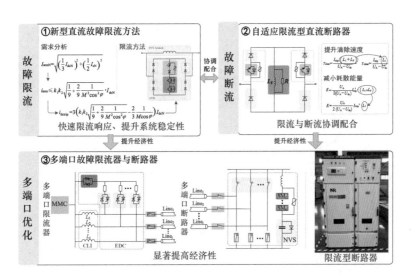

图 4-17　柔性交直流混合配电网故障快速隔离关键技术架构

（三）故障平稳自愈控制技术

1.系统级多站多目标协调优化控制方法

基于柔性交直流混合配电网自愈期间下垂系数与站间功率协调分配、电压暂稳态偏差之间的交互耦合机理，发明了计及换流站传输功率裕度与站间功率分配特性的下垂系数设计新方法。实现了故障后系统功率合理、快速地分配与平衡，克服了传统下垂控制无法同时兼顾暂、稳态控制效果的难题，提升了柔性交直流混合配电网在故障自愈恢复期间的稳定性能。

2.交直流换流站变减速趋近的改进滑模变结构控制方法

基于换流站传统 PI 双闭环控制动态响应与鲁棒性的性能缺陷，发明了一种基于积分滑模面与改进指数型趋近律的换流站级滑模控制方法，将传统滑模变结构控制在滑模面附近的等速趋近方式改进为变减速趋近方式，克服了传统 PI 控制暂态超调大、响应速度慢的问题，供电质量显著提升。柔性交直流混合配电网平稳自愈控制关键技术架构如图 4-18 所示。

应用成效

该技术在天津、江苏、浙江等地区应用推广，实现了故障精准辨识、限流开断和系统快速自愈，保障了安全可靠优质供电。天津应用于北辰柔性交直流混合

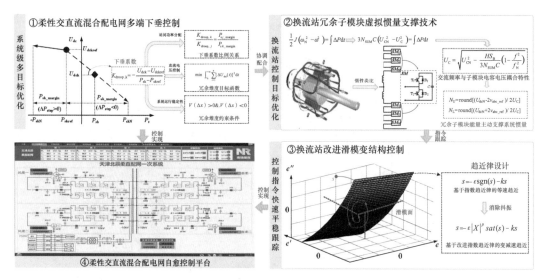

图 4-18　柔性交直流混合配电网平稳自愈控制关键技术架构

配电网（见图 4-19），保护动作时间缩短至 2 毫秒以内，提升了故障后快速自愈恢复能力，供电可靠性超过 99.9999%，为区域内高端装备制造工厂、商务中心等各类用户提供可靠优质供电服务，大幅提升了区域或用户自身供电可靠性和电能质量。

图 4-19　天津北辰八端口柔性交直流混合配电网

该成果构建了柔性交直流混合配电网"准辨识－速隔离－稳自愈"保护控制技术体系，从基础理论、技术研发、工程应用等方面推动了行业发展，实现了保护控制技术的中国引领。经院士专家鉴定，整体技术达到国际领先水平，并获得了国家电网公司科技进步一等奖。该技术有效平抑了新能源对配电网的扰动冲击，实现了 100% 分布式新能源并网就地消纳。通过故障后快速平稳自愈，有效减小了配电网功率电压波动，保障了以精密加工为代表的先进制造业、城市轨道交通系统等重要负荷的运行安全，大幅提升了交直流混合配电网故障抵御能力，保障了电网安全。该技术研制的系列装备和平台，提升了上下游电工装备制造业技术水平，促进了大容量电力电子开关等核心器件的国产化，提升了我国电工装备制造业的自主创新能力，引领了技术发展。

第六节 配电网带电作业机器人技术

一 技术背景

配电网带电作业是提高供电可靠性、提升电力服务水平、改善电力营商环境的重要手段。近五年，国家电网公司已累计开展配电网带电作业超过 400 万次，平均每天超过 2000 次，带电作业需求量巨大。传统带电作业采用人工方式，高空、高压的环境对人身安全构成一定威胁，并且工作强度极大、工作质量因人而异。研制配电网带电作业机器人可以从根本上保证人身安全、降低工作强度、统一工作标准。

美国、日本等国家从 20 世纪九十年代开始陆续开展配电网带电作业机器人技术研究，以液压臂主从控制方式为主，其体积和质量较大，精细化和智能化程度不高，无法实现户外复杂环境下的自主定位、规划及控制等功能。国内配电网带电作业机器人技术成熟度总体较低，且成本高、实用性不强，未实现产业化推广应用。实现机器人户外自主带电作业的难点如下：

（1）准确识别定位难。机器人在户外进行配电网带电作业，受光照变化、平台抖动、现场作业环境等因素影响，现有感知技术难以实现配电网作业目标的实时准确识别定位。

（2）多变场景规划难。机器人带电作业与导线、电杆、横担等距离近，规划场景多变、作业空间狭小，机械臂带电作业过程中存在误碰风险。

（3）多源扰动控制难。受导线规格差异、环境扰动、室外低温等不确定性因素影响，难以对作业过程进行智能、精准控制，车载高空承载平台（斗臂车）抖动等因素也增加了机器人精密操作的难度。

（4）电磁绝缘防护难。绝缘设计兼顾机器人的运动性能较为困难，特别是关节运动部分的可靠绝缘难以实现；电磁防护需要更加精准地掌握干扰源特性，且防护措施受尺寸、质量制约。

核心关键技术

针对上述难题，国网天津电力攻克了精准定位、自主规划、智能控制和安全防护关键技术，研究思路如图 4-20 所示。研发了配电网带电作业机器人成套装备及应用平台，促进了人工智能和机器人技术在配电网带电作业领域的融合发展，为天津高端装备产业发展注入新动力，显著提升了我国电力装备的智能化水平和国际影响力。

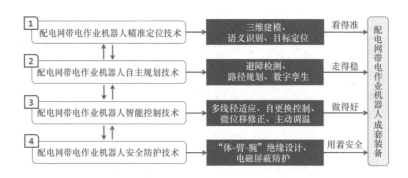

图 4-20　配电网带电作业机器人技术研究思路

（一）配电网带电作业机器人精准定位技术

1．基于结构单元软编码的激光点云三维重建技术

建立了空间离散点云几何相关性，设计了结构单元向量化软编码表征机制，解决了复杂作业场景点云快速准确匹配问题。针对单一类型传感器环境适应性较差的问题，提出了因果网络层次优化的激光－双目视觉融合的三维重构方法，深度融合环境物体空间结构特征和纹理色彩信息，实现了复杂作业环境数字化精准建模。

2．特征层跳转融合及候选框增强网络架构的目标检测方法

针对配电网作业对象特征大小不统一的特点，结合区域候选框增强策略，在减少网络参数的同时提高检测精度和效率，攻克了强光、树木等干扰下的配电网目标识别和分割难题，实现了作业场景及目标对象的准确定义。目标识别准确率 ≥ 92%，较经典算法准确率提升 10% 以上。

3．基于权值修正的点云连通域搜索目标定位技术

通过建立点云特征相关性权重动态调整策略，强化了作业对象点云关联区域联通属性，提出了法向量和残差估计的作业目标分割方法，解决了因配电网线路交错复杂和斗臂车振动引起的作业点提取偏差问题，实现了作业点位置、姿态的精准获取，定位误差小于 1 厘米。配电网带电作业机器人精准定位技术架构如图 4-21 所示。

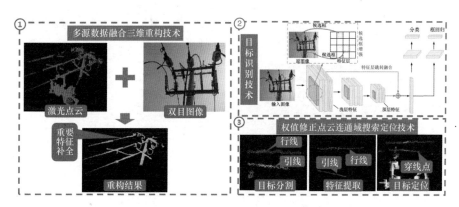

图 4-21　配电网带电作业机器人精准定位技术架构

（二）配电网带电作业机器人自主规划技术

1．基于多几何体混合表征的机械臂避障检测技术

基于圆柱体／凸多边体建立了臂杆结构精确数学模型，通过空间分析提出了基

于混合表征的机械臂全关节避障最小距离算法，为自主规划提供了精准空间约束条件，有效避免了臂–线和臂–臂间干涉，在保证可靠避障的同时算法效率得到有效提升。

2．多分辨率空间划分的机械臂路径规划学习技术

将作业空间由粗到细地分多次进行多分辨率划分，通过改进惩罚函数，引导路径向目标偏移搜索，快速生成一系列作业路径点，基于分形理论分析了机械臂柔性误差，设计了高精度优化的时间参数轨迹，实现了多变配电网环境、末端大负载下机械臂运动路径高效规划。

3．数字孪生作业校验与态势评估技术

开发了面向配电网带电作业物理对象的可视化虚拟系统，将物理作业系统的反馈数据实时映射在虚拟系统，采用虚拟系统预先模拟评估作业效果，搭建了虚拟场景和物理场景融合的数字孪生系统，实时监测配电网高空作业现场环境变化，实现了带电作业过程中机械臂位置偏移检测和误碰预测。配电网带电作业机器人自主规划技术架构如图4-22所示。

图 4-22　配电网带电作业机器人自主规划技术架构

（三）配电网带电作业机器人智能控制技术

1．光电、电位感知多线径自适应控制技术

基于末端执行器伺服控制模型，提出了光电、电位多传感器融合的感知综合判别方法和多线径自适应控制方法，攻克了专用末端执行器精准控制共性技术，$50\sim240$ 毫米^2 宽范围线缆无损剥线、可靠预紧等精细操作。

2．基于加速度实时补偿的平台微位移修正技术

建立了机械臂刚－柔耦合动力学模型，发明了机械臂承载平台加速度实时补偿方法，提出了机器人微位移修正控制技术，作业空间内补偿误差小于1厘米，解决了作业环境扰动下机械臂难以准确、平稳、安全控制的难题，实现了环境扰动下机器人精准跟随作业。

3．机械臂关节双阈值主动调温控制技术

提出了机械臂发热－扭矩电流控制策略，发明了机械臂电机双阈值温度实时调控技术，最低工作温度从0摄氏度降低到−20摄氏度，解决了电动平台带电作业机器人无法在0摄氏度以下环境中工作的难题，实现了冬季寒冷环境下的机器人可靠安全作业。配电网带电作业机器人智能控制技术架构如图4−23所示。

图4−23 配电网带电作业机器人智能控制技术架构

（四）配电网带电作业机器人安全防护技术

1．机器人带电作业的绝缘配合与多级防护技术

采用惯用法进行10千伏机器人带电作业绝缘配合校验，结合机器人自主作业识别定位精度确定0.2米最小安全距离参数，提出了配电网带电作业机器人"体－臂－腕"三重绝缘防护方案，发明了机械臂双层绝缘和槽式叠接防护结构，攻克了运动关节绝缘可靠性难题，实现了机器人作业过程整体绝缘防护，彻底消除了带电作业短路风险。

2. 机器人带电作业的电磁干扰预测与防护技术

提出了在高电位和悬浮电位测量机器人动态电弧放电电流的测试方法和系统，攻克了强干扰环境浮地系统电量难以测准的难题，建立了传导电流双指数预测模型，明确了工频电压下感应电弧放电对机器人电气部件的干扰特征，发明了改性石墨烯电磁屏蔽轻薄材料，有效消除了电磁干扰对机器人控制系统的影响。配电网带电作业机器人安全防护技术架构如图4-24所示。

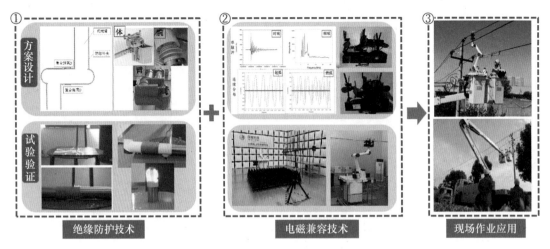

图 4-24　配电网带电作业机器人安全防护技术架构

 应用成效

2019年起，配电网带电作业机器人陆续在天津、北京、重庆等城市开展了实际应用，并规模化推广至山东、浙江、江苏等多个省（市），累计开展带电接引线、断引线、加装接地环等8类带电作业6.5万余次，逐步形成了机器人智能化带电作业模式，有力推动了带电作业领域技术进步，对保障人身安全、提升供电可靠性、改善电力营商环境具有重要的支撑作用。带电作业机器人现场应用如图4-25所示。依托该技术成果，在天津滨海打造了以人工智能技术为核心的配电网带电作业机器人产业平台，建立了电力作业机器人高端制造基地，年产量达200台以上，具备研发、制造、检测、应用和技术服务能力，直接经济效益超过7亿元。

构建了集精准定位、自主规划、智能控制、安全防护于一体的配电网带电作业机器人关键技术体系，研制了系列化成套装备，经院士专家鉴定，整体技术达到国

图 4-25　带电作业机器人现场作业

际领先水平，并先后获得国家电网公司和天津市科技进步一等奖，发布了该领域首个 IEEE 国际标准，有效促进了以人工智能为核心的带电作业机器人的发展，提升了我国电力行业智能机器人的自主创新能力。该成果的成功应用使作业人员完全脱离高空作业位置，避免直接或间接接触高压带电体，显著降低作业人员安全风险与劳动强度。该技术成果产业化应用，有效带动了上下游企业发展，促进了天津市智能制造产业发展，全国市场需求预计达五千台至 1 万台，产业规模将突破 300 亿元。

第七节　配电系统智能软开关技术

 一 技术背景

"十三五"以来，天津市新型电源与负荷年均增长一倍以上，预计 2025 年分布式电源容量将达到最大负荷的 30%，电动汽车等新型负荷将超过传统居民用电负荷的 1.1 倍。上述新型电源与负荷具有空间分布差异大、波动性强等显著特点，给电力系统电源与负荷平衡带来巨大挑战。传统配电网由机械开关刚性连接，采用环网结构、放射状运行，电源与负荷难以在不同线路之间不停电切换、无法跨线路平衡，已无法适应上述新型电源与负荷的大规模接入要求，天津市约25%配电线路和15%配电变压器因重载、过载面临供电可靠性下降、电压越限等问题，供电安全与质量受到严峻挑战。随着电力电子技术发展，以智能软开关（亦称柔性多状态开关）为代表的柔性互联装置，可实现配电线路间电能可控流动，为打破传统网架结构、促进电源与负荷灵活匹配提供了手段，但仍面临诸多难题：

（1）核心装备缺失。智能软开关的应用不但要面对复杂多变的配电网运行需求，还要高效融入传统配电设备体系，现有电力电子装备技术无法兼顾效率、可靠性及紧凑化的应用需求。

（2）接入配置难。智能软开关应用成本与容量正相关，但其接入效果难以解析表达，接入配置的多样化目标难以统一表征，接入方案受运行策略影响极大，且需要考虑配电网电源与负荷增长和智能软开关不同拓展方式，科学配置困难。

（3）运行控制难。智能软开关需要根据控制对象和控制场景的不同，合理选择集中/分散/就地等不同控制模式，且与配电网传统调节手段在响应速度、控制尺度等方面存在明显差异，实时追踪电源与负荷波动和系统状态变化，支撑配电网多场景自适应灵活运行困难。

二 核心关键技术

针对上述难题，国网天津电力构建了配电智能软开关"装备研发 – 接入配置 – 运行控制 – 故障自愈"技术体系，研制了国际首套10兆伏·安/八端口智能软开关系列化产品和配套软件平台，研究思路如图4-26所示。

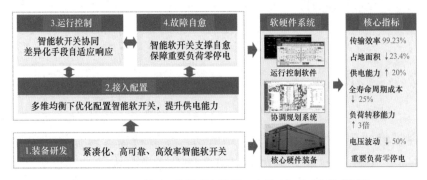

图 4-26 配电系统智能软开关技术研究思路

（一）多端口智能软开关装备研制

1. 分层分相换流器布置和轻量化铁磁元件集成的紧凑型智能软开关结构

发明的智能软开关换流器三相垂直分层、双列布置方式，基于电磁暂态仿真模型，可优化铁芯气隙和磁路，减少直流偏磁，实现轻量化铁磁元件集成的智能软开关结构，占地面积显著降低。

2. 换流器子模块多级旁路高可靠电路配置方法

利用晶闸管稳定电压击穿短路失效特性，设计了兼顾可靠性和经济性的子模块多级旁路方案，实现单一子模块故障可靠切除，不依赖任何有源电源可靠旁路保证非故障模块稳定运行。

3. 智能软开关驱动参数动态寻优的损耗调制技术

提出了新型全桥损耗优化调制方法，根据换流器运行工况，灵活平衡子模块各个半导体开关器件热应力，提高了器件运行安全裕度，智能软开关传输效率显著提升。多端口智能软开关装备研制路线如图4-27所示。

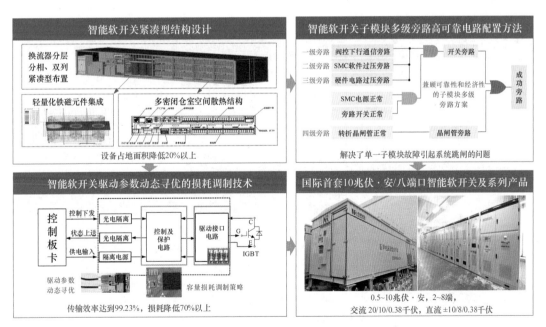

图 4-27 多端口智能软开关装备研制路线

（二）智能软开关接入配置技术

1. 智能软开关接入效果量化计算和目标表征方法

全面考虑了分散节点空间连通关系、配电网安全运行区间、多元运行需求等，构建了多个运行灵活域，可直观对比智能软开关接入方案对配电网运行灵活性的提升效果，实现了智能软开关多目标配置的数学表征。

2. 规划运行双层迭代的智能软开关与可控资源协同选址定容方法

提出了智能软开关与储能、可控负荷的深度集成与协调配置技术，实现智能软开关与储能、可控负荷的协同配置，减少了新建线路和变压器增容需求，提升了配电设备资产利用率。

3. 适应源荷动态演进的智能软开关中长期多阶段拓展规划技术

发明了智能软开关中长期多阶段拓展规划技术，可快速明晰从现状年到目标年的智能软开关形态规划路径，制定了智能软开关整体规划–分期建设方案，实现不确定性场景下中长期成本与收益的动态平衡。智能软开关接入配置技术路线如图4-28所示。

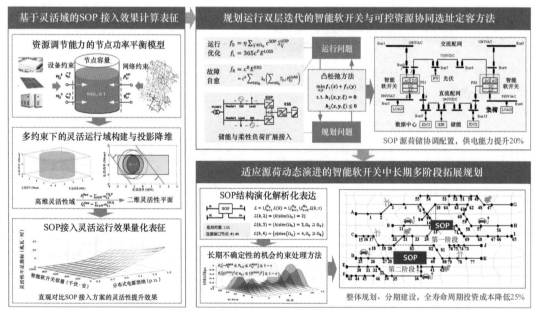

图 4-28　智能软开关接入配置技术路线

（三）基于智能软开关的配电网多尺度协调运行控制技术

1. 智能软开关与电容器组等离散调节手段的多时间尺度协调运行方法

构建了智能软开关连续调节与电容器组投切、变压器挡位调节等离散调节的多时间尺度协调框架，破解了连续－离散可控资源的大规模、多尺度协调优化难题，运行优化决策速度大幅提升。

2. 基于智能软开关的配电网电压波动抑制／负载均衡等多场景灵活控制技术

针对电压波动场景，提出了基于电压－功率灵敏度的含智能软开关配电网电压波动抑制技术，实时平抑电源与负荷剧烈变化造成的电压波动，系统电压波动幅度显著降低，减少配电网络损耗；针对馈线负载失衡场景，提出了基于区间控制的智能软开关馈线负载均衡技术，实现电源与负荷分布失衡下的各馈线负载快速均衡；针对三相不对称场景，提出了基于半正定规划的含智能软开关配电网相间负荷转移技术，改善高比例分布式能源接入下系统三相不对称运行程度，三相不均衡度显著降低，充分释放智能软开关多场景运行控制潜力，新能源消纳能力大幅提升。其技术路线如图 4-29 所示。

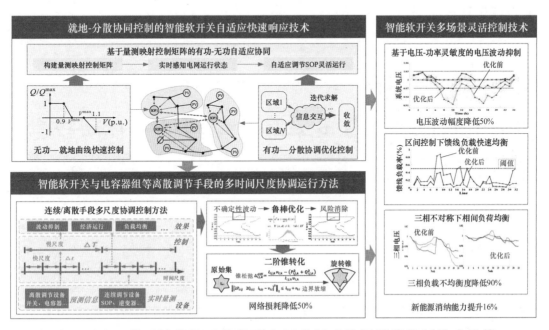

图 4-29　基于智能软开关的配电网多尺度协调运行控制技术路线

应用成效

2020 年 10 月，天津北辰国家产城融合区建成国际首套 10 兆伏·安／八端口智能软开关，标志着成果首次整体投入实际应用，有效解决了 10 千伏线路负载不均衡等问题，提高了新能源接纳能力，全面提升区域供电可靠性。2021 年 12 月，天津生态城贻城学府壹号小区建成柔性供能小区，标志着成果在低压电网整体投入应用，满足了 2000 余户居民对电动汽车快充桩的建设要求。

该成果构建以智能软开关为核心的配电网柔性互联理论体系，发布首个智能软开发技术标准，经院士专家鉴定，整体达到国际领先水平，获得了国家电网公司科技进步一等奖。一方面，推动了配电网向具有清洁低碳、安全充裕、经济高效、供需协同、灵活智能特征的新型电力系统形态演进，实现了配电网潮流灵活控制，提升了新能源接纳能力，满足了分布式电源和新型负荷的发展需要。另一方面，降低了配电网停电频率和供电恢复时间，提升了终端用户供电服务水平，满足了人民群众日益增长的美好用电需求。此外，实现了配电网高可靠高品质供电，电力高端装备产业链企业因电压波动及停电导致的废品率大幅降低，助力天津市高质量发展。

 第八节 电采暖与电网供需互动技术

 技术背景

随着我国经济的发展，能源安全和环境问题日益成为制约可持续发展的焦点问题。近年来，清洁供暖政策密集出台，北方地区电采暖改造面积已超过 10 亿米^2，建设投资巨大。天津武清等地区冬季电采暖电量已达到总用电量约 30%，电网出现故障或极端情况时，供热得不到保障，同时电采暖的刚性运行方式加大了电网峰谷差，电热供需矛盾凸显。引导电采暖负荷提升蓄热能力，利用其电热转化和能量平移特性，一方面可以降低配电网的投资，另一方面可以与电网互动，缓解电热矛盾、支撑新能源消纳，对构建新型电力系统具有重要意义。

当前，电采暖主要存在以下技术难点。一是电采暖蓄热能力提升要综合供热和电网承载力约束，且规划运行深度耦合。二是电采暖与电网互动市场模式不明确，需求响应市场需要攻克电网安全和供热需求约束的电采暖精准邀约和响应难题。三是高蓄能密度、高导热的蓄热材料和蓄热体结构等关键技术长期未攻克，互动装置和互动系统在研究之初尚属空白。

二　核心关键技术

面向清洁供暖、新型电力系统供需平衡等重大需求，以电采暖"更经济的配置、更优化的运行、更优的装备性能"为目标，国网天津电力攻克了高效蓄热配置、精准削峰填谷、主动清洁消纳等关键技术，研发了互动系统、互动终端、相变蓄热等系列化装备，技术思路如图4-30所示。

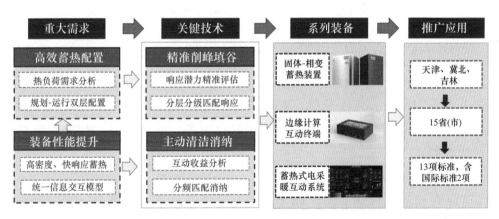

图4-30　电采暖与电网供需互动技术思路

（一）电采暖蓄热设备高效配置技术

1. 用热需求预测技术

对居民住宅、办公楼、学校、酒店、医院等典型建筑的用热需求进行全年逐时的建筑热环境动态模拟分析，建立了新陈代谢灰色负荷预测模型。综合考虑历史热负荷数据、建筑类型构成、气象、室内热舒适度等因素，对区域用热需求进行预测，相较于常规灰色预测模型，平均预测误差由 12.63% 降低至 4.36%。

2. 蓄热规划配置技术

建立了"规划－运行"双层迭代蓄热设备多目标优化配置模型，在规划阶段，以投资成本和供热可靠性为目标进行规划，初步确定蓄热设备的容量；在运行阶段，以配电网不同时段的可开放容量作为约束，调整蓄热装置出力时段，分析供热功率与配电网峰谷差的关联关系，通过削峰填谷作用降低配电网投资成本，通过双层优化迭代，得到蓄热设备的最优配置容量。综合考虑配电网、电采暖及配套设备，该技术可降低投资成本 41.8%，成本效益得到极大提升。该成果大规模应用于北方地区的"煤改电"工程改造，电采暖蓄热设备高效配置技术架构如图 4-31 所示。

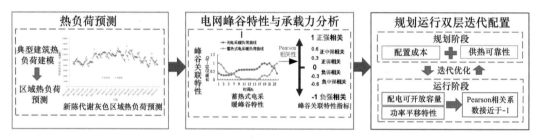

图 4-31　电采暖蓄热设备高效配置技术架构

（二）需求响应市场电采暖互动运行技术

1. 电采暖调节潜力精准量化技术

引入自弹性和交叉弹性系数，表征需求响应市场中负荷对于价格的灵敏性系数，建立用户需求响应矩阵，构建了不同约束因素下响应容量、响应时长精确量化的蓄热资源池。

2. 多区域蓄热组群协同响应技术

基于序列模拟法构建了多区域大规模电采暖的集群响应模型，根据蓄热设备的当前蓄热状态及蓄热上下限，归一化计算温度标识，对区域内所有蓄热设备的温度标识排序建立序列模拟矩阵，同时确定调控总量极限，明确了电采暖功率调节的优先级及集群响应边界。结合需求响应矩阵和调控优先级，制定不同响应时段、响应要求和激励政策下的电采暖响应组合方式，实现削峰保运行、填谷保供热。

3. 分层分区安全校核技术

在调度系统中，将电采暖调整功率计入潮流分析模型，分层分区开展电网安全校核，若电网处于安全运行状态，则可以直接对电采暖经济优化模型进行求解；若电网已经达到临界状态，则需要以保障电网安全和用户供暖为目标，减少不安全节点处的电采暖功率，迭代优化调整电采暖出力，指令分解与安全校核相结合，提升邀约和响应准确性。需求响应市场电采暖互动运行技术架构如图4-32所示。

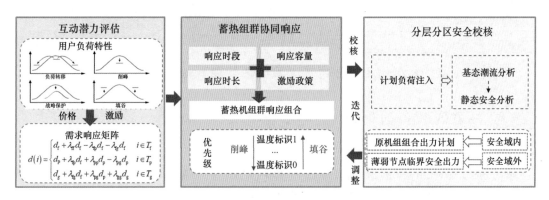

图 4-32 需求响应市场电采暖互动运行技术架构

（三）电采暖主动消纳新能源技术

1. 热管网量化储热与拓扑化简技术

扩展蓄热资源范围，将供热管网作为响应资源纳入调节对象，基于一阶隐式迎风差分改进刻画供热管网的热能输运准动态特征，通过管网拓扑简化建立虚拟蓄热罐模型，变量与约束比节点模型削减达到95%，为热管网可分析可调度提供支撑。

2. 混合储热分频消纳新能源技术

基于小波分解法将新能源出力按照波动特性分为高频和中低频部分。对于高频部分，充分发挥相变蓄热无级与快速功率调节的特点，实现新能源尖峰和快速波动出力的消纳；对于中低频部分，充分发挥热网储热量大、蓄热资源响应灵活的优势，最大化实现新能源的就近消纳。

3. 模型预测控制多目标调度技术

将热网虚拟蓄热罐模型集成于电采暖主动消纳新能源优化调控模型，基于两阶段模型预测和出力分频技术实现对未来新能源出力特性，同时考虑电网承载力、蓄热体温度限制等约束，建立基于模型预测控制的多目标优化调度模型，实现电采暖对新能源波动特性的快速跟踪消纳，同时平抑管网水温波动，降低管网热损耗。电采暖主动消纳新能源技术架构如图4-33所示。

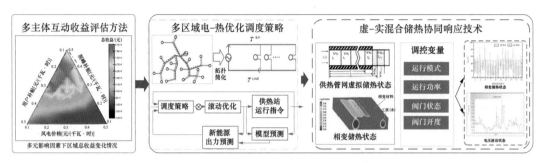

图 4-33　电采暖主动消纳新能源技术架构

（四）系列装备研制

1. 电采暖蓄热性能提升

提出基于氮化铝原位反应的亚微米花状介孔导热吸附骨架制备方法，实现高温熔盐蓄热材料的高比例固态封装，蓄热密度提升 15% 以上；提出三水醋酸钠体系下纳米凹缝夹杂晶体形核剂与膨胀石墨复合形核导热骨架构建方法，结合微通道平面换热结构，相变蓄热材料充放热速度提升 4 倍。研制了高温固体-低温相变蓄热装置，可提升蓄热系统响应时长和响应速率，在新能源高峰负荷快速消纳及有限空间大容量配置方面具有突出优势。

2. 互动装备研制

基于供需互动信息交互需求，定义了不同类型电采暖设备通信协议及接口，构建了供需互动信息交换统一模型。开发了电采暖互动系统，实现了电热约束实时校核、电采暖功率安全调控等功能。研发了电采暖互动终端，具备状态监视、互动潜力动态评估、响应策略自优化等边缘计算功能，作为边端设备与云端主站协同开展互动响应。电采暖与电网供需互动技术系列装备如图 4-34 所示。

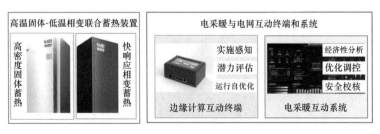

图 4-34　电采暖与电网供需互动技术系列装备

应用成效

研发了性能领先的高温固体－低温相变蓄热装置，开发了具备边缘计算的电采暖互动终端以及基于云平台架构的电采暖互动系统。构建了电采暖"高效蓄热配置－精准削峰填谷－主动清洁消纳－革新装备性能"的技术体系，大幅提升了多种市场交易机制下电采暖与电网供需互动能力，经院士专家鉴定，整体技术达到国际领先水平。通过增加电力负荷低谷期间的电采暖功率间接增加热电联产机组出力，填补部分区域供热缺口，双向缓解电热矛盾。通过电采暖与新能源直接交易下的收益分析和交易策略优化，提升新能源的就地消纳能力，缓解波动性新能源电网的调控压力和运行风险。

依托相关技术成果，天津开展了供热建设与改造，具备蓄热能力的电采暖供热面积达 913 万米²，减少电网增容 562 兆伏·安，节约电网投资 13.7 亿元，如图 4-35 所示。

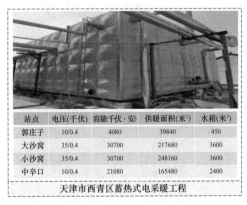

站点	电压(千伏)	容量(千伏·安)	供暖面积(米²)	水箱(米³)
郭庄子	10/0.4	4080	39840	450
大沙窝	35/0.4	30700	217680	3600
小沙窝	35/0.4	30700	248160	3600
中辛口	10/0.4	21080	165480	2400

天津市西青区蓄热式电采暖工程

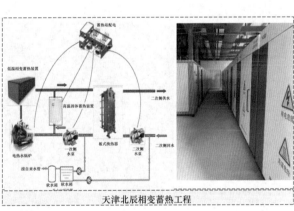

天津北辰相变蓄热工程

图 4-35 天津西青、北辰电采暖工程应用

第五章

数字支撑体系

新型电力系统的电源结构、电网形态、负荷特性、技术基础和业务模式都在发生深刻变化，需要构筑坚实有力的数字支撑体系，全面提升信息采集、传输、处理、应用等能力，推动能源与信息高度融合，加快电网向能源互联网升级，促进发输配用各领域、源网荷储各环节、电力与其他能源系统协调联动。本章提出了新型电力系统数字支撑体系框架，阐述了该体系的发展目标、基本架构和重点任务，从数字基础设施、数字关键技术和数字服务生态三个方面介绍了相应的实践探索和成果成效。

第一节 数字支撑体系框架

 一 发展目标

坚持战略引领、数智赋能、共建共享、安全保障,构建坚强可靠的数字基础设施,建成共建共享共用的企业级数字基础平台,打造电网数字化、智能化发展的创新引擎,使先进数字技术深度融合嵌入电网业务,发挥数据要素乘数效应,驱动电网转型升级,推动新业务、新业态和新模式不断涌现,有力支撑新型电力系统建设。

 二 基本架构

新型电力系统数字支撑体系涵盖数字基础设施、数字关键技术和数字服务生态。其中,数字基础设施旨在满足新型电力系统全场景建设所需的存储、计算等资源,推动各类型终端和采集量测数据统一接入、全域计算和共享应用。数字关键技术促进能源电力业务与数字技术的融合创新,推进示范应用,助力源网荷储高效互动。数字服务生态发挥数据要素乘数效应,支撑行业绿色低碳发展与电网智慧运营服务。数字基础设施与数字关键技术是构建数字服务生态的先决条件,数字服务生态是数字基础设施与数字关键技术的综合应用,三者共同构成新型电力系统数字支撑体系,如图5-1所示。

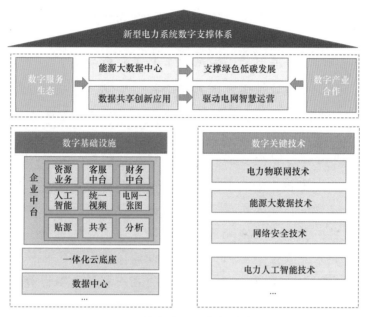

图 5-1 新型电力系统数字支撑体系

 重点任务

（一）数字基础设施

建设新一代数据中心和信息网络平台，建设资源全域调配和业务敏捷支撑的一体化云平台，构建涵盖数据中台、技术中台、业务中台的企业中台，提升终端接入、全域计算与技术平台能力，为新型电力系统建设提供坚实的数字基础设施保障。

1. 新一代数据中心

建设模块化和智能化的绿色数据中心，建立与云计算环境相配套的分布式存储，满足 I/O 密集型、时延敏感型、大带宽或大容量的业务需求，提供可靠高效的数据处理能力，解决多数据类型、高采集并发、低传输延迟、大幅波动等数据采集与集成难题。支持核心业务数据备份与快速恢复，满足各级各类业务对数据应用的全栈式需求，实现 PB 级数据可靠存储、TB 级数据计算秒级响应，为新型电力系统广泛互联互通、全局协同计算、全域在线透明提供规模化的数力、算力支撑。

2. 一体化云平台

建立以基础设施、基础服务和云管理平台 3 大部分为核心的云平台架构，打造资源融合、应用融合、数据融合的信息基础设施平台。通过一云多池，使内部IT应用、外部创新业务应用、互联网应用运行在统一云平台，统一管理所有资源池，实现消息、缓存、数据库等中间件服务的小时级部署。基于微服务组件和容器化服务能力，实现应用分钟级发放和秒级弹性伸缩，支撑核心业务系统快速上云与敏捷服务。

3. 企业中台

遵从中台技术路线与架构要求，建成包括数据中台、技术中台和业务中台的企业中台，实现企业核心业务能力沉淀，提供统一的企业级共享服务。通过建设数据中台，汇聚共享核心业务数据，提升数据全局纳管、共享服务和创新应用能力；通过建设技术中台，提供地理信息、移动互联、人工智能、全域视频、数字身份认证、区块链等公共技术能力；通过建设业务中台，沉淀跨专业、基础、共性的业务共享服务能力，重点打造电网资源、客户服务、项目管理和财务管理等业务中台，支撑前端业务快速灵活构建。

（二）数字关键技术

在数据广泛采集和处理的基础上，应用"大云物移智"等先进数字技术，增强电网全面准确感知、规模计算分析和灵活快速调节能力，筑牢全场景网络安全防护体系，支撑源网荷储协同互动、多能协同互补、新能源大规模高比例并网，满足电动汽车、虚拟电厂、微电网等多元主体友好接入需要，助力电网应对新型电力系统"双高""双峰"挑战。

1. 电力物联网关键技术

利用先进的数字传感及物联技术，全面感知和连接多元终端设备，形成"智 – 云 – 管 – 边 – 端"总体架构，建设以智慧物联体系为核心的电力物联网，提升电网全环节智能感知、实时监控和智能决策水平。

2. 电力大数据关键技术

深挖电力大数据价值，开展数据治理、高效存算、敏捷开发和跨域融合等关键技术研究，全面提升电网企业数据管理、数据价值挖掘和跨域数据应用能力，驱动电网生产提质、运营提效与服务提升。

3. 电力人工智能关键技术

人工智能具有深度学习、人机合作、开放式群体智能、自主控制等显著特点，在感知智能、计算智能、认知智能等方面显示出强大的处理能力，特别是人工智能与云计算、大数据、物联网、移动互联的综合应用,将有效提升新型电力系统智能交互和服务水平。

4.网络安全关键技术

随着电网设施与数字基础设施融合程度不断加深,传统网络安全架构面临海量终端接入、电源与负荷频繁交互等新挑战、新风险,安全防护边界、难度大幅增加。面临点多线长面广的未知威胁,亟待开展电力网络安全未知威胁感知与防御关键技术研究,实现电力系统风险自动感知和动态防御。

此外,5G、区块链、数字孪生等前沿数字技术蓬勃发展为数字赋能新型电力系统建设赋予了广阔发展空间,这些技术深度嵌入和应用在核心业务场景中,将创造巨大价值。

(三)数字服务生态

通过建设城市能源大数据中心、推进数据对内共享创新应用和开展数字产业合作,打造"价值导向、共性支撑、高质高效、共享共用"的新型电力系统数字服务生态,创新能源服务模式,充分释放数据要素价值。

1.城市能源大数据中心

以数据融通促进政企深化合作,创新能源数据增值服务模式,构建可持续发展的行业生态,服务经济社会发展、能源绿色低碳转型,为智慧城市发展提供高效协同的智慧动能、共享互通的数据支撑、产业转型升级的不竭动力,为加快新旧动能转换提供典型范式,助力天津能源革命先锋城市建设。

2.数据共享创新应用

建设数据共享创新应用平台,构建"易看懂、易获取"的数据资产体系,提供"低代码、零代码"的数据开发工具集,兼顾标准化与差异化,沉淀形成基层一线数据应用模板,持续营造"以数创促群创,以群创助转型"的良好氛围,充分释放数据要素乘数效应。

3.数字产业合作生态

数字产业是将传统能源产业通过数字化技术进行升级和转型,提高生产效率、优化管理模式、拓展创新能力和增强竞争力的新兴业务。推动数字基础设施的融合共享,利用信息通信网络基础设施、新型技术设施和算力基础设施,促使数字基础设施加速成为一体化服务载体。同步发挥数据要素价值,面向各类主体提供数据整合、开发和增值服务,推动跨专业、跨领域的价值合作共创。

第二节 数字基础设施

 新一代数据中心

（一）建设背景

新型电力系统对数据存储及计算提出了更高要求，对数据中心实时资源保障能力、专业服务质量等要求越来越高，亟需建设新一代数据中心。新一代数据中心具备性能先进、安全可靠、绿色低碳、高速传输和同城双活等特点，全面实现基础环境的智能化、精益化，更高效地支撑电网生产和企业经营。

（二）建设内容

1. 新一代绿色数据中心

（1）性能先进。新一代绿色数据中心优化信息机房整体架构，分为云化区域和传统区域。云化区域主要用于云化业务应用部署；传统区域是外网、存储、网络、传统服务器区域，充分满足电力信息网络终端数据大带宽、大容量、大平台的接入需求。

（2）安全可靠。通过数据中台、物联管理平台、电网资源业务中台、客户服务业务中台等集中部署，实现新型电力系统的感知终端、运行维护、客户服务等海量数据在数据中心进行实时交互和处理，打通数据壁垒，满足多业务灵活部署需求，保障数据的高效应用和增值服务，为传统业务和新型业务开展提供安全可靠的数据平台。

（3）清洁低碳。新一代绿色数据中心采用微模块加封闭冷通道方式，服务器机柜以中密度方式部署，微模块内配备行间级精密空调，机房综合能效等指标达到国内领先水平。

2. 新型电力系统数字化运营中心

（1）高速传输。新型电力系统数字化运营中心具有高可用性、高可靠性、易维护性、绿色节能等特点，为数字化、智能化、互动化新型信息通信网等提供良好的机房运行环境。采用OTN通道实现数据中心网络互联，提升IT基础资源云化率，实现业务信息的全面采集与高速传输，支撑智能电网建设，延伸信息网络至配用电侧信息采集点，配合推进技术研究与应用。

（2）同城双活。建设以新型电力系统数字化运营中心为主，新一代绿色数据中心为辅的同城双数据中心运行模式。

新型电力系统数字化运营中心具有高可用性、高可靠性、易维护性、绿色节能等特点，为数字化、智能化、互动化的新型信息通信网提供良好的机房运行环境，提高信息通信服务水平。

未来业务新增优先以新型电力系统数字化运营中心为主，新一代绿色数据中心作为新型电力系统数字化运营中心的辅助机房，提供重要业务系统的灾备环境，支撑重点核心业务应用的同城双活建设模式。

一体化云平台

（一）建设背景

传统的物理服务器架构和资源池方式存在响应业务需求变化慢、运维复杂度和成本较高等问题，无法满足新型电力系统数字化新业态要求。亟需引入云技术，以满足资源调配弹性灵活、服务集成统一高效、应用开发快速便捷的需要，全面支撑新型电力系统建设。构建集资源全域调配、业务敏捷支撑、开发运维于一体的云平台，推动内外部、各专业、各类型终端和采集量测数据统一接入、在线管控和共享应用，支撑新型电力系统全场景建设的存储、计算等资源需求。

（二）建设内容

建成一体化云平台，实现数据中心的计算、网络及存储资源的统一管控，自动匹配和选择最适合的资源状态，为各类业务系统按需供给基础资源；满足业务应用跨数据中心自动迁移的功能。云平台通过软件定义网络、分区分域管理多个数据中心，实现自动伸缩、故障自愈等功能，满足云上业务连续性支撑需求。

1. 云平台业务面数据架构

Web层和应用层采用虚拟化部署，数据库层可以选择虚拟化部署或者裸金属部署。基于安全需求，前端Web层与后台应用和数据库层有网络隔离需求。因此Web应用部署在一个独立的虚拟私有云（VPC）内，应用与数据库部署在一个独立的虚拟私有云内，Web层与应用层均可按需部署弹性负载均衡服务，云外用户通过云平台提供的弹性IP访问该应用系统。

2. 云平台技术架构

云平台技术架构包括基础架构即服务、平台即服务、安全服务三个方面，如图5-2所示。基础架构即服务是云平台的基础，由服务器、网络设备、存储磁盘等物理资产组成，后期可以支持横向弹性扩展。平台即服务提供对操作系统和相关服务的访问，可使用各类编程语言及工具把应用程序部署到云中，采用与服务器、操作系统、网络和存储等资源解耦的部署方式。

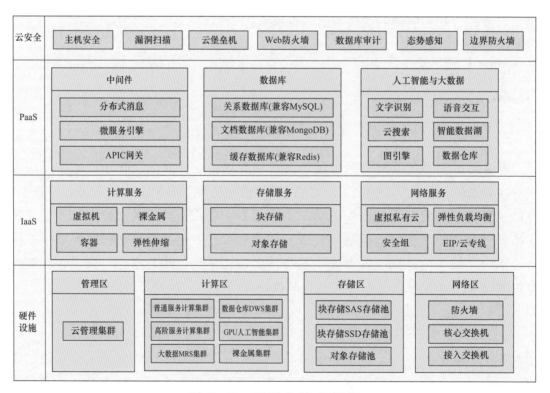

图 5-2 云平台技术架构

3．云平台安全架构

云平台安全架构以云安全管理平台为中心，综合安全技术和管理运维两类手段确保系统整体安全。结合云平台和数据中台特点，建立平台安全防护体系，分层级设计具体防护措施，提高平台综合防御能力；防范针对平台的恶意网络攻击，保障平台内的业务应用、容器、微应用和微服务的安全，防止平台重要数据及敏感信息泄露；平台整体安全防护水平满足安全保护等级三级要求。

 ## 三 企业中台

（一）建设背景

"中台"概念起源于军事范畴，近年来已成为领先企业的共同选择，中台能够将企业的业务能力与数据服务中心化、平台化、共享化、协同化，解决传统业务系统之间专业数据不共享、业务难融合等问题，通过数据驱动运营方式实现业绩增长，提高创新效能。企业中台是企业级能力共享平台，业务上实现能力跨业务复用、数据全局共享，支撑前端应用快速、灵活搭建，支撑业务快速发展、敏捷迭代、按需调整，赋能业务发展与管理创新，助力推进电网高质量发展。

企业中台包括数据中台、技术中台和业务中台三部分。其中，数据中台提供可复用的数据处理服务，实现数据高效获取、便捷应用。技术中台提供可复用的技术处理服务，通过提供统一的技术和服务标准，实现各个业务的协同和资源共享。业务中台提供可复用的业务处理服务，持续沉淀基础、共性、稳定的业务功能，提高业务创新效率。

（二）建设内容

1．数据中台

数据中台为各专业应用提供统一、高效的数据共享服务和分析决策服务，重点围绕数据接入整合、统一数据模型管理、构建数据资源和服务目录、数据质量管理四个方面开展建设。

（1）数据接入整合。负责支撑全量、增量、实时数据采集，支持结构化、非结构化和量测类数据的接入。实现贴源层数据接入汇聚、共享层数据整合转换、分析层数据标签化及实体画像。

（2）统一数据模型管理。结合统建业务应用需求，组织开展本地数据溯源和物理模型扩充完善设计，并将设计成果上报，实现两级模型协同。

（3）构建数据资源和服务目录。利用元数据采集工具实现在线、自动化元数据采集，形成全量数据资源目录。通过分类、编码、标准化等方法进行梳理，形成企业数据服务目录，为企业内外部提供数据服务检索，实现数据服务可视、可查、可管。

（4）数据质量管理。依托专业的数据管理工具，利用数据质量核查模块，根据技术指标、业务指标设定数据质量规则并动态更新，全链路监测数据完整性、一致性、准确性、及时性情况，定期生成数据质量报告和改进建议，支撑数据问题便捷高效治理。

2. 技术中台

技术中台对技术能力进行持续平台化沉淀，包括人工智能、统一视频平台、统一权限平台、GIS平台、移动门户等。人工智能平台是服务于人工智能算力资源调度、模型构建、模型部署运行的支撑平台，与模型库、样本库统称"两库一平台"，具备对边端设备模型下发和运行监控能力，提供智能写作、客户服务、表格录入、安全监测、红外提取、智能检索等服务功能。统一视频组件提供实时视频调阅、云台控制、录像回放等服务，完成变电站、营业厅、输电线路、基建现场、计量中心、信息机房等视频设备的统一接入、集中管理，满足基建现场视频、输电线路视频、变电站视频、营业厅视频、信息机房视频、后勤仓库视频、计量中心等视频的使用需求。电网GIS组件提供图形服务、空间数据管理、拓扑分析、空间分析、地图资源信息、移动GIS等服务，赋能发展规划，实现线上规划作业服务、故障报修地址精确定位、新一代应急指挥等多个专业应用。统一权限组件为业务系统提供权限认证、身份管理、权限管理、资源管理、集成管理、审计管理、配置管理等服务，保证用户数据可控性，促进移动办公数字化发展。i国网移动门户提供移动终端接入、移动应用上下架、即时通信、微信互联互通、音视频会议、通讯录、个性化工作台、企业资讯等服务。

3. 业务中台

业务中台沉淀基础、共性、稳定的业务功能，提升公共业务处理服务能力，支撑前端业务快速灵活构建。包括：电网资产中心、电网资源中心、电网拓扑中心、客户服务业务中台、财务管理业务中台、项目管理业务中台等。其中，电网资产中心支撑资产数据维护、资产资源关联关系维护、资产数据查询等共享服务，支撑资产转资、资产再利用、退役报废、设备全寿命业务应用的在线贯通和自动流转，辅助资产精准决策。电网资源中心构建电网资源查询、格式转化、模型映射及维护等共享服务，支撑电网模型实例化数据的生成、交互、应用、维护和管控等应用，实现电网资源的统一维护。电网拓扑中心构建溯源、范围分析、连接关系、拓扑条件搜索、状态模拟分析等拓扑分析服务，实现电网规划、建设、运行状态下的电网拓扑网络关系管理。实时量测中心定位于对电气量、设备运行状态等信息运维管理及量测数据的收集、存储、调用、关联等。通过构建一、二次设备关联、感知设备识别，量测点与一次设备间的关联关系等服务，支撑故障智能研判、配电网实时监测、新一代应急等应用，实现电网精准抢修、作业精益高效。建设客户服务业务中台，推动客户、服务、渠道资源共享，实现服务资源的配置合理化和利用最大化。建设财务管理业务中台，推动财务管理转型升级。建设项目管理业务中台，支撑各专业、各层级项目管理标准全面统一、各项业务在线协同、项目全程动态管控、投资安排精准高效。

第三节 数字关键技术

一 核心技术布局

"大云物移智"等数字化技术是驱动新型电力系统智能化发展、市场化变革、产业链升级、现代化监管的重要力量和必备手段。牢牢把握电网数字化、智能化发展趋势，基于数据中心、云平台和企业中台等新型数字基础设施，在电力物联网、能源大数据、电力人工智能、网络安全等数字化技术与电网核心业务的融合方面，开展技术探索和场景应用，支撑新型电力系统数字体系建设和落地应用。围绕电力物联网、能源大数据、电力人工智能、网络安全等核心技术方向，构建新型电力系统数字化技术布局，如图5-3所示。

图 5-3　新型电力系统数字化核心技术布局

 重大技术攻关

（一）电力物联网关键技术

1. 技术背景

顺应能源电力与先进信息技术深度融合的发展趋势，在电网走进万物互联的数字时代，电力物联网在能源革命和数字革命融合、电网数字化转型、新型电力系统建设的过程中扮演重要角色。作为实现电网数字化、智能化的基础和载体，电力物联网是应用于电力领域的工业级物联网。电力物联网围绕电力系统各个环节，充分利用传感技术、网络互联技术、平台技术等现代信息技术和先进通信技术，实现电力系统各个环节设备、网架、人员万物互联、人机交互，最终支撑电网业务在数字空间中的呈现、仿真与决策，实现新型电力系统的智慧运行、精益管理与优质服务。

电力物联网与物联网一样，受基础设施建设、基础性行业转型和消费升级三大周期性发展动能的驱动，兼具电网和物联网发展特征，要实现"边缘的智能化、连接的泛在化、服务的平台化、数据的延伸化"，要求在新型电力系统中做到"深度精准感知、数据高效利用、快速智能决策"。为此需要解决两大关键问题：一是如何形成新型电力系统的动态多维、多时空尺度高保真模型，实现物理数字融合建模；二是如何进行新型电力系统物理系统与数字模型的迭代交互和动态演化，实现资源协同互动。

2. 核心关键技术

针对上述需求和问题，围绕电力物联网的物理数字融合与资源协同互动机理两大科学问题，从体系架构、关键技术与智能应用等方面开展创新性研究。

电力物联网技术架构如图 5-4 所示。

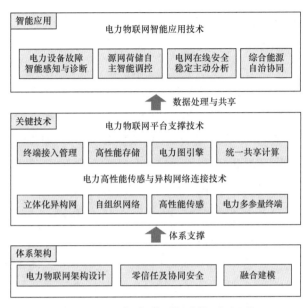

图 5-4　电力物联网技术架构

在体系架构方面，建立计及多形态智能与跨层级协同的新型体系架构，以数据为主线，实现数据在"智－云－管－边－端"新型架构下的"采－传－存－用"。提出数据－机理双驱动的层叠式解耦融合建模方法，为电力物联网智能应用提供兼顾模型精度、计算速度和结果可信度的建模思路。提出基于零信任与协同防御的全层级安全防护技术，解决边界延伸及网络攻击高度复杂化引发的电力物联网系统安全威胁。

在关键技术方面，完成高频局部放电传感器、超声波局部放电传感器、自取能 MEMS 振动传感器、变压器多参量光学传感器、电力多参量物联终端制备及测试，完成超多跳自组网 50 跳仿真测试及性能测试；提出软件定义智能终端连接管控技术框架；开展分布式数据立方体预计算技术攻关；构建电力统一图建模方法和图数据存储计算分析服务及共享管理技术框架。

在智能应用方面，提出无锚框机制嵌入与设备故障知识图谱引导的典型电力设备故障诊断方法；提出可行域降维投影－深度强化学习交互驱动的源网荷储万级节点的自主控制优化加速方法；构建基于深度强化学习和演化博弈的综合能源分布自治与协同优化模型。在天津滨海全域开展电力物联网示范工程的整体验证，通过新型高性能传感器综合应用、输变配电全场景智慧感知等子项工程，实现所研发的高频局部放电传感器、宽带超多跳自组网设备等装置，电力物联网支撑平台以及电力设备智能状态感知和诊断系统、源网荷储自主智能调控应用系统等设备和系统在天津滨海的全面应用。

3. 应用成效

通过部署高性能传感器，及时发现电力设备隐患和故障。针对投运时间较长且负载率相对较高的变压器，部署自主研发的高频局部放电传感器等四种高性能传感器，通过多模态数据对重点关注的变压器实现"重症监护"，故障、缺陷诊断准确率相较于依靠单一参量诊断提升 10% 以上，辅助运维人员及时发现设备故障。针对防汛、防灾的要求，在配电站房、配电变压器部署水位、烟感、变压器声振等多类型传感器，在汛期及时发现配电设备存在的隐患和突发状况十余起，保障了大量居民用户电力的连续供应。

促进新能源利用，保障电网安全稳定运行。在新能源发电占比和电动汽车等多元负荷占比较高的区域，利用部署的电网在线安全稳定主动分析系统，实现电网运行状态智能感知与主动防御。同时，综合利用储能、可控负荷等元素，开展源网荷储全局优化和协调控制，实现源网荷储的灵活互动和高效消纳。

服务多类型用户，降低用能成本。针对冷、热、气等多能设备，通过建设综合能源分布自治与协同优化应用系统，接入不同园区的电、气、冷、热数据，为国家动漫园、智能供电营业厅、中新天津生态城不动产登记中心等园区及建筑提供用能数据实时监控分析、用能策略协同优化功能，整体提升了园区的用能效率，降低了用户的用能成本。

（二）电力大数据价值挖掘与跨域融合关键技术

1. 技术背景

电力数据包含亿级用户的用电信息，千万级配电/变电终端监测等结构化时序数据、输配电网络拓扑图形数据、变电设备检测的视频/图像非结构化数据。电力大数据具有颗粒度细、关联领域广、实时准确性强、价值密度高，能够直接反映电力系统状态，间接反映宏观经济运行情况、各产业发展状况、居民生活消费等特点。充分挖掘并发挥电力大数据价值，构筑广域电力大数据平台，已成为能源转型、智慧城市建设和经济社会发展的重要驱动力。但是，电力大数据来源复杂、耦合性强、时间尺度多、安全要求高，价值挖掘面临诸多共性难题：一是电力采集终端点多面广、工况复杂，数据质量参差不齐，关键信息异常辨识和动态修复难度大，数据质量保障难；二是电力业务耦合性强、数据取用同时率高，多源数据高效存算难度大；三是电力业务跨度大、数据产品时效性强，快速、精准开发难度大；四是政企主体数据孤岛现象普遍、数据安全保障机制独立、敏感数据范围不同，阻碍多源数据共享共用，数据跨域融合应用难。

2．核心关键技术

面向电力大数据价值深度挖掘，助力天津市政府与企业智慧运营的重大技术需求，以"数据质量高、计算性能优、产品输出快、跨域融合强"为目标，对数据治理、高效存算、敏捷开发和跨域融合四项关键技术进行攻关与智慧决策应用。电力大数据价值挖掘与跨域融合关键技术架构如图 5-5 所示。

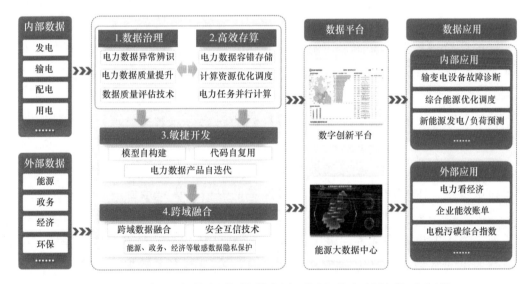

图 5-5 电力大数据价值挖掘与跨域融合关键技术架构

在电力大数据治理方面，创建血缘追溯的电力大数据异常辨识方法，海量多源异构电力大数据异常辨识准确度不低于 95%；提出异常采样矩阵核范数修复的电力大数据质量提升方法，实现数据修复同步噪声消除，异常数据修复准确度不低于 95%；构建电力业务规则校验的数据质量评估方法，实现基于电力业务规则校验的数据质量多指标综合评估。

在电力大数据高效存算方面，提出计及源网荷数据非均衡使用热度的电力大数据容错存储技术，实现电力大数据自适应差异化动态存储，数据读取 / 写入速度提升 1.2 倍；提出电力应用场景自匹配的计算资源矢量异步配置方法，电力数据中台计算资源调度吞吐量和集群利用率提升一个数量级；攻克数据存取交互均衡的电力多任务并行计算技术难题，实现任务计算和数据交互双维度同向加速，计算速度提升 10.09 倍。

在电力大数据敏捷开发方面，提出数据结构解析和电力业务辨识的模型自构建方法，实现符合电力应用差异化要求、具备业务辨识能力的模型快速精准自构建；发明共用电力基础模型解耦的底层代码复用技术，实现代码自匹配复用率不低于 65%；攻克数据自动回流的电力数字产品自迭代方法，产品整体开发周期由 30 个工作日缩短至 1 个工作日。

在电力大数据跨域融合方面，创建电力大数据跨域索引自关联的多源信息融合方法，实现亿级数据并发关联查询和秒级跨域融合；研发政企多主体数据差异自适应的安全互信技术，不同主体数据互信任准确度达到 98.8%；提出能源、政务、经济等敏感数据"可用不可见"的联邦学习隐私保护方法，根本解决融合应用时敏感数据跨域共享共用的难题。

3. 应用成效

研究成果有效提升了政府和企业的数据管理能力、数据价值挖掘能力和跨域数据应用能力，有力支撑了政府决策和企业发展。

对内面向电网公司，研究成果为产业发展、城市治理、能源转型提供了坚强保障。通过电力大数据治理技术，实现异常电力数据辨识准确度不低于 95%、数据修复准确度不低于 95%，形成了"精、准、全"的电力大数据仓，显著提升负荷预测、输配电设备异常辨识等电力运维高级应用性能。"存算一体"弹性电力数据中台和电力大数据敏捷开发应用创新平台，实现电力大数据的大规模和高容错性能存储，数据中心资源调度能力显著提升。

对外面向各行业用户，依托天津能源大数据中心和电力大数据价值挖掘与跨域融合创新技术成果，支撑了天津港、滨海中新生态城等行业用户。天津港依托技术成果，对港区生产、贸易、生活各类负荷特异化特征进行深入分析，高水平制定清洁能源并网接入和高效运行消纳优化方案，实现码头能源消耗 100% 来源于绿色电能、绿色电能 100% 自产自足的能源生产和消耗两侧二氧化碳"零排放"。

（三）电网调度业务人工智能决策分析关键技术

1. 技术背景

我国电网规模庞大、交直流互联结构复杂，新能源、电动汽车大量接入，运行不确定性突出，调度工作愈加繁重，安全运行面临极大挑战。传统调度方式依赖调度员经验，过程繁琐、工作强度大，对复杂运行工况决策能力不足，且难以高效处理异常状态下的海量信息，并及时做出全局、准确的调度决策。新一代人工智能技术具有强大的学习能力和复杂问题的高效处理能力，为应对复杂运行工况、减轻调度工作强度提供了很大的机会。充分发挥人工智能的决策分析能力，全面提升调度效率和电网安全运行水平意义重大。

人工智能技术在电网调度领域应用面临三大难题：一是调度规则文件非结构化且分散存储，调度数据庞杂、类型多样，调度知识的快速检索、获取与深度学习难度大；二是调度决策影响因素多、过程复杂、实时性要求高、机理建模困难，异常状态下有效信息筛选与准确决策难度大；三是调度业务平台数据来源广泛，缺乏统一模型和处理手段，且调度语义复杂、场景多样，人机语音交互困难。

2. 核心关键技术

在调度知识规则提取、调度智能决策分析、调度业务人工智能决策分析平台开发方面实现了多项关键技术突破。

电网调度业务人工智能决策分析整体技术架构如图 5-6 所示。

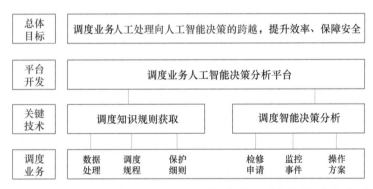

图 5-6　电网调度业务人工智能决策分析整体技术架构

在调度知识规则获取方面，提出面向非结构化电网调控信息的自然语言解析方法，通过分词、词性标注、命名实体识别等实现对电网非结构信息的解析，使调度专业术语转化为计算机能读懂的语言，非结构化文本的解析准确率大于99%，实现调度知识规则的结构化入库，使机器能够识别调度语言。提出电网调度决策分析监督学习技术，实现调度数据安全、快速获取与调度知识规则的准确提取，经过对决策模型进行应用区域本地化训练，能够良好地适应当地操作方案特点，基于历史数据进行实证，操作方案生成的准确率为100%。

在调度智能决策分析方面，提出电网事故态下基于特征点的实时告警信号事件化处置方法，将海量数据转化为调度员可用的事件化有效信息，在极端天气等情况下，千条告警信息处理时间不超过 15 秒，短时涌入的监控信号处置时长由原来的小时级缩短至秒级，极大地提升了事件处理效率。攻克正常状态与事故状态下调度操作智能决策分析技术难题，实现由检修申请或告警事件，到操作票全过程一键生成，原来依靠人工少则几十分钟多则数小时完成的工作，通过人工智能辅助手段，可在数分钟到数秒内完成，极大提高了调度工作效率。

在调度业务人工智能决策分析平台开发方面，建立电网运行数据、外部信息多维逻辑并行关联的等效分析模型，通过对调度员的语音样本采集，结合电网知识语料库，建立多轮问答模型，开发适应调度日常业务应用的语音识别模块。开发集成调度知识获取、调度决策分析、人机高效交互等多种功能的电网调度业务人工智能决策分析平台，整体提升调度业务处理效率以及电网安全运行水平。

3. 应用成效

技术成果在调度数据高效处理、智能决策分析、人机交互等方面的创新性突出，首次实现人工智能技术在调度领域综合应用。技术成果率先在天津电网整体应用，完成海量调度知识学习，告警信号处置时长由小时级缩短至秒级，实现调度日志语音录入、情景多轮问答、事件驱动的一键成票和自动安全校核。

提升调度数据高效处理性能，采用面向分布式内存的安全索引技术，定位耗时小于 1.5 秒，可按需扩展至超百个节点，对 TB 级规模数据量进行处理。辅助调度智能决策分析，千条告警信息处理时间小于 15 秒，根据检修申请与监控事件直接生成操作方案，时间小于 3 秒。实现调度业务人机交互，具备调度业务实时语音写票、智能答疑、多轮问答等功能，语音识别准确率在 95% 以上，实现基于三维地理信息的全网信息实时可视化展示。

技术成果推广至我国数十个调控中心工程中，涵盖海量数据处理及调度知识获取技术应用、调度智能决策分析技术应用和调度系统人机高效交互技术应用等，应用区域调度业务处理效率和电网安全运行水平显著提升。

（四）电力网络安全未知威胁感知与精准防御关键技术

1. 技术背景

以"零日"漏洞、APT 攻击为代表的未知威胁，因其攻击特征不明、攻击路径复杂隐蔽、攻击手段高级定制等特性，已成为影响电力网络安全的世界性难题。未知威胁所具有的攻击特征不明确、攻击路径隐蔽性强、攻击手段高级定制等特性，使其成为世界性网络安全防护难题。针对未知威胁的感知防御理论、技术、装备均属空白，业界均无成熟经验可借鉴。但随着能源互联网和电网数字化建设升级，电力信息网络开放互动特性增强，暴露于外的各业务环节终端、网络、系统规模剧增，面临着点多、线长、面广的未知威胁。已有技术和手段存在着海量终端攻击感知不全、网络威胁识别准确度不高、系统防御有效性不足等问题，已无法适用，面临着终端被恶意利用、网络被隐蔽入侵、系统被非法控制等影响电网稳定运行的重大风险隐患的挑战，突破电力网络未知威胁防御难题迫在眉睫，但面临以下技术挑战：

在终端层面，电力终端海量异构，漏洞点多分散，漏洞成因随终端动态变化；芯片级、模块级、终端级攻击感知机理复杂，电力终端未知威胁感知与处置难；在网络层面，电力信息网络公专混联，攻击路径复杂隐蔽、攻击传导性极强，电力网络攻击行为精准识别与实时阻断难；在系统层面，电力主站系统业务耦合度高、攻击手段深度定制，攻击危害防治方法缺失，受攻击情况下系统连续运行难。

2. 核心关键技术

从电力终端、信息网络、业务系统三个层面进行技术攻关，创新形成了集理论、技术和装备于一体的电力网络安全未知威胁感知与精准防御系统，对电网安全稳定运行和国家网络安全起到了重大保障作用。

电力网络安全未知威胁感知与精准防御技术架构如图 5-7 所示。

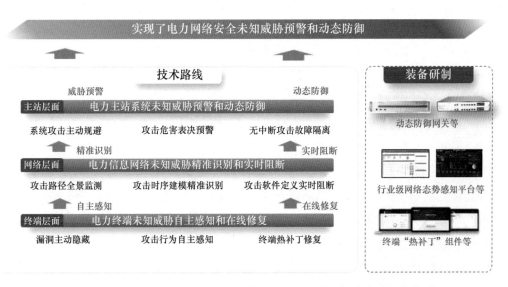

图 5-7　电力网络安全未知威胁感知与精准防御技术架构

针对电力终端未知威胁自主感知和在线修复，提出电力终端漏洞多样化编译隐藏技术，通过控制流、数据流结合的中间语言靶向变换，自主研制电力终端安全增强组件，有效阻断终端未知攻击。发明安全状态螺旋度量攻击行为自主感知方法，通过集成轻量级安全状态度量算法的自主安全 CPU 内核，终端未知攻击行为自主感知清除率达 95.2%。发明内存补丁注入和缺陷代码段精准替换方法，研制电力终端"热补丁"修复组件，修复时间由天级缩短为分钟级。

针对电力信息网络未知威胁精准识别和实时阻断，提出电力广域实时安全监测技术，通过攻击路径强化学习识别，建成国内首个行业级全场景网络安全态势感知平台，如图 5-8 所示，攻击路径识别准确率提升至 95%。提出融合拓扑分析和动态流表的最优防御策略执行方法，突破网络攻击秒级自动化阻断技术，解决未知攻击全域"一键封禁"难题。

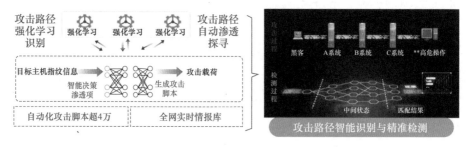

图 5-8　行业级全场景网络安全态势感知平台

针对电力主站系统未知威胁预警和动态防御，提出面向电力主站系统暴露面动态跳变方法，构建业务软件漏洞异构的执行体，解决未知攻击的主动规避难题。提出内核级请求代理分发技术，通过未知威胁响应多余度表决预警，实现主站未知威胁无模型动态感知，威胁预警准确率提升近 3 倍，达 99.87%。

3. 应用成效

提升电力全场景安全防护能力。技术率先在天津电网全场景网络安全防御和智慧能源小镇得到应用，天津电网防御体系整体应用如图 5-9 所示。电力终端威胁感知防御组件等成果，为边缘物联代理、物联融合、配电自动化、移动作业等电力终端提供了非受控环境下的自主安全防护。成果保障了电力智慧物联、电力市场交易、配电自动化、营销业务等系统安全稳定运行，为"挂图作战"等网络安全工程建设提供了技术支撑。

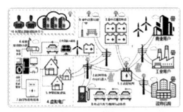

天津电力全场景防御   智慧能源小镇应用

平台保障   世界智能大会保障

图 5-9 天津电网防御体系整体技术应用

提升各行业网络风险预警处置和动态防御能力。研制的网络安全态势感知平台应用至中央电视台、中国移动等单位，未知攻击识别准确率显著提升，助力打造攻击全网阻断的闭环预警处置能力；主站系统动态防御网关实现了对未知威胁的动态防御，网络攻击导致的系统关停率显著降低。

 # 技术展望

（一）电力人工智能大模型技术

1. 技术背景

近年来人工智能技术广泛应用于各大专业领域，赋能业务发展，人工智能平台建设取得了积极成效，但是仍然存在着以下问题：①结构化数据方面，时序数据挖掘类应用演进学习能力不足，面向特定业务场景的单模态专用模型应用中出现了样本要求高、模型优化难、适应业务变化能力不强的问题，模型能力需要进一步加强；②非结构化数据方面，在专业文档语义理解、文档推荐、审核辅助等领域智能化水平不高，出现了较高的人工依赖，应用深度需要进一步提升。

以 ChatGPT 为代表的多模态大模型技术为解决人工智能规模化应用的具体问题带来新的思路，亟需开展电力领域多模态大模型进化学习与生成推荐关键技术研究。多模态大模型具备较强的理解能力和泛化能力，能够大幅降低人工智能技术在多个电力业务领域的规模化应用门槛，为进一步提升电力业务的数字化和智能化水平提供技术支撑。

2. 技术攻关

（1）开展面向意图深度理解的通用语音语义大模型研究，构建通用语音语义大模型，实现对用户意图的深度理解。构建基于非语言信息、语言信息、副语言信息无损解耦的语音大模型；构建数据和隐含关系双向驱动的语音语义大模型。

（2）开展融合电力行业知识的语音语义大模型构建与优化技术研究，致力于融合电力行业知识，构建和优化语音语义大模型。研究面向电力语音语义大模型人机交互式应用的数据建模技术；研究基于迁移学习的电力语音语义大模型构建技术；研究电力业务场景语音语义大模型参数优化及近似计算架构。

（3）开展电力语音语义大模型下游任务调优技术研究，优化电力语音语义大模型在下游任务上的性能。研究融合领域自适应和提示微调的语音语义大模型下游多任务训练技术；研究面向电力行业问题的分类和意图识别技术；研究基于语义推理和问题关联的对话生成技术。

通过上述技术攻关，旨在构建电力语音语义大模型，开发基于语音语义大模型的电力客服智能问答模块并集成至 AI 助手移动应用，在电力智能客服领域开展示范应用，实现精准用户意图理解与复杂任务推理分析，满足客户服务、员工培训等业务需求，解决客服人员工作量大、诉求理解精准度低等问题，大幅提升电力客服数字化、智能化水平。

（二）电力网络空间测绘技术

1. 技术背景

为支撑电力物联网中的源网荷储协同，大量智能设备被引入传统电力系统，电力系统相关资产不断增多，海量网络末梢不断模糊网络空间界线。一般探测手段难以应对愈发复杂多业务资产情况，常见资产评估方法无法精细化评价不同场景的电力资产，以下问题亟待解决：

（1）传统安全防护体系难以应对电力物联网的防护任务，海量末梢难以实现有效防护，资源探测手段难以深入具体场景。

（2）涉密资产感知与业务保密性难以兼容，现有探测方法多数只考虑空间特性而忽略时间特性，单一化探测手段整合能力不足以全面表征电力资产。

（3）大量老旧设备与网络新资产混叠，感知需求凸显。但设备感知有效方法较少，信息交互不足，现存高熵信息无法充分发挥作用，多发性漏洞修复手段冗余。

（4）已有探测信息难以得到充分利用，欠缺针对共性资产特征的重点防御手段，部分脆弱性资产难以有效评估。

2．技术攻关

（1）开展多链路网络资源的多维收集技术研究。研究基于图论的时空表达模型构建理论，研究流量、代理、扫描三要素探测体系构建理论方法。研究网络末梢精细化探测技术，挖掘不同电力资产的部署场景特征，提出暴露属性评估方法以及价值评估方法。研究具备电力多场景特点的异常数据表示方法，研究多源异常入侵体系构建理论方法。

（2）开展基于混合网络的资产探测技术研究。构建基于映射模型的秘密资产实验床，融合多源异构信息的业务资产双向映射模型。研究不同环境下不同资产指纹，构建融合资产场景特征的动态感知模型，提出多资产交互融合地图绘制技术。提出多因子探测识别的共生技术，基于多源异常入侵体系构建异常数据表示的时序性深度网络表征模型。

（3）开展网络空间测绘应用技术研究。基于双向映射模型，研究多场景多特征攻击图生成方法，提出漏洞探测可视化技术。基于资产暴露面脆弱性评估方法，研究基于梯度增强决策树算法的资产脆弱性评估方法。基于时序性深度网络表征模型，构建多场景多行为模式生成模型，研究基于高熵特征的攻击行为建模方法。

（4）开展系统原型开发及深化应用。开发电力物联网自主网络空间测绘系统原型，基于攻击图及漏洞探测相关可视化方法，开展关联专网资产地图的暴露资产威胁分析。基于脆弱性资产要素，开展相关业务多发性漏洞全面分析评估，研究迁移式攻击检测模型部署方法。研究全过程异常处理管理理论方法，开发数据要素流通全过程安全管理方法。

通过上述技术攻关，实现电力资产信息的全面要素提取。开发电力物联网自主网络空间测绘系统原型，实现安全漏洞可视化，资产探测成功率不低于95%，网络入侵检测准确率高于90%，形成基于网络空间测绘系统的资产测绘、价值挖掘、分析导向、安全管理的一体化测绘深化应用体系。

（三）企业级电碳监测与校核技术

1．技术背景

2023年7月11日，中央全面深化改革委员会审议通过了《关于推动能耗双控逐步转向碳排放双控的指导意见》，明确尽快实现能耗"双控"向碳排放总量和强度"双控"转变。准确的碳排放监测对加速"双碳"目标落地具有重要的意义。但是，海量的能源、电力和碳数据为碳排放监测带来了以下挑战：

（1）能源、电力非平衡数据制约碳监测的准确性，电力数据在采集频率、颗粒度等方面均高于能源数据，造成非平衡数据困境，直接影响碳监测的准确性。

（2）电力和碳计算模型未考虑不同阶段产业、能源结构变化对模型的影响，缺乏训练集筛选与多方交叉验证，模型自适应能力差。

（3）全局最优碳达峰路径不清晰，天津市各行政区的行业差异化发展显著，难以给出全局最优的碳达峰路径。

针对上述问题，开展基于能源、电力和碳海量数据驱动的碳排放监测技术研究，提升电力和碳计算模型的自适应能力和碳排放监测准确性，为制定全局最优的碳达峰路径提供数据支撑和决策支持。

2．技术攻关

（1）开展企业级碳排放监测技术研究。研究重点碳排放企业的能源、电力和碳数据的关联性；研究基于电力负荷分解的用户侧设备级电力和碳因子追踪技术；研究面向小样本非平衡电力和碳数据集的重点企业（含发电企业）碳排放监测技术。

（2）开展企业级能源、电力和碳大数据安全共享共用技术研究。研究企业级能源、电力和碳大数据敏感性聚类分级方法；研究监测端设备身份认证与数据加密技术；研究面向企业级碳排放监测应用的数据隐私保护技术和安全性评估方法。

（3）开展基于企业级电碳监测的碳核查技术研究与应用。基于天津碳排放监测分析服务平台，建立企业能耗画像，构建区域、行业、企业三级维度下能源、电力、碳排放数据的监测及趋势分析场景，实现区域碳排放总量和强度"双控"目标差异化分析；融合天津生态环境局环境监测数据开展碳核查，提升碳排量监测和评估的准确性和一致性。

通过上述技术攻关，将基于能源、电力和碳海量数据驱动的碳排放监测技术植入天津碳排放监测分析服务平台，开发符合能源、产业结构发展的分区、分行业的碳排放监测场景，提升碳排放监测的准确性。同时，将在生态环境局碳核查工作中开展示范应用，为其提供准确、细颗粒度的碳排放验证数据，为政府制定"双碳"政策提供决策参考。

第四节 数字服务生态

 城市能源大数据中心

（一）总体概况

以电力大数据为代表的能源大数据能够准确、实时、真实地反映经济社会发展各个环节的状态。挖掘能源大数据价值，发挥能源数字经济作用，将有助于加快新型电力系统建设，助力实现国家"双碳"目标。天津市在数据、技术、应用等方面积累的基础上，利用算力、网络、平台、场景等方面的支撑条件，全面实现电、气、煤、油、热、水等各类城市能源数据融合汇集，为能源大数据发展奠定良好的基础和环境。

天津市能源大数据中心以数字化和智慧化服务经济社会高质量发展为目标，通过搭建运营服务平台，创新开发"电力＋"经济、环保、应急、双碳等系列大数据产品，面向企业、社会提供应用场景、分析报告、数据接口等多种形式的在线数据服务，在服务社会治理、推动城市能源低碳转型方面取得积极成效。

天津市能源大数据中心运营服务平台架构如图5-10所示。

（二）核心产品

天津市能源大数据中心首创了"政府提需求、中心做产品、平台推发布"的大数据产品合作共创模式，形成7大类30余项数据产品，实现在线发布、精准推送。产品受众面广，满足各类个性化需求。能源大数据中心产品目录如图5-11所示。

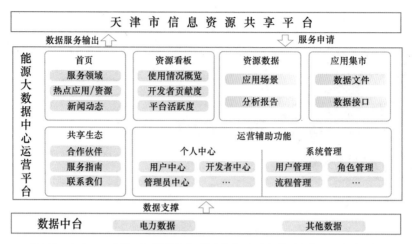

图 5-10 天津市能源大数据中心运营服务平台架构

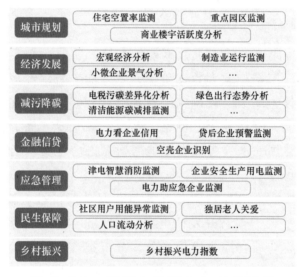

图 5-11 能源大数据中心产品目录

1. 减污降碳

选取产业结构偏重偏旧、排污排碳管控压力大等问题相对突出的重点产业园区，融合汇聚"电税污碳"各类数据并开展关联分析，"减污降碳"协同增效分析如图 5-12 所示。从行业、企业多维度进行经济数据和环保数据深度挖掘，科学构建行业、企业污染物排放强度和电碳排放强度评估体系，实现资源能源利用、产值税收增长等相关领域统筹兼顾，避免了环保治理"一刀切"等现象，有力促进地方绿色低碳高质量发展。

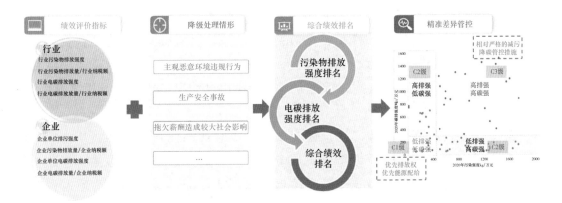

图 5-12　"减污降碳"协同增效分析

2．民生保障

智慧养老监测平台利用天然气、自来水、电力数据等用能信息，分析其历史用能习惯，构建空巢老人用能分析模型，判断其生活状态，对于用能异常、偏差较大的情况及时发出预警，为独居老人等特殊群体的救助提供数据支撑。

智慧养老监测平台实现全部用户整体状态监测，提供近一个月告警用户分布情况、用户监测状态情况、告警社区分布、监测用户清单、平台监测说明等。平台具有重点聚焦、响应实时、多维客观等优势，充分利用水、电、气用能信息准确、客观、实时性强的特征，实现空巢老人用能监测全面、分析客观，辅助判断其行为健康状态。

3．城市规划

响应国家开展房地产市场平稳健康发展"一城一策"试点工作需求，基于客户用电量、区域等数据，构建住房空置率分析模型，分析不同时间范围内的空置率变化以及空置户集中区域，辅助政府进行房地产市场长效机制建设。

住宅空置率分析综合考虑时间、区域维度，在满足交叉分析要求的同时，具备区域级下钻功能，通过时间、区域横（纵）向比对，设置热点小区空置排名。产品具有时效性高、覆盖面广、颗粒度细等优势，能及时反映实际入住情况，可按月发布，面向全市城镇居民用户，支持多维度分析，下钻分析至小区层级。

4．应急管理

应急减排企业监测分析产品基于政府提供的应急减排企业用电数据，实时监测企业生产经营状况，洞察其用电习惯，对企业违规生产经营风险、欠薪风险进行预警，辅助环保部门有针对性地开展应急减排企业现场稽查工作。

应急减排企业监测分析产品具备需求精准匹配、违规风险预警、响应即时、生产习惯精确体现等优势。产品精准对接政府需求，提供的动能包括：企业预警指标分析结果；企业用电分析自助查询，预警企业违规生产行为；企业用电数据分钟级更新，前台即时响应；分析企业不同阶段用电情况，掌握企业用电习惯。

5. 经济发展

发挥电力数据覆盖范围广、价值密度高、实时准确性强等特性，从地域、行业等多个维度开展"电力看经济"发展分析，助力研判经济运行形势、预测未来发展趋势，解决传统经济数据更新频率低、数据比较滞后等问题，为政府及时掌握经济发展态势提供依据。

"电力看经济"产品架构如图5-13所示。宏观经济方面，挖掘利用电力数据和经济数据相关性，开展宏观经济运行态势分析、经济走势预测研判；区域经济方面，针对京津冀重点区域，从产业链升级、新旧动能转换、城乡发展协同等维度，反映区域经济运行情况；产业经济方面，分析研判重点产业、小微企业、"专精特新小巨人"等企业运行情况，支撑政府科学制定扶持政策；特色经济方面，构建商圈经济、假日经济、数字经济等分析场景，服务政府及时发现经济新动能。

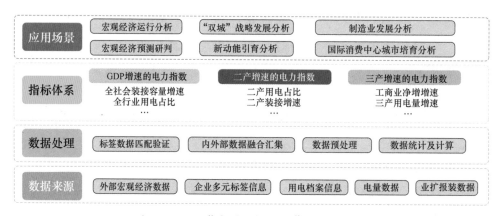

图 5-13 "电力看经济"产品架构

此外，针对生态环境监测，推出"电力看环保"大数据应用，常态化开展重点地区空气质量改造监督帮扶工作支撑、基于电力数据的环境经济形势分析、重大活动空气质量保障等服务。针对乡村振兴服务，构建乡村振兴电力指数，分析农业生产、产业发展、农民生活等情况，探索构建基于电力大数据的分村落分群体精准监测评估体系，为持续强化农村基层治理、扎实推进乡村振兴工作提供数据支撑与决策参考。

 二 数据共享创新应用平台

（一）总体概况

在驱动电网智慧运营的过程中，由于业务数据隐藏在系统内，看不懂、找不到、难管理的情况依然存在，数据应用存在一定技术门槛等问题，导致数据应用效率低、应用成果难推广。为解决此问题，基于云平台和企业中台，面向基层开放数据与算力，构建数字化群创平台，即数据共享创新应用平台，构建易看懂、易获取的数据资产体系，兼顾标准化与差异化，形成典型基层数字化管理样板，培养基层一线用数习惯，营造"以数创促群创，以群创助转型"的数据应用氛围，坚持平台赋能、坚持数据为本、坚持融入一线、坚持文化助力，创新输出基层数字化生产新模式。

平台融合商业智能、人工智能等能力，丰富了数据开发手段，实现设计、开发、发布、使用"一站式"数据加工服务，形成涵盖基础应用、移动应用、高阶应用全方位的应用模式，提供安全、便捷、多样的数据应用服务。同时，数据共享创新应用平台还可依托报表应用工具，打造电网检修、营销服务、物资供应、安全管理等数据应用场景，为"智能用数"开辟更广阔的空间。

（二）核心产品

1. 分布式光伏接入承载力分析

针对分布式光伏大规模、高比例接入带来的光伏台区反向重过载、用户电压越限等一系列问题，构建可开放容量计算、设备运行监测、光伏功率预测等模型算法及应用场景，实现台区光伏可开放容量在线计算、光伏配电网台区远程巡视等功能，提升光伏出力预测准确率，减少反向重过载台区数量，进一步提升分布式光伏可观、可测、可控水平。

2. 台区日线损分析

台区日线损分析主要从台区基本信息情况、台区数据变化情况、台区零电量、非智能表异常、集中器电压与电流等方面进行检测分析。同时根据各方面信息生成台区体检报告，集合各系统数据，自动判断线损异常方向，缩小排查范围，准确定位异常点位。台区线损辅助分析场景通过跨系统的数据整合及分析逻辑固化，令台区运行状态一目了然，为台区经理开展台区治理提供全方位、多角度的数据支撑，为日常工作开展带来较大变革。

3. 台区负载率监测

台区负载率监测完成量测档案关联和台区负载率计算，实现结果数据分钟级呈现，并依托数据共享创新应用平台创建台区标签、属性自定义模块以及消息提醒账号维护模块，提升应用的开放性和互动性。在迎峰度夏、度冬，重要保电等特殊场景下，一线人员可通过场景监测看板掌握当前台区基本属性、实时负荷曲线、负荷超预警值连续时长与累计时长等关键指标，及时应对电力使用高峰，确保城市居民的用电需求得到满足，并通过移动端精准定向推送预警消息，支撑运维人员开展日常差异化运维。

4. 10千伏配电网数据异动监测

10千伏配电网数据异动监测分析主要针对10千伏配电网数据进行移动监测分析，对10千伏配电网数据移动资料超期天数进行监测，对于超期的工程进行自动填充颜色标注处理。该应用支持以日期、部门等维度进行数据查询。通过可视化展示10千伏配电网数据异动工作日志指标，方便地进行数据的统计与汇总，为业务人员进行10千伏配电网数据异动工作查找提供坚实的数据基础。

三 数字产业合作生态

数字产业重点关注合作生态的纵向贯通和横向协同，纵向贯通是指信息通信业务在赋能城市新型电力系统的过程中，围绕数据采集、传输、计算、分析、安全等全环节的协同发展，形成创新协同模式，实现从全链条视角推动产业创新，并避免单一短板对数字产业的价值产生影响。横向协同是指充分释放融合基础设施和数据要素的跨界价值，拓展服务范围和边界，形成融合空间布局和融通协同模式，实现产业跨界的价值共创。

数字产业合作生态架构如图5-14所示。

（一）融合资源共享运营

融合资源共享运营业务依托电力杆塔、通信光缆、营业厅等融合基础设施资源，面向运营商等客户，提供资源共享服务。基础资源是已建成的可面向社会共

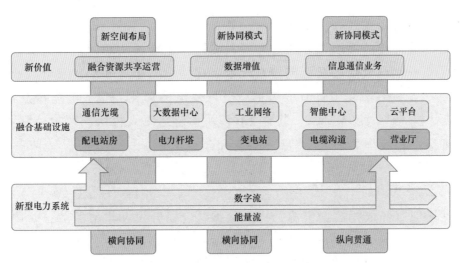

图 5-14　数字产业合作生态架构

享使用的各类资源，包括变电站、配电站所、杆塔、沟道等电力设备设施，供电所、营业厅、办公区、库房、充换电站等生产经营场所，电力光缆纤芯、工业网络、计算平台等数字基础设施。通过投资附属设施、实施数字化赋能、开展衍生服务等方式，全权承担基础资源的运营工作，可以提供边缘计算服务、AI算力服务、便民服务及广告宣传服务。

资源共享运营业务具备服务质量高、资源利用率高、供电可靠性高等新优势，可以优化配置能源、人力、生产设施等关键要素，形成多资源融合空间布局。深挖外部市场需求，抢抓天津移动网架结构优化三年窗口期，与天津移动签订网络协同发展备忘录。2023 年，已建成百座"电力＋移动"共享机房。多家内外部媒体报道机房共建共享典型案例，运营成果在第七届"世界智能大会"展示，品牌形象进一步提升。

（二）信息通信业务

面向内外部两个市场，提供信息系统开发、软硬件集成、信息系统运维服务等全链条服务。信息通信是技术密集型行业，对创新性要求高，需要保持较快的创新、开发和运维迭代速度，形成全链条创新协同模式。依托数字技术优势，提供专业化的开发运维服务，构建多级完备的通信网络运维体系，建立了完善的通信网络管理系统，提供统一自动化或定制化数字化服务保障。

全链条创新协同模式需要传感器、网络通信、数据中心、大数据应用等多个领域协同发展，实现产品的迭代创新。通过不断改进产品，添加新功能，快速迭代形成较完善的产品形态，并通过开发、测试和运维团队间的协同提供高质量的信息通信业务。积极推进新型电力系统数字化建设，拓展外部信息通信业务，形成系列产品。在数字化组件开发方面，开发变电图形化开票、电缆精益化管理、营销高频作业等多个 PMS3.0、营销 2.0 模块，落地无人机协同巡检，服务设备、营销专业数字化转型等。

（三）数据增值服务

数据增值服务依托数据资源，提供数据整合、开发和增值服务，对内面向各专业，提供数字化转型支撑服务，充分释放数据要素的全方位价值；对外面向智慧城市、智慧企业、智慧社区等新需求，提供数据平台、数据产品以及数据技术的整合、应用、开发等增值服务，基于电力视角从园区、行业、企业、电力生产等多个维度开展数据分析，及时反映城市发展活力、经济景气程度等情况。

数据增值服务推进构建新型电力系统数字产业合作生态，实现数据的跨产业价值共创，形成数字产品融通协同模式。融通协同模式建立数据共享机制，探索数据定价交易机制，完善安全保障体系，为各方用户提供能源数据共享服务和交易服务。实现软件模型开发、数据分析挖掘、物联设备供应、项目建设运营等多环节的产业良性循环，建立产业联盟，实现生态共生共赢。推动政府、科研机构、投资机构、能源大数据中心等相关方达成联合创新协议，加速数据创新成果转化，形成数字产业合作生态。

第六章

综合能源服务应用

综合能源指的是通过多能互补、梯级利用等技术手段推动多种能源协调互动，满足多元化用能需求，实现能源的高效利用和可持续发展。推动综合能源业务发展，将有力促进多能源互联互济，全面提升新型电力系统的弹性和灵活性。本章介绍了国网天津电力综合能源重点业务布局和业务多维度支撑平台，解析了典型商业模式，总结了国网天津电力推广综合能源业务的典型实践。

第一节　业务布局

　　国网天津电力以国网（天津）综合能源服务有限公司为业务实施主体，多维度布局综合能源业务，聚焦"平台＋"企业定位，构建"中心＋联盟"产业发展平台，创新技术与商业模式服务市场需求，形成了多能互补协同供应、工业企业节能降碳、公共机构能源托管、能源交易增值服务"3+1"重点业务布局，为客户提供规划、设计、投资、建设、运维等综合能源一体化解决方案。

多能互补协同供应

　　多能互补协同供应是指以智能化能源生产、能源储存、能源供应、能源消费和智慧化能源管理与服务为主线，向终端用户提供综合能源一体化解决方案，开展横向"电、热、冷、气、水"等多品种能源协同供应的新兴业务。重点聚焦商业综合体和教育院校，面向用户电、热、冷、气等多种用能需求，可通过燃气冷热电三联供，利用风能、太阳能、水能、煤炭、天然气等资源组合优势，综合应用制冷、供热、供电以及储能等先进技术，推进风、光、水、火、储多能互补系统建设运行，解决弃风、弃光、弃水等问题，进而为客户提供多种能源协同供应和能源综合梯级利用方案。多能互补协同供应架构包括综合能源供应和能源服务，一方面满足社会多元化用能需求，打造多能互补的供能系统。一般通过能源智慧服务及综合能源智能管控系统，对系统中的大量数据进行分析计算，实现能源监控、系统优化调度等，可以根据用户负荷的变化，实时调节综合能源系统内各电源的出力。另一方面满足客户多元化服务需求，开展购售电服务、能源规划、能效诊断、售电、运行维护、需求响应等综合能源服务。

二 工业企业节能降碳

工业企业节能降碳是指重点面向钢铁、建材、化工、有色等高耗能行业和机械、电子、食品、饮料等制造业企业，为客户提供高温余热余压发电、低温余热综合利用、清洁能源开发、智慧能源管理平台建设等服务的新兴业务。传统工业企业的能源管理模式多注重单体装备的能耗评估和节约，对能源的统筹优化有所不足，以致系统节能效果不佳，能源管理总体上处于分散状态。针对企业生产工艺流程、重点用能设备和公辅设施、余热余压等余能利用、能源管理体系建设、用能结构优化调整及能量系统优化等方面，提出技术、设备、管理等方面的节能改造措施，为不同行业、不同发展阶段的工业企业节能降碳提供可复制易推广的解决方案。在新型电力系统背景下，为传统工业企业开展节能降碳综合能源服务，有利于从系统工程和全局视角促进工业企业园区"经济—能源—环境"系统整体优化，助力节能降碳增效、可再生能源消纳、产业和能源结构双优化、双清洁化。

三 公共机构能源托管

公共机构能源托管是指重点面向国家机关、企事业单位等公共机构，对其能源的购进、使用以及用能设备效率、能效指标等进行全面承包管理，并进行技术更新和设备改造，为客户实现节能降费、为国家完成能耗考核指标等目的的新兴业务。公共机构主要包括政府机关、学校、医院和文化体育科技类场馆等领域，在为社会、公众提供公共产品和公共服务中消耗了大量的能源资源，开展能源托管业务，不仅对控制和降低资源消费增长有着直接的现实意义，而且对引导和推进全社会节约资源起到积极的示范效应和导向作用。对于多个公共机构同在一个区域集中办公，或者虽然分散办公但存在能源资源牵头管理单位的，适宜利用集中打包的方式形成托管项目、采用能源托管服务，切实发挥规模效应。由于有着节能空间潜力大等特点，大型公共机构作为能耗大户，是最合适的开展对象。医院和学校的用能特点是用能密度大、用能系统复杂，因此对于托管的技术与管理手段要求非常高。机关单位的用能特点是设备老旧、可用资金不足、管理制度不够完善，因此对于托管的要求是更新设备、优化管理与获得社会投资。公共机构能源托管是建筑领域节能降耗的重要模式，对于助力碳达峰、碳中和目标实现、提高全社会能效水平有着重要意义。

四 能源交易增值服务

能源交易增值服务是指重点面向工业企业、出口型企业、大型商业综合体、储能电站等用户，为客户提供市场化售电、绿电绿证交易、辅助调峰服务、需求响应等增值服务的新兴业务。通过分析用户用能特性，为用户提供用能咨询服务，创新能源消费方式，鼓励能源市场主体成为能源的产消者。通过发挥负荷聚合商主体作用，国网（天津）综合能源服务有限公司积极参与新型电力系统互动，提升系统灵活性，在市场化价格机制的基础上，引入现代能源需求侧管理理念，代理用户参与需求响应和供需互动等增值业务，根据价格变化趋势合理调节需求总量和时间分布，引导用户错峰消费、削峰填谷，在保证用能效用的基础上进一步降低用能成本，同时提高供给侧的生产效率。

第二节 支撑平台

综合能源服务是新型电力系统拓展延伸、跨界融合的新兴领域，需要信息流、数据流、业务流深度融合，对新技术、新业态、新模式提出了较高要求。国网天津电力多维度打造综合能源产品推介平台、产业合作平台、专家人才平台、信息系统平台，推动综合能源产业发展，全力保障能源安全、优化能源结构、提高能源利用效率、助力新能源产业跨越式发展，更好地推动新型电力系统构建。

一 综合能源服务中心

为推动政府、能源商、科研院所、社会团体沟通交流、业务合作和宣传展示，

2019 年天津市建设了国内首个省级综合能源服务中心，如图 6-1 所示，致力于打造综合能源服务一体化、智慧能源管控一体化的产品推介平台，旨在树立智慧能源支撑智慧城市发展的国际典范和标杆，为客户展现未来智慧能源的应用场景，并提供最全面、最优质的综合用能解决方案。

图 6-1 国网天津综合能源服务中心

综合能源服务中心按照"1+5+8"（"一大中心、五大定位、八大功能"）的思路开展实体化运营，如图 6-2 所示，涵盖项目体验中心、市场营销中心、智慧能源研究中心、能效测评中心、智慧能源运营中心五个中心定位，实现智慧能源展示互动体验、综合能源服务项目平台化运营、社会综合能效评价、综合能源方案库与产品库构建、产业联盟活动基地建设、大数据运营服务、方案定制和工程项目建设八大功能。其中，项目体验中心展示智慧能源发展成果与综合能源案例产品，提升综合能源业务的行业影响力；市场营销中心以"供电 + 能效服务"为核心，为客户提供综合能源一站式服务；智慧能源研究中心深入开展投资研究与可行性评审，构建产学研用一体化创新平台，提升业务核心竞争力；能效测评中心为客户提供能效诊断等服务，挖掘综合能源潜力客户；智慧能源运营中心强化综合能源项目线上运营和客户能源大数据运营服务，实现能源数据价值挖掘和变现。

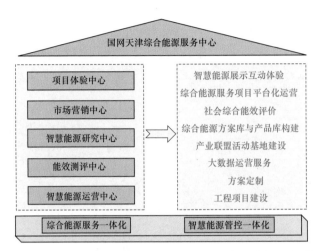

图 6-2 国网天津综合能源服务中心功能定位

自建成投运以来，中心已接待超过 5793 余人次，推进更多能源资源整合，满足政府、企业、客户等不同主体的综合能源业务需求。中心连续两届在世界智能大会上展示，赢得社会各界的广泛关注和赞誉，扩大综合能源业务影响力。

 智慧能源服务产业发展联盟

为广泛连接智慧能源上下游资源和需求，进一步促进智慧能源服务市场规模化、产业化发展，构建国内一流能源生态体系，搭建综合能源产业合作平台，2019 年国网天津电力发起成立智慧能源服务产业发展联盟，联盟的成员包括大型用能客户、能源相关行业协会、电网公司、能源行业相关国有企业、具备世界影响力的"大云物移智"企业、优质设备生产企业、金融机构、综合能源服务公司和国内外智慧能源服务相关行业知名科研院校（所）、设计院等 118 家。联盟旨在以技术创新、高端制造、智慧服务为支撑，整合优势资源，搭建具有专业性、全面性、科学性、开放性的信息交流共享平台，从而促进智慧能源服务市场规模化、产业化发展，服务国家能源体系结构优化。

智慧能源服务产业发展联盟通过整合政、企、学、研、商资源，通过技术创新、商业合作、系统集成等方式，打造国内一流的能源生态体系，促进天津市能源生产消费模式优化升级，形成智慧能源服务"天津样本、中国模式、国际典范"。联盟聚焦智慧能源产业融合，畅通能源产业发展链条，聚合政策、技术、金融、市场等产业要素，推动形成共建、共治、共赢的产业生态圈；聚焦智慧能源产业研发，搭建智慧能源产学研用合作与研发创新平台，创新服务理念，引领技术革新；聚焦智慧能源产业发展，积极培育能源服务新业态、新市场、新机遇，引领行业发展和消费革命，培育经济发展新动能。联盟的成立加强了资源交互，推动了共享共赢，逐步形成世界领先的"互联网+"智慧能源产业链，助力高端产业发展，打造经济发展新动能。

发挥智慧能源服务产业发展联盟优势，国网天津电力与市教委、天津港集团、五大发电集团、津能集团、渤化集团等签订战略合作协议十余项，推动综合能源、智慧能源在智慧交通、化工、公共建筑、商业体节能行业领域的拓展。打造技术方案库产品，细化客户需求研究分析，挖掘、明确、优化产品优势，出版《综合能源服务解决方案与案例解析》，推出《产品力建设手册》与综合能源方案库，创建 64 类组合套餐与 360 个产品模块。打造技术标准产品，加强技术创新，结合行业发展特点制定综合能源业务标准，助力业务生态健康发展。

三 综合能源专家服务站

专家人才平台搭建是综合能源业务创新的关键，2020 年，国网天津电力与中国能源研究会、天津市科学技术协会、天津大学签署四方合作协议，组建天津综合能源专家服务站，推进产学研深度融合，共同推进综合能源技术和产业发展。

通过天津综合能源专家服务站的建设运营，支撑开展综合能源领域技术创新与典型模式研究，协助重点行业、企业开展工业节能诊断工作，以先进的能源利用模式和节能技术推动园区、工厂等用户进行能源利用技术改造与提升，助力天津市工业能效和能源综合利用水平提升。同时，专家服务站开展绿色园区建设研究、绿色数据中心试点建设、综合能源科普宣传、高水平学术交流与合作等工作，促进天津市综合能源科技成果转化与产业化。

以天津综合能源专家服务站为依托，国网天津电力产出了多项综合能源领域创新成果。2022 年"需求侧综合能源系统优化运行科技攻关团队"获批国家电网公司新型电力系统科技攻关团队。综合能源公司零能耗公屋项目入选《综合能源服务百家实践案例集》并获 2022 年度综合能源服务最具创新方案奖，《培训中心智能供暖管理系统》获中国电机工程学会二等奖，《城乡低碳电网全域感知与自律管控关键技术及应用》获得中国能源研究会能源创新奖。

（四） 智慧能源服务平台

随着新型电力系统发展，能源市场特性和行业运营环境逐步发生深刻变化，加快推进能源全领域、全环节智慧化发展，提高可持续自适应能力迫在眉睫，需要智能高效的信息系统平台以支撑综合能源业务开展。国网天津电力快速推进智慧能源服务平台建设，打通客户侧能源控制终端—管理信息内网—互联网大区的数据链路，构建了"云—管—边—端"的完整业务架构，如图 6-3 所示，对内实现综合能源业务的精益化管控，对外支撑专业化能效服务，打造以电为中心、广泛融合、安全高效的综合能源服务网络。

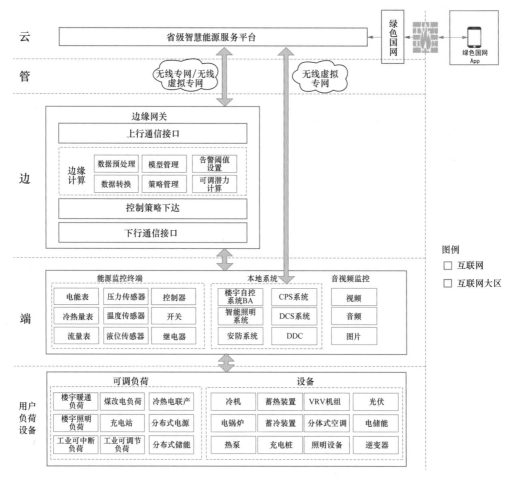

图 6-3　智慧能源服务平台业务架构

1. 能源监控

面向商业楼宇、工业企业及园区、多能社区、智能家居、乡村电气化等不同类型用户，实现用户侧电、水、气、冷、热等综合能源各类运行数据的接入。对源网荷储各环节的电、水、气、冷、热等能源生产、传输、消费数据进行监测，通过统计分析进行可视化展示。对用户侧源网荷储各环节的综合能源设备及辅助设备（包括视频信号、环境数据、安防数据、照明等）运行状态进行集中监视，支撑开展设备智能运维业务。

2. 能效管理

可满足政府、能源服务商、用能客户的能效管理需求，通过对客户侧电、水、气、冷、热等多种能源进行监测分析，建设能效指标体系，针对不同客户群体分别提供能源监测、能效诊断、能效提升服务，为客户提供能效提升整体解决方案，为政府提供区域、行业、产业等多维度能效分析报告，辅助政府进行能效相关政策制定，致力于提升全社会整体能效水平。

3. 智能运维

围绕智能运维技术选型、规范标准等相关要求开展模块建设，基于对变电站、配电房内电力和环境设备的监测，辅助判断电力故障范围和故障原因，控制预防电气火灾和电气事故，分析客户侧用电安全事件，形成综合运维分析报告和运行建议，通过"线上监管"和"线下维护"两者结合协同的管理方式，实现"线上运维 + 电力运维（线下运维）"的新型运维服务模式，规范工作人员作业行为，对企业自主维护的配电设备实施全生命周期管理。

4. 辅助服务

聚合天津市内各类灵活可调节资源，以辅助服务市场代理的名义将资源分类申报，参与华北辅助服务市场，通过与华北辅助服务市场平台对接，与华北辅助服务市场进行统一结算，再分别与各类资源进行结算。

5. 能源数据分析

依托采集的用户侧海量能源数据，集成内外部系统数据，广泛聚集包括用户供用能数据、社会经济数据、产业上下游数据、气象环境数据等各类型数据。利用大数据分析技术，建立涵盖调、配、用及综合能源等全业务领域的能源大数据模型库，为能源用户、政府、电网公司、第三方能源服务商及设备供应商提供多样化的能源数据服务，实现运营资产变现增值创收。

6. 项目管理模块

实现综合能源项目全生命周期管理。基于客户的项目管理文件要求，对项目类型进行分类，实现流程标准化，过程材料的标准化。基于客户已有的经法系统、财务系统进行集成，打破信息孤岛，实现项目和合同及财务数据的融合，支撑客户通过项目管理模块开展项目全过程管理工作。

智慧能源服务平台实现了客户侧用能控制系统的接入，对外服务政府、用能客户、能源服务商、能源供应商、设备制造商、金融机构等智慧能源生态圈伙伴，对接楼宇、工业企业及园区、社区、居民家庭、电动汽车、分布式电源等应用场景，实现监测控制与执行反馈。通过不断完善物模型领域，逐步覆盖光伏、暖通、储能、工业节能、能源托管等综合能源全业务，促进接入数据模式化、标准化、简约化，为能效管理、智能运维、辅助服务等业务提供数据支撑。国网天津电力以智慧能源服务平台为依托，广泛开展工业节能降碳、暖通冷热供应、光伏场站运维等多场景业务建设，持续提高"绿色国网"综合能效诊断报告覆盖率，累计服务用户 62554 户，有效支撑了综合能源业务一体化管理。

第三节 典型商业模式

综合能源服务作为全新的能源服务模式，健全、合理、高效的商业运营模式有利于综合能源服务参与方分享能源变革红利，是综合能源服务全面推广和健康发展的基础。

一 合同能源管理

合同能源管理是一种新型的市场化节能机制，其实质是以减少的能源费用来支付节能项目全部成本的节能投资方式。合同能源管理允许客户使用未来的节能收益为工厂和设备升级，以降低目前的运行成本。综合能源服务公司与愿意进行节能改造的客户签订节能服务合同，向客户提供能源审计、可行性研究、项目设计、项目融资、设备和材料采购、工程施工、人员培训、节能量检测、改造系统的运行、维护和管理等服务。在合同期综合能源服务公司与客户企业分享节能效益，并由此实现投资回收和利润获取。合同到期后，高效的设备和节能效益全部归客户企业所有。依据客户与综合能源服务公司的权责不同，合同能源管理可分为三种模式。

一是节能效益分享型。综合能源服务公司提供资金和全过程服务，在客户配合下实施综合能源技术改造项目，在合同期间与客户按照约定的比例分享节能收益。合同期满后，项目效益和项目所有权归客户所有，客户的现金流始终是正的。此类型模式的关键在于节能效益的确认，测量、计算方法要明确写入合同。为降低支付风险，用户可向综合能源服务公司提供多方面的节能效益支付保证。

二是能源费用托管型。用户委托综合能源服务公司出资进行能源系统的节能改造和运行管理，并按照双方约定将该能源系统的能源费用交由综合能源服务公司管理，节约的能源费用归综合能源服务公司。项目合同结束后，综合能源服务公司改造的技术设备无偿移交给用户使用，以后所产生的节能收益全归用户。

三是节能量保证型。客户分期提供综合能源技术改造资金并配合项目实施，综合能源服务公司提供全过程服务并保证项目节能效果。按合同规定，客户向综合能源服务公司支付服务费用。如果项目没有达到承诺的节能量，按照合同约定由综合能源服务公司承担相应的责任和经济损失。如果节能量超过承诺的节能量，综合能源服务公司与客户按照约定的比例分享超过部分的节能效益。项目合同结束，先进高效综合能源设备无偿移交给客户企业使用，以后所产生的节能收益全部归客户企业享受。

合同能源管理作为一种面向市场的节能新机制，其应用发展前景广阔。国网天津电力通过合同能源管理模式，打造了园区绿色复合型能源网、商务中心绿色办公、工业企业余热综合利用等典型项目，通过带资为企业实施节能改造项目，向企业提供优质高效的节能服务，从而提高企业的能源利用效率、降低企业成本，客户企业在没有先期资金投入的情况下，可获得稳定的节能收益和经济效益。

能源托管

能源托管是从托管行业独立出来的能源消费托管服务的节能新机制。综合能源服务公司针对用能企业，对能源的购进、使用以及用能设备效率、用能方式、政府节能考核等进行全面承包管理，并提供资金进行技术和设备更新，进而达到节能和节约能源费用的目的，完成国家对能耗企业的考核目标。能源托管重在管理，对客户提供能源专家型的价值服务。

能源托管包括全托管和半托管。全托管的托管内容包括设备运行、管理和维护，人员管理，环保达标控制管理，日常所需能源燃料及运营成本控制等，并最终给客户提供能源使用；半托管的托管内容只包括日常设备运行、管理和维护。能源托管模式与节能服务模式的主要区别体现在，节能服务是指综合能源服务公司为企业提供的合同能源管理，主要提供资金和技术投资模式；而能源托管不仅为企业提供投资，还提供技术、管理、培训、考核，进而完成国家对企业能耗的考核指标。

国网天津电力通过能源托管模式，打造了办公中心能源托管、校园清洁供暖等典型项目，重点为用户提供专家型管理服务和人才服务，对能耗企业的能源购进、消费、设备效率、生产方式以及能源管理和设计中存在的问题进行逐一排除，明确能源在消费过程中的各个环节，提出专家解决办法。同时为用户配置专门的能源管理和维修班组，与各大型设备厂家合作，各人员持证上岗，省去了用户培训、人员变更、寻求外协等带来的经济成本和技术风险。

 建设—运营—移交

建设—运营—移交实质上是基础设施投资、建设和经营的一种方式，以政府和私人机构之间达成协议为前提，由政府向私人机构颁布特许，允许其在一定时期内筹集资金建设某一基础设施并管理和经营该设施及其相应的产品与服务。政府对该机构提供的公共产品或服务的数量和价格可以有所限制，但保证私人资本具有获取利润的机会。整个过程中的风险由政府和私人机构分担。当特许期限结束时，私人机构按约定将该设施移交给政府部门，转由政府指定部门经营和管理。

四 移交－经营－移交

移交－经营－移交，指当地政府或企业把已经建好投产运营的项目，有偿转让给投资方经营，一次性从投资方获得资金，与投资方签订特许经营协议，在协议期限内，投资方通过经营获得收益，协议期满后，投资方再将该项目无偿移交给当地政府管理。在移交给外商或私营企业中，政府或其所设经济实体将取得一定的资金以再建设其他项目。一般在项目转让过程中，只转让项目经营权，不转让项目所有权。实施移交－经营－移交项目融资风险较小，同时大大缩短了项目建设周期，加快了资金周转。与银行贷款等比较，不需偿还资金和利息。因此通过移交－经营－移交模式引进外部资本，可以减少政府财政或者企业压力。

 五 建设－拥有－运营

建设－拥有－运营，即谁建设谁运营模式，投资者或项目公司根据政府给予的特许权承担项目设计、融资、建设、经营、维护和用户服务，但不将此项目移交给政府部门，项目公司可以不受时间限制地拥有并经营项目，但在项目合同签署时必须有公益性约束条款。此模式可以最大限度鼓励项目公司从项目全寿命周期的角度合理建设和经营项目，以提高服务质量，降低项目总体成本，提高经营效率。

利用社会资本承担公共基础设施项目建设，由政府授予特定公共事业领域内的特许经营权利，以社会资本或项目公司的名义负责项目的融资、建设、运营及维护，并根据项目属性的不同通过政府付费、使用者付费和政府可行性缺口补助的不同组合获得相应的投资回报。建设－拥有－运营模式中不存在政府与私人部门之间所有权关系的二度转移，自公私合作开始基础设施的所有权、使用权、经营权、收益权等系列权益都完整地转移给社会资本或项目公司，但公共部门仅负责过程中的监管，最终不存在特许经营期后的移交环节，项目公司能够不受特许经营期限制地拥有并运营项目设施。

设备租赁

设备租赁是设备的使用单位向设备所有单位（如租赁公司）租赁，并付给一定的租金，在租赁期内享有使用权，而不变更设备所有权的一种交换形式。设备租赁分为经营租赁和融资租赁两大类，设备租赁方式主要包括直接融资租赁、售后回租、联合租赁、转租赁及融资租赁。与购买设备相比，设备租赁通常具有更低的成本，可以在设备使用期间分摊成本。此外，企业或个人不必承担设备寿命结束后的维修、保养或报废等问题，避免了浪费。设备租赁还可以免去购买设备时的一次性大额支出，节约了企业或个人的资金流，降低了经济风险。

 公私合营

公私合营是指政府与私营商签订长期协议，授权私营商代替政府建设、运营或管理公共基础设施并向公众提供公共服务。公私合营模式是一种新型的项目融资模式，主要根据项目的预期收益、资产以及政府扶持措施的力度来安排融资。项目经营的直接收益和通过政府扶持所转化的效益是偿还贷款的资金来源，项目公司的资产和政府给予的有限承诺是贷款的安全保障。

公私合营模式融资模式可以使民营资本更多地参与到项目中，提高效率、降低风险。政府的公共部门与民营企业以特许权协议为基础进行全程合作，双方共同对项目运行的整个周期负责。公私合营模式的操作规则使民营企业参与到项目的确认、设计和可行性研究等前期工作中来，这不仅降低了民营企业的投资风险，而且能将民营企业在投资建设中更有效率的管理方法与技术引入项目中来，还能有效地实现对项目建设与运行的控制，从而有利于降低项目建设投资的风险，较好地保障国家与民营企业各方的利益。对缩短项目建设周期，降低项目运作成本甚至资产负债率具有积极意义。

第四节 典型实践

国网天津电力借助数字化、智能化发展大势，覆盖全市客户资源，横向推动"电、热、冷、气"等多种能源协同供应，纵向促进源网荷储用等能源环节互动优化，致力于为用户提供清洁低碳、绿色高效的综合智慧能源服务一体化解决方案，打造了一批具有行业影响力的综合能源典型示范项目。

一 绿色复合型能源网

（一）总体概述

天津市某园区绿色复合型能源网项目属于多能互补协同供应典型业务。该园区作为集生产、办公、生活为一体的大型园区，为推进节能减排降碳，按照"节能、环保、生态、智能"等先进理念，开展了全国首例以电为中心、灵活接纳多种能源形式的"绿色复合型能源网"建设，如图6-4所示，一期总建筑面积14.28万米^2，包括运行监控中心、呼叫中心、公共服务楼和换班宿舍楼，系统包含七个能源子系统及一个运行调控平台，实现了园区范围内冷、热、电多种能源全生命周期监测管理及优化调度。

（二）建设内容

该园区能源系统与一期建筑同期开展建设，为园区提供冷、热、电、热水一体化综合能源服务。"绿色复合型能源网"由7+1个子系统构成，包含光伏发电系统、光储微网系统、地源热泵系统、冰蓄冷空调系统、蓄热式电锅炉系统、太阳能空调系统、太阳能热水系统及能源网运行调控平台子系统。

图 6-4 天津市某园区绿色复合型能源网全景

1．光伏发电系统

利用太阳能发电为园区提供部分电能。光伏发电装机总容量 813 千瓦，在研发楼 8 个建筑物屋顶安装多晶硅光伏组件，装机容量 785 千瓦，连廊的屋顶以及研发楼四和连廊的南立面安装薄膜光伏，装机容量 28 千瓦。

2．储能微网系统

储能微网系统由 50 千瓦×4 小时铅酸电池储能、48 千瓦光伏发电以及公共服务楼一楼的 40 千瓦公共照明组成。

3．太阳能空调系统

太阳能空调系统可以为研发楼十供冷、供暖以及提供生活热水。研发楼十屋顶铺设 630 米² 槽式集热器，夏季供冷时，由高温导热油驱动溴化锂吸收式冷水机组制备冷冻水；冬季供热时，通过油—水换热器进行热交换产生空调热水。配置两台总制冷量为 1060 千瓦的风冷冷水机组及 3 台总输入功率 57 千瓦的空气源热泵作为后备冷热源。

4．太阳能热水系统

利用太阳能集热器制备生活热水。在研发楼三的屋顶铺设约 1470 米² 的承压玻璃真空管（U 形管）。蓄热式电锅炉的蓄热水箱高温水作为热水补充。

5．冰蓄冷系统

冰蓄冷系统与地源热泵和基载制冷机组配合夏季为园区供冷。由两台双工况机组构成，总制冷量 6300 千瓦，制冰量 4284 千瓦，放置在地下室集中能源站；采用蓄冰盘管形式，蓄冰总量 10000 冷吨时。

6. 地源热泵系统

地源热泵系统与冰蓄冷和基载制冷机组配合为园区夏季供冷，与蓄热式电锅炉配合冬季为园区供暖。三台地源热泵机组放置在集中能源站，总制冷量 3585 千瓦，制热量 3801 千瓦；室外 629 口地源热泵井，分布在 8 个区域。

7. 蓄热式电锅炉系统

蓄热式电锅炉系统与地源热泵配合冬季为园区供暖，同时作为太阳能热水的补充热源。4 台电锅炉总制热量 8280 千瓦，放置在集中能源站，3 组蓄热水箱总体积 2025 米^3。

8. 能源网运行调控平台

能源网运行调控平台对园区冷、热、电及储能系统进行运行监测、智能学习和智能调控，实现多种能源合理、协调、优化配置，最终实现园区内多种能源的安全、经济运行。

（三）实施成效

该园区绿色复合型能源网项目为国家电网公司首个综合能源服务项目，打造了具有标杆性质的局域能源互联网建设样板，开创了"一体化服务模式，一揽子解决方案"的商业模式。项目入选国家改革开放 40 周年成就展。终端用能年均可再生能源占比 33%、消费侧 100% 电能替代和零污染排放。供暖费较常规供暖降低 20%，供冷费较常规制冷空调降低 25%。通过规模化利用可再生能源及节能技术和优化调度，可削减夏季高峰电力负荷 1695 千瓦，相当于 400 余户居民同时用电负荷。并可节约燃烧标准煤 3531 吨，减排二氧化碳 1 万多吨，每年可节能 1100 万千瓦·时，节省运行费用 900 余万元。

1. 实现了以电能为中心的园区供能模式

搭建了以电能为中心的源网荷储互动型、园区型能源互联网络，利用多种能源协调控制和综合能效管理，最终达到能源的分散供给和网络共享，实现了集绿色能源发电、储存和冷热电优化调度为一体的创新。

2. 实现电能替代与节能技术的深度融合

能源网实现了多种节能技术与电能替代的融合，既提升清洁电能在终端能源消费比例，又降低了用户能源使用的成本。对于电能替代的推广起到了很好的示范作用，有助于缓解国家经济社会发展面临的资源、环境瓶颈，促进产业结构升级和经济发展方式的转变。

3．首次提出涵盖园区型能源网全寿命周期管理的综合评价指标体系与方法

建立综合、子系统、运维三大类指标，涵盖能源网规划设计、建设、运行、维护管理等全寿命过程管理。提出绿色复合型能源网的能效比、可再生能源占比、能源利用率、能源自给率、安全运转率等关键指标，对能源网运行进行了全方位评价。

 二　商务中心绿色办公

（一）总体概述

天津市某商务中心绿色办公项目属于多能互补协同供应典型业务。项目致力于打造生态型、环保型、节能型智能绿色楼宇，有利于提高能源供需协调能力，推动能源清洁生产和就地消纳，减少弃风、弃光，促进可再生能源消纳，对于建设清洁低碳、安全高效现代化能源体系具有重要的现实意义和深远的战略意义。该商务中心办公大楼总用地面积约 5.8 万米^2，建筑面积 4.6 万米^2，由主楼和裙房两部分组成。项目利用智能控制、清洁能源高效利用等技术，建设了风光储微网系统、楼宇智慧用能系统，由 1 个综合能源智慧管控平台进行总体协调控制，实现了智能调控、高效互动、多能互补以及优化运行，保障了商务中心能源的绿色高效利用。

（二）建设内容

项目统筹商务中心能源生产、储存、配置及利用四个环节的能源监测、控制、调度和分析功能，同时提供发电、供热、制冷、热水等多种服务，促进清洁能源即插即用、友好接入，实现多种能源互联互补、协同调控、优化运行，保障商务中心能源绿色高效利用，办公大楼综合能源系统如图 6-5 所示。

1．光伏发电系统

利用商务中心屋顶、车棚建设总容量为 286.2 千瓦的光伏发电系统，屋顶车棚两处光伏发电系统运营期内平均年发电量分别为 27.5 万千瓦·时、光伏发电系

图 6-5 办公大楼综合能源系统

统 7.2 万千瓦·时；发电模式为"自发自用、余电上网"。可满足商务中心照明、办公等基本用电需求，为实现区域能源多样性及高效利用提供了保障。

2. 风力发电系统

利用湖岸 7 台 5 千瓦风机建设风力发电系统实现发电利用最优，安全性能好，年平均发电 7.2 万千瓦·时。

3. 地源热泵机组供冷供热系统

现场原有一套地源热泵系统，包含三台机组及三台冷冻泵和三台冷却泵，改造后共安装 3 台单杆式地源热泵机组。地源热泵监控系统提供系统运行状况总览、各机组的实时运行数据和机组状态等，并可根据主水管供、回水温度、机组负荷情况、供回水温度设定值进行综合判定，自动调节机组运行台数及负荷量，达到节能减排的目的。

4. 储能单元

利用一套容量为 50 安·时的磷酸铁锂电池储能单元，打造风光储一体化系统，可以通过平台的有功功率给定按钮，设置蓄电池的充放电功率。

5. 电动汽车充电桩系统

大楼两侧构建电动汽车充电桩系统，并同步开展"津 e 行"电动汽车分时租赁业务。

6．综合能源智慧管控平台

搭建综合能源智慧管控平台，统筹商务中心大楼能源全生命周期监测、控制、调度、分析，实现源—网—荷—储的协调运行、能源流—信息流—价值流的合并统一，实现多种能源互联互补、协同调控、优化运行，保障商务中心能源绿色高效利用。

（三）实施成效

该商务中心智慧能源建筑建设了风、光、储、地热等多能源一体化的综合能源系统，在此基础上搭建智慧管控平台，实现建筑用能互联互补、智能调控、自趋优运行和高效互动。项目投入运行以来，建筑清洁能源占比达 23%，综合能源利用效率提升超过 19%，太阳能、风能年发电量可达 27.5 万千瓦·时，每年可减少温室气体二氧化碳排放量约 408.09 吨，年均节约用能成本超过 100 万元。

三　工业企业余热综合利用

（一）总体概述

天津市某工业企业余热综合利用项目属于工业企业节能降碳典型业务。该企业在生产过程中需要使用大量热水，在产品生产环节，企业预煮、杀菌工艺环节的热源均消耗大量天然气加热工艺热水，注塑机制冷及环境制冷均采用了电制冷形式，冷却水通过冷却塔将热量散发到空气中。若通过充分回收制冷过程中产生的余热用于供热，可大大减少天然气耗量，降低企业能源成本，从而降低产品单耗，生产现场如图 6-6 所示。

（二）建设内容

该项目采取"节能效益分享型合同能源管理"模式，一方面建设余热回收系统，通过采用高温热泵技术替代原有燃气锅炉，降低用户用能成本；另一方面通过建设运营能源管理平台，实现企业能源精细化管理，改善用户用能结构。在实施过程中，采用板换＋空气源热泵＋高温热泵的三级换热方案，有效利用冷却塔余热和车间内热量，将 15 摄氏度的生产热水提升至 80 摄氏度，实现了对山楂预煮环节 80 摄氏度热水以及喷淋杀菌环节 72 摄氏度热水的燃气替代。

图 6-6　天津市某工业企业产品生产现场

1. 余热资源分析

企业生产线配有冷却系统，由厂房冷却塔冷却水对两条生产线灌瓶后的果汁、超高温瞬时杀菌设备及空气压缩机进行冷却，冷却水大量余热可以回收利用。余热量主要由南侧冷却塔冷却水的流量和供回水温差确定。冷却水流量为 425 吨 / 小时，冷却水可回收热量 3953 千瓦，此部分余热量可替代工艺流程所需蒸汽，燃气蒸汽锅炉可作为工艺流程生产的备用热源，或在生产高峰时段与高温热泵系统并联使用，确保生产过程供应保障率 100%。

2. 余热回收系统

余热回收系统利用空气源热泵回收厂房环境余热，并利用高温热泵回收利用冷却水余热，如图 6-7 所示。其中，与常规热泵不同，项目采用的高温热泵要求冷凝侧出水温度 85 摄氏度以上，制热 COP 达到 3.0 以上。

项目包括 2 套余热回收系统，其中 1 套余热回收系统是空气源热泵 + 高温型热泵机组，用于回收厂房热空气及制冷冷却水低温余热制取生产工艺用热水；另外 1 套余热回收系统采用高温型热泵回收，南侧厂房制冷冷却水低温余热用于生产线二次保温杀菌，高温型热泵机组如图 6-8 所示。

3. 智慧能源管理平台

项目对 2 套余热回收系统热泵以及 1 套空气源热泵、水泵分别计量耗电量和

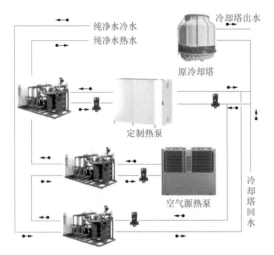

图 6-7　余热回收系统　　　　图 6-8　高温型热泵机组

供热量，同时对供回水温度、压力进行监测，建设智慧能源管理平台，进一步完善企业自身的能源计量体系，提升能源管理精细化管理水平。

（三）实施成效

该项目是天津首个食品制造及加工行业余热利用项目。企业的生产过程中存在制冷、预煮、二次杀菌、高压吹瓶等用能环节，存在供冷供热供气系统整体优化的空间，为项目实施提供了适配场景。项目采用的高温热泵+空气源热泵技术，通过回收废弃的余热资源，同时实现供热和供冷，降低了企业能耗。项目综合能效比达到4.5以上，入围天津市节能降碳专项资金补助名单。每年可为客户节约能源成本510万元，每年可替代天然气310万米^3、节约标准煤2165吨、减排二氧化碳量3629吨。

 # 四　工业企业余热发电

（一）总体概述

天津市某工业企业余热发电项目属于工业企业节能降碳典型业务。该企业建有丙烷脱氢项目一套，运行中的丙烷脱氢装置反应器真空喷射器排气为过热微正压蒸汽，经喷射泵、消音器、管路后进入烟囱直接排放，造成大量的余热浪费。

可采用兆瓦级异步发电机，将收集到的废弃热蒸汽转化成电能，实现电力自发自用，清洁能源就地消纳，如图6-9所示。

图6-9　天津市某工业企业余热发电全景

（二）建设内容

项目通过余热回收的方式，将喷射器的尾气和发电机组的发电媒介进行换热，被加热的发电媒介驱动膨胀机运转，膨胀机带动发电机运转，最后将电力输出，被冷凝下来的水蒸气经过处理之后进入脱盐水系统进行回收利用。利用所述过热微正压蒸汽进行低温余热回收发电，在不消耗额外燃料并利用相对低价冷却水的情况下获得额外电能，提高能源利用率，降低单位产值能耗，促进节能减排。项目充分利用现有控制阀组，将还原气由混合燃料气、富氢尾气更改为单独的富氢尾气，混合燃料气作为燃料去进料加热炉、废热锅炉、余热回收及脱硝装置燃烧，实现源头防控，促进环境空气质量持续改善。

1．余热发电机组改造

余热发电机组停止之后，主工艺会收到一个停机信号，并同时给喷射器出口的调节阀门一个联锁信号，使得调节阀处于事故开的状态，尾气通过原工艺路线，并恢复主工艺系统的程序运行。

2．设备腐蚀改造

按照同行业同装置的经验，从分离罐出来的凝液为弱酸性，pH值在5.5~6.5之间，对设备有一定的腐蚀作用，因此设备选用不锈钢的材质，同时分离罐中将增加一个pH中和碱管道，泵入口设置pH计进行实时监控，确保进入泵的凝液pH值在7左右。

3.冷却水工艺改造

冷却水在冬季由于环境温度比较低，所以水温比较低，能达到 10 摄氏度左右，此时因有足够的冷却水使得发电较容易，夏季冷却水的温度在 25 摄氏度左右，受环境温度的影响，此时发电机组的发电量会因为冷却水量的影响而有所变化，冷却水量会相对增加。因此在冷却水量不足的时候，需通过调整蒸发器的负荷来实现低负荷运行，对主工艺系统不受影响，如果冷却水停止，膨胀机将会因为发电媒介的压力高而联锁停机，主工艺系统将通过原有管道继续正常运行。

（三）实施成效

项目实施后，在不消耗额外燃料的情况下获得额外电能，提高了能源利用率，降低了单位产值能耗，促进了节能减排，具有良好的经济效益。项目装机容量 2 兆瓦，每年电量达 1300 万千瓦·时左右，每年可节省 780 万元的用能成本。项目可以降低装置的综合能耗，且通过现有控制阀组，去除还原气中混合燃料气组分来实现消除余热回收及脱硝装置烟囱的挥发性有机化合物排放，每年可节省标准煤约 5200 吨，每年减排二氧化碳 13000 吨，减排二氧化硫 400 吨、氮氧化物 200 吨，具有显著的经济效益和环保利益。

 五 零能耗建筑

（一）总体概述

天津市某不动产登记中心零能耗项目属于公共机构能源托管典型业务。2019 年 1 月，《近零能耗建筑技术标准》（GB/T 51350 — 2019）颁布，首次界定了超低能耗建筑、近零能耗建筑、零能耗建筑等相关定义，明确了室内环境参数和建筑能耗指标的约束性控制指标。《绿色建筑创建行动方案》《"十四五"规划和 2035 年远景目标纲要》都提出推动、开展近零能耗建筑项目示范。但建筑本地发电量不足、缺乏系统性解决方案、项目经济效益不佳、对电网冲击等问题，制约了零能耗建筑的发展。该不动产登记中心项目建筑面积为 3467 米^2，建筑本身为被动式超低能耗建筑，单位面积能耗为不到 30 千瓦·时 / 年，如图 6-10 所示。为实现建筑零能耗，对该不动产登记中心进行了系统化、智能化提升改造，优化"产、储、用、控、节"五个层面。

图 6-10 天津市某不动产登记中心零能耗

（二）建设内容

该不动产登记中心零能耗项目开展了绿色产能、灵活储能、智慧控能三方面建设。

1. 绿色产能

因遮挡、光伏组件效率降低、光伏板清理不足等原因，导致光伏发电量大幅衰减。应用高效光伏组件以及光伏智能机器人清扫系统，利用 2200 米²屋顶以及车棚顶资源，将原有光伏更换为 445 瓦高效单晶硅光伏组件，光伏系统容量由原来的 303 千瓦增至 367 千瓦，提高了 21%，年发电量由 15.12 万千瓦·时提升至 23.4 万千瓦·时，提高了 55%，屋顶光伏如图 6-11 所示。在屋顶、车棚部署屋

图 6-11 屋顶光伏

顶型清扫机器人，针对光伏建筑一体化组件结构特殊、距离地面较高、清洗不便的特点，专门研发了一款悬空型清扫机器人。机器人系统每分钟最大清扫面积达到 274 米^2，折合光伏容量为 52 千瓦。

为进一步提升建筑发电量，丰富可再生能源利用形式，在建筑屋顶部署了 4 台风力发电机组，额定发电功率 1.2 千瓦，年发电量约 1400 千瓦·时。在室外部署了 80 瓦光伏座椅、560 瓦光伏路面、150 瓦光伏垃圾箱等景观示范，如图 6-12 所示，提升可再生能源使用体验。

图 6-12　光伏座椅、光伏垃圾箱、光伏路面

2. 灵活储能

考虑重要负荷应急供电、提高光伏系统消纳比例、提升负荷可控性，部署了 50 千瓦/150 千瓦·时高效锂离子电池储能系统。

3. 智慧控能

对公屋进行楼宇优化控制系统改造，在本地部署智慧能源管理系统，实现对建筑产、储、用能各个环节的实时监测、协调优化以及智能运维。依托计算机网络技术、通信技术、云技术、物联网、BIM 和大数据分析等技术，对能源系统源网荷的运行现状进行实时、量化、准确的可视化监测，整体展现零能耗运行效果以及能源系统的运行状态。并网模式下，内置绿色低碳、经济最优、需求响应等多种控制策略。离网情况下，能够实现孤岛运行，通过基于负荷重要程度的分级控制，保障公屋重要负荷长时间持续可靠供电。

（三）实施成效

该不动产登记中心零能耗项目年可再生能源发电量 26.5 万千瓦·时，提升 75%；用电量降至 23.4 万千瓦·时，能源自给率达 113%；综合节能率达 45%，年均为客户节约用电成本 17 万元。实现 3467 米^2 建筑碳中和，成为天津市首个碳中和建筑，并在第五届世界智能大会亮出示范品牌，为零能耗建筑提供了可持续发展的技术方案。

（1）实现了基于光照模拟的光伏组件优化设计。针对项目周边建筑、建筑自身高差等原因产生的遮挡，而屋顶资源有限的问题，通过专业光照模拟软件进行光照模拟，结合阴影遮挡，对光伏组件串并联进行优化设计，尽量使阴影对有限组串进行遮挡，降低对整体发电量的影响。

（2）实现了面向光伏建筑一体化的悬空型光伏清扫机器人研发。针对光伏建筑一体化组件结构特殊、距离地面较高、清洗不便的特点，专门研发了一种悬空式自供电紧凑型光伏清扫机器人，通过自带光伏板、储能电池自主供电，利用钢丝为导轨，避免清扫机器人对光伏板的遮挡，大幅提升光伏板清洗效率。

（3）实现了基于源荷储的建筑级虚拟电厂优化控制。通过发电、用电、储能预测评估，对建筑内光伏、储能、可控负荷进行协调控制，提升对电网的负荷响应能力。

六　办公中心能源托管

（一）总体概述

天津市某办公中心能源托管项目属于公共机构能源托管典型业务。该中心总面积约 2.7 万米^2，如图 6-13 所示，建筑物属于钢框架玻璃幕墙结构，存在设施老化、耗能较高、管理粗放等问题。供冷供热由溴化锂机组及若干分体式空调进行供应，夏季需要长时间开启分体空调导致电费较高，溴化锂机组设备老旧，机组能效较低，造成冬夏季燃气成本过高，同时，缺乏对建筑用能进行精细化管理手段，存在较大节能降耗的空间和潜力。

图 6-13　天津市某办公中心全景

（二）建设内容

该办公中心能源托管项目全面升级原有系统，通过对冷热源系统、末端计量控制等进行技术改造，同时搭建中心专属能源管控平台，从而对能源系统进行智能化、精细化管理，实现节能管理标准化、信息化、集约化、高效化。

（1）全面升级原有冷热源系统。利用电能驱动的无油高效、稳定可靠、低噪环保的磁悬浮机组替代原有老旧燃气溴化锂机组作为中心主要冷源，新增更加高效节能冷凝低氮燃气锅炉作为中心主要热源，同时为供冷供热系统新建循环水泵及配套控制柜，有效提升冷热系统效率，提高清洁能源供应质量，冷热源系统改造如图 6-14 所示。

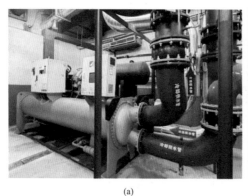
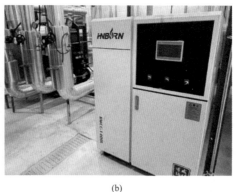

(a)　　　　　　　　　　　　　　　　(b)

图 6-14　冷热源系统改造

（a）磁悬浮制冷机组；（b）冷凝低氮燃气锅炉

（2）实现用能设备的精准计量。对中心空调末端集控系统进行改造，更换300余个末端控制面板，新增12台变风量空调机组变频控制柜，将整个中心暖通的末端设备纳入智慧能源管理平台，通过精细化的管控结合控制策略实现分时分温控制。在变电站安装106只智能远传电能表，通过各类参数的实时监测、数据整理、统计分析，实现能源消费的可视化、数据分析的科学化，末端设备集中管控系统如图6-15所示。

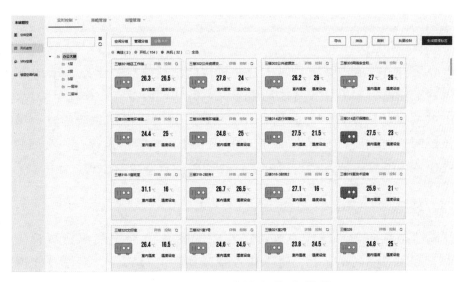

图6-15　末端设备集中管控

（3）深度挖掘中心节能潜力。在实施能源系统改造的同时，先后安装14盏太阳能路灯，实现可再生能源的充分利用。更换160盏微波感应灯具，通过光照度及雷达感应，彻底杜绝了"长明灯"现象。

（三）实施成效

该办公中心能源托管项目于2023年1月正式开启对水、电、冷、热、气及设备设施运维的全费用托管，打破了传统能源管理与运维管理之间的壁垒，采用集设备、人员、运行维护于一体的全托管模式，进行电、气、水等能源资源系统的运行、管理、维护和改造，节能管理与资产管理深度融合，利用智慧能源管理平台进行能源消耗及设备运行等关键数据汇总，为设备运行管理及能效优化提供指导。专业能源管理师可根据平台展示的用能数据及时分析用能情况，有效调整控制策略。在能源系统发生故障时，及时安排机电维修工人进行维修，变"被动抢修"为"主动问诊"。项目综合节能率达到 15.72%，单位建筑面积能耗从 17.3 千克标准煤／米² 降至耗 13.5 千克标准煤／米²，减排二氧化碳 235 吨，有效解决了中心"冬冷夏热"的问题。

七 校园清洁供暖

（一）总体概述

天津市某校园清洁供暖项目属于公共机构能源托管典型业务。2020 年天津市教委与国网天津电力签署《智慧能源服务绿色清洁校园战略合作框架协议》，根据协议双方共同推动建设清洁、绿色、节能校园，该校园清洁供暖为首个试点示范项目。该校园总建筑面积 5 万米²，由于校园处于供热管网末端，一次网供水温度过低，致使室内温度较低，严重影响了学校师生的日常教学工作。

（二）建设内容

该校园清洁供暖项目结合建筑负荷特性，采用 12 台空气源热泵替代市政供暖，供热厂房如图 6-16 所示，同步建设智慧能源管理系统，对学校空调供热系统进行数字化平台改造，在保障供暖需求的同时，可以控制每台机组的启停时间、运行时长和运行温度等，实现不同场景下的智能化、个性化用能定制，为学校提供智能化、精细化管理模式，保障供暖需求。

图 6-16 天津市某校园供热厂房

（三）实施成效

该校园清洁供暖项目建成后，学校室内平均温度19.7摄氏度，大大改善了供热效果，年节约标准煤199吨，减排二氧化碳657吨，有效促进城镇能源利用清洁化，减少化石能源低效燃烧带来的环境污染，构建了绿色、节约、高效、协调的清洁供暖体系。

第七章
电动汽车业务与平台

近年来，我国新能源汽车产业发展驶入"快车道"，预计 2025 年，新能源汽车保有量将超过 2500 万辆。新能源汽车通过充换电设施与供电网络相连，构建新能源汽车与供电网络的信息流、能量流双向互动体系，可有效发挥动力电池作为可控负荷或移动储能的灵活性调节能力，为新型电力系统高效经济运行提供重要支撑。本章从业务布局、平台搭建、典型实践、工程示范等方面，介绍了充电基础设施建设、提供电动汽车优质服务、助力相关产业发展的典型做法及实践成果。

第一节　业务布局

国网天津电力以国网电动汽车服务（天津）有限公司为业务实施主体，依托互联网＋、大数据、车联网平台等技术，重点开展充换电设施投资建设及市场交易等业务，面向政府、企业及社会公众提供优质服务，助力新能源汽车产业的快速发展。

一　充电基础设施建设

充电基础设施是指为电动汽车提供电能补给的各类充换电设施，是新型的城市基础设施。大力推进充电基础设施建设是发展新能源汽车产业的重要保障。电动汽车的充电速度和充电设施的可用性直接影响到用户对电动汽车的感受，如果充电基础设施分布不均衡、充电速度慢、充电桩难以找到，用户充电体验则会降低，甚至影响电动汽车市场发展。

加快构建高质量充电基础设施体系，能够有效支撑电动汽车产业发展。充电场站建设工作重点布局以下三个方面：

（1）建设结构完善的城市充电网络。以城市道路交通网络为依托，以"两区"（居住区、办公区）、"三中心"（商业中心、工业中心、休闲中心）为重点，推动城市充电网络从中心城区向城区边缘、从优先发展区域向其他区域有序延伸。

（2）建设便捷高效的城际充电网络，拓展高速公路充电基础设施覆盖广度，加密优化设施点位布局，强化关键节点充电网络连接能力，为城际出行及物流运输提供保障。

（3）建设有效覆盖的农村地区充电网络，推动农村地区充电网络与城市、城际充电网络融合发展，结合实际开展县乡公共充电网络规划，因地制宜开展充电设施建设条件改造。

 充电基础设施运维

充电基础设施运维是指以服务用户为核心，科学管理投运的充电基础设施，对其进行维护、保养、升级，为用户提供安全、便捷、高效充电服务的新兴业务。通过科学合理的运维管理，可以提高充电桩的稳定性和可靠性，为用户提供更好的充电服务，促进电动汽车普及和推广。

智能化运维管理将远程视频巡视与车联网系统设备状态监测相结合，及时发现现场客户充电问题，采取视频通话方式指导客户自行解决锁枪、急停按钮故障等简单问题，提高运维工作效率，提升客户充电体验。通过深入挖掘车联网平台数据潜力，对充电桩运行数据开展深度分析，通过研判、筛查手段对异常订单、降功率运行、频繁故障等充电桩问题进行分析汇总，提高运维检修效率，精确指导现场维修，根治隐性故障，确保设备满功率运行，提供可靠优质的充电服务。强化高速看板与远程视频相结合的监控手段，实现重要保障站点设备运行状态实时监控，及时发现充电排队拥堵站点和设备故障问题，合理调配工作人员进行故障抢修和充电疏导工作，缓解节假日、重大活动时期保障压力。推进充电桩状态检修和主动抢修，充分利用车联网平台对频繁故障充电桩、异常交易结束订单等情况进行分析，提升一次充电成功率。通过异常订单自动预警、疑似故障主动抢修等智能化运维手段，对设备状态进行全方位智能综合分析研判，结合充电订单、运行状态、实时告警，主动识别故障问题，辅助运维人员进行判断，提高运维处理效率。

 多元交易增值服务

多元交易增值服务是指代理客户参与绿电交易、需求侧响应、辅助服务等电力市场服务，是推动电动汽车产业发展的多元化新兴业务。在新型电力系统中，单独的电动汽车充电负荷响应功率小、随机性较强，国家电网公司搭建起负荷聚合运营平台，担负起负荷聚合商的角色，建设负荷聚合运营业务体系，整合中小负荷用户参与电力市场交易。国家电网公司在国内首次创新实现了新能源汽车用电交易模式，依托"绿电交易＋扶贫公益"活动，推广实施绿电交易业务，让全民参与到电力市场中，为能源转型贡献力量。此外，国网天津电力打造"购车办电—装桩接电—充电服务—增值服务"一站式供电服务模式,推出"联网通办"服务,对接比亚迪、广汽等新能源汽车品牌销售门店,为用户提供"销售＋租赁"多种形式相互补充的出行服务。

第二节　新能源汽车充电设施综合服务平台

为提升电动汽车充电服务保障能力,支撑新能源汽车产业发展,带动新能源汽车消费,天津市组织打造"充电服务一张网",搭建新能源汽车充电基础设施综合服务平台,实现全市充电设施统一运行监管、运营分析,以及各企业充电设施的互联互通。

 ## 一　平台概况

随着电动汽车的快速普及,居民住宅小区、公共停车场等地充电桩建设需求巨大,众多企业、运营商参与市场建设,但各主体之间信息互通程度不足,缺乏统一有效的管理手段,造成相关政策落实不到位、车桩信息孤岛等问题。在此背景下,天津市通过搭建新能源汽车充电设施综合服务平台,如图7-1所示,聚合了全市新能源汽车和公共充电基础设施数据,实现对车辆数据、充电桩数据的统一接入和管理,构建公共充电服务、政府监管服务等应用体系。

平台按照统一标准接口,与运营商平台进行数据交换,整合各运营商充电设施运行数据,实现对各种类型数据信息的集中管理,同时辅助天津市相关管理部门全面掌握新能源产业发展情况,支撑新能源汽车、充电设施企业生产建设均衡配套发展,为合理规划充电服务网络建设布局、进行产业监管提供参考依据。截至2023年底,平台已接入充电运营商80家,接入公共及专用充换电站5997座、充电桩58122根,装机总功率超过174万千瓦。

图 7-1 天津市新能源汽车充电设施综合服务平台

 功能架构

平台汇聚天津全市电动汽车及充电设施数据，实现车桩一体化在线监测、车桩热力分布可视化等功能，有效支撑政府对行业进行监管；为行业运营商提供运营分析服务，提升充电设施服务质量；聚合运营商站桩资源，为用户找桩用桩提供便利。平台主要功能包括：

（1）运行监控。对接入平台的充电设施动/静态数据进行汇总统计，涵盖公共服务基础信息和决策管理基础信息，包括设备技术参数和运营参数等。实时统计全市充电设施的运行状态和运行情况，包括充电量、充电次数、充电时长等。政府部门能够快速了解天津市的充电行业概况。

（2）运营分析。基于多元海量数据融合，利用大数据分析与挖掘技术，平台为运营商规范化建设运营、科学建站布局等方面提供指导；通过深入合作，汇聚充电服务，辅助精细化区域经营与策略制定，助力全面提升充电用户体验，为运营商带来客户资源及充电订单等实际收益。

（3）补贴管理。补贴全流程线上管理，数据实时、准确，政策效力得到充分发挥。基于天津市"建设＋运营"补贴的有关政策和实施方案，制定补贴策略，平台在线进行逻辑性审核、规范性审核、合理性审核。最后进行补贴公示，确保政策的公平性。

（4）市场监管。平台将所有充电设施运营信息统一集中分析，监管各运营商的服务价格、服务质量、设施故障率等情况，定期发布新能源汽车产业大数据分析成果，制定相应的行业规范，避免恶性竞争，提升充电服务质量。

 三　建设成效

天津市新能源汽车充电设施综合服务平台实现了对车辆数据、充电桩数据、充电数据的统一接入和统一管理，在数据收集、充电站规划、政策制定、补贴发放等方面发挥重要支撑作用。

（1）公众服务方面。开展"津 e 充"App 建设，支持 App、小程序等多种形式多种途径登录和使用，满足充电客户找桩导航、扫码充电、便捷支付等需求，实现充电服务"一张网"，解决用户需要下载多个充电软件的烦恼，提升用户充电服务体验。

（2）运营分析方面。基于各区域充电量发展趋势、时段分布特点，分析充电热点区域、新能源车活动热点区域，形成公共充电电子地图，实现充电设施精准规划。平台有效整合不同运营商充电服务平台的信息资源，促进不同充电服务平台互联互通，提升运营商设备使用率和盈利能力。实现区内充电设施信息的精准采集，提升全市充电设施管理运维水平。

（3）行业监管方面。深化建设充电站档案管理、运营商管理、运行监控、运营监管、考核评价、统计分析和可视化大屏等模块功能，支持政府部门对全市范围内的充电设施进行统一监测，确保充电设施安全运行，同时为政府部门进行行业监管、补贴发放、政策发布提供数据支撑。

第三节　典型实践

国网天津电力坚持电动化、网联化、智能化发展方向，高效推进充电基础设施建设运营，不断完善充电网络，推动汽车产业向新能源化、智能网联化、高端化转型升级，助力打造电动汽车服务生态圈。

 一 服务民生低碳绿色出行

国网天津电力全力构建高质量充电基础设施体系，建成充换电站 1623 座，交直流充电桩 12041 个，覆盖全市 16 个区，打造了中心区 0.9 公里、市区 3 公里、郊区 5 公里的"0.9、3、5"充电服务圈。面向新能源汽车快速增长、"村村通公交"、京津冀交通一体化等需求，持续推进民心工程充电站建设，更好满足居民日益增长的充电需求，如图 7-2 所示。针对高速服务区充电桩输出功率不足、设备老旧等问题，加快开展充电桩更新换代，提升充电效率，适配所有电动汽车车型。天津段高速实现充电设施全覆盖，助力"京津冀 1 小时交通圈"绿色低碳转型发展，全面服务天津百姓绿色出行。

图 7-2　深入社区开展充电服务

 二 服务公交充电网络高效运营

天津市作为"十城千辆"工程示范推广城市，自 2010 年起便开始了新能源汽车的示范推广应用。2013 年 8 月，天津市开展了首批纯电动公交车的示范运营，推动了天津公交领域的"绿色"革命。国网天津电力与天津公交集团签署合作协议，利用专业化、规模化的经营优势为公交集团提供优质、安全、可靠的充换电服务，为纯电动公交车推广应用提供支撑。目前累计已建设公交充电站155座，充电桩1460台，全面建成覆盖全市范围的公交充电服务网络，在公交充电服务市场占有率100%，为全市5000余辆新能源公交车提供充电服务，年充电量约2.44亿千瓦·时。以天津市北辰区公交新能源基地充电站为例，共建设80台80千瓦交流充电桩和13台360千瓦直流充电桩，服务公交一公司和公交巴士公司7条公交线路，为170余辆公交车提供充电服务，年充电量约831万千瓦·时，如图7-3所示。

图7-3 服务"村村通"公交运营

 网格化运维提升充电桩使用质效

国网天津电力建立集"调度指挥中心、抢修服务中心、市场分析中心"于一体的7×24小时多功能运营监控中心，同时设立13个运维基地，配备29组专业运维抢修队伍，覆盖天津市16个行政区域，建立巡检一体化工作机制，为新能源车主提供"网格化"运维服务，快速响应客户需求，如图7-4所示。2023年天津市完成所有高速服务区充电桩改造，适配所有电动汽车车型。对城区老旧充电设备开展整桩更换、国标升级、交流加枪等改造，涵盖300余座城市公共充电站2100余台充电桩，保障城区充电服务能力。为了进一步解决充电桩低效运行问题，系统梳理零 / 低电量设备明细，逐一分析原因、制定治理措施，形成"一桩一策"。通过营销活动引流、协调场地方开放等方式，持续推进现有充电场站提质增效，打造一批桩日均充电量超过 150 千瓦·时的明星站点，实现了 2023 年低效桩清零的目标。

图 7-4　网格化开展充电设施运维

四 筑牢重点节假日出行保障

在旅游市场开放后，春节、五一、端午和国庆中秋等假期旅游客流呈现爆发性增长。在节假日前，国网天津电力制定完善的运维保障方案，对巡检检修、现场值守、监控中心、备品备件、工作督查等专业制定详细的保障安排。开展节前特巡工作，对高速公路充电站和景区充电站进行设备健康状况全面排查及实车测试。通过微信公众号向车主发布节假日出行指南和合理充电的倡议书，给予高速出行充电的指导建议。在节假日保障期间加强现场充电引导，在重要高速服务区充电站安排服务人员值守并提供充电引导服务，如图 7-5 所示，鼓励充电高峰短时补电、随充随走，减少排队等待，必要时引导至对端服务区或相邻站点进行充电。在客流量较大的荣乌、京沪高速等服务区配置应急充电舱，提升站点充电服务能力，缓解充电压力。同时采用智能化手段解决故障问题，利用平台高速看板、远程视频功能每小时对站点运行情况进行巡视，动态调配运维队伍，缩短设备修复时间，提高客户充电体验。

2023年中秋、国庆双节保障期间，国网天津电力充电设施累计充电量773.84万千瓦·时，较2022年日均充电量同比增长57.92%，其中高速站点累计充电量55.77万千瓦·时，日均充电量同比增长332.95%，景区站点累计充电26.68万千瓦·时，日均充电量同比增长212.2%。

图7-5 移动充电车保障高速公路出行

五 多元增值业务广泛拓展

电动汽车负荷资源具备用电时间有弹性、用电行为可引导、用电规律可预测、用电方式智能化等特性，国网天津电力积极促进电动汽车负荷资源参与电网调峰，为客户打造了多样化增值业务。

国网电动汽车服务（天津）有限公司作为负荷聚合商、售电公司分别参与中长期交易、绿电交易、需求侧响应、辅助服务等各类电力市场，交易覆盖除现货市场外的所有电力市场品种，截至2023年12月，累计交易电量16520.51万千瓦·时，首家完成国家电网公司系统A类电动汽车负荷调控中心建设。通过电网公司代理方式协调山西新能源企业交易电量6647万千瓦·时。紧跟燃煤、燃气与电价联动进程，开展年度+月度+月内电力中长期交易，完成交易电量9819万千瓦·时。引导公交充电站参与辅助服务市场，将分散可控负荷进行聚合，累计调峰电量 46.96 万千瓦·时。组织公交场站、公共场站和个人充电桩开展 2023 年春节填谷需求侧响应，累计响应电量 7.55 万千瓦·时。

构建公众号—视频号—充电客户群多维度客户运营体系，搭建公司私域流量，常态化开展营销活动，精准营销优质场站，为企业用户、新能源车企、网约车车主等提供车电包、团购折扣、专属客服、专属福利等多种充电优惠服务，与 296 家汽车销售企业签订"联网通办"服务协议，实现天津地区新能源汽车销售门店"联网通办"服务全覆盖，提升居民个人充电桩业扩报装服务质量，为用户提供"购车办电—装桩接电—充电服务—增值服务"业务，可实现看车、选车、试驾、买车、上险、缴费、充电报装、充电桩预约安装等全流程贯通的"一站式"服务，提振新能源汽车消费信心，助力新能源汽车应用推广。

第四节 工程示范

国网天津电力充分发挥能源配置平台作用，以生态型、枢纽型和实用型为功能定位，创新技术引领，选取重点区域建设大型示范充电站，推广充电机器人、共享充电桩等实用化成果，启动建设车网智能互动综合示范工程，全力打造新能源汽车服务生态圈。

一 津门湖新能源车综合服务中心

（一）总体概况

津门湖新能源车综合服务中心（简称"津门湖示范站"）坐落于天津市南部梅江生态居住区板块，如图 7-6 所示，地处河西区、西青区、津南区交汇处，占地面积 7932 米 ^{2}，共设立 71 个充电车位、63 个多类型充电桩，具有机器人自动充电、无线充电、即插即充、自助换电、人工充电 5 种充电方式，具有超级充电桩、有序充电桩等 9 种充电设备，是国内首座"数字化、网联化、智能化"的城市新能源汽车综合充电服务中心，于 2021 年 7 月正式启用。

图 7-6　津门湖示范站全景

津门湖示范站致力于打造充电服务、低碳能源发展、生态运营、新基建典范"四个示范"，以及运营中心、研发中心、体验中心、数据中心"四个中心"，高标准建成"充电设施种类与充电方式最全、电动汽车与能源互联网互动交易品种最多、充电服务生态圈活跃度最高"的示范站。借鉴智慧能源小镇、零能耗智慧建筑技术创新成果，构建"光储充换"系统，光伏总装机容量达到 379 千瓦，储能装机容量达 0.5 兆瓦 /1 兆瓦·时，楼宇综合能耗降低 40%，4600 米 ^{2} 主体建筑区域取得近零能耗水平，为工业建筑节能改造提供了示范样板。

津门湖示范站聚焦电动汽车产业链、生态圈构建，创新开展技术模式、商业模式研究，与天津大学、中汽研等科研院所深化合作，设立天津市"一带一路"电动汽车与能源互联网实验室，并邀请新能源车制造上下游企业，打造产学研用协同发展的研究基地，形成智能有序充电、新能源消纳、需求响应、绿电交易等技术分析评价体系。

（二）建设内容

在津门湖示范站建设"光、储、充、换"交直流微电网系统，包括电动汽车多样化充电系统、光伏发电系统、梯次利用电池储能、微网调控系统、综合用能服务系统、智慧能源管理系统等。

1. 充电系统建设

为适应未来充电技术的发展，打造多场景多应用的集成型融合充电示范站，充电系统的建设以设备类型丰富、智能化水平高、应用场景丰富、人机互动方便为出发点，进行了以下部分的建设。

（1）建设360千瓦的大功率柔性直流充电堆2台，可同时满足14台电动汽车的充电需求。充电模块集中布置，通过功率分配单元按电动汽车实际需要的充电功率对充电模块进行动态分配，根据车位数量灵活调整输出。

（2）建设7千瓦交流充电桩和40千瓦交流充电桩13台，可自动调节电压范围输出，自动匹配不同电压等级车辆，智能切换保持车辆恒定高速充电，以适应不同类型车辆需求。

（3）建设无线充电桩1台，通过埋于地面下的供电导轨以高频交变磁场的形式将电能传输给运行在地面上一定范围内的车辆接收端电能拾取机构，进而给车载储能设备供电，电能补给更加安全、便捷，具有良好的示范效应。

（4）建设V2G充电桩3台，可以实现电动车和电网之间的双向互动。电网负荷低时，插上充电枪，便可自动充电；电网负荷高时，可把动力电池的电能释放到电网中。在并网模式下，实现电网与电动汽车之间最高功率60千瓦的电能双向流动；在离网模式下，与电动汽车、家用负载形成微电网系统，为家用负荷提供5千瓦的紧急供电能力，示范作用显著。

（5）建设超级充电桩1台，可实现同时充电和快速补电两种工作模式。在同时充电模式下，可满足六辆车同时以60千瓦/120千瓦/180千瓦功率充电，大大减少倒车频次，节省人工；在快速补电模式下，根据车辆需求，可动态调整输出功率，最大功率达到360千瓦，最大电流500安，其他功率分配到常规枪使用，集多场景的充电控制和能量输出于一体，迎合未来发展趋势。

（6）建设充电机器人系统1套，用机器人代替充电服务人员进行充电操作，提高服务效率，降低充电站值守劳动强度。同时，充电机器人能够提高充电安全性，避免人员触电。系统由充电机器人、机器人移动平台等部分组成。充电机器人安装在移动平台上，可在移动平台轨道上滑行，实现对站内多辆电动汽车的充电服务。

机器人通过调度系统进行路径规划，可以自动到达指定的车辆充电位置，实现一机多用，真正实现全自主充电运行。

（7）建设自动巡检机器人3台，如图7-7所示，机器人机身主要由行走系统、升降系统、传感系统、控制系统组成。巡检人员可通过安装在机器人上的LCD屏与控制系统进行交互，查看机器人状态信息并下发巡检任务。通过软件系统，可以控制机器人的开关机、急停和充电等操作。系统还能下发不同类型的巡检任务，在任务执行过程中，控制任务的暂停、恢复和停止。在巡检任务执行过程中，可实时查看检测数据和巡检图片，可查看所有未处理或者已处理的告警信息，大幅提升巡检效率和智能化水平。

图7-7　自动巡检机器人

（8）建设充电站远程运维管理系统。通过充电桩、充电机器人、本地交互终端、远程交互终端等设备之间的信息交互，实现本地及远程的自动化运维管理。用户可通过手机终端界面或Web登录方式访问云端服务系统中的站控数据，实现站内充电桩、充电机器人、充电车辆等设施的状态监视，并可登录值班员权限，远程操控站内充电机器人、行走小车等设备。云端服务器对运行数据进行分类保存、统计和生成异常告警事件，用户可远程查看设备运行过程中的正常/异常历史事件，进一步提升运维的智能化水平和管理效率。

2．光伏系统建设

津门湖示范站搭建光伏发电系统，提升能源利用率和节能水平。太阳能光伏发电系统由太阳能电池板、逆变器、支架、直交流汇流箱及计量等相关附件构成。

太阳能电池方阵在光照的条件下产生直流电，直流电通过逆变器转换为交流电后并入电网。光伏系统采用屋顶分布式光伏，由655片450瓦多晶硅太阳能电池组件组成，如图7-8所示。

图 7-8　津门湖示范站楼宇光伏板

3.储能系统建设

储能电站由退役动力电池、储能变流器（PCS）、电池管理系统（BMS）、能源管理系统（EMS）等组成，选用不同类型、结构、时期的退役动力电池进行储能，分为多个回路，提高电池总体供能效果。为实现不同状态电池的异构兼容，储能系统通过数据控制层中的"异构兼容控制器"嵌入针对不同回路的独立控制策略，通过这些控制策略可以将完全不同的电池分开控制，但在储能系统的外特性上实现统一调度，以实现对电池控制的"异构兼容"。储能系统用恒流方式对电池进行余能检测，通过充放电效率，折算容量保持率为测试放电电量与原标称电量的百分比，对退役动力电池的容量进行测定。

4.微网调控系统建设

微网调控系统包含交直流转换系统和智能调控装置。交直流转换器是电网与电能存储设备之间的纽带，它肩负着充电和电能回馈作用，是储能系统的关键设备之一。交直流转换器作为微网中一个可控的储能电源，解决了大电网与分布式电源间的矛盾，使微电网既可与大电网联网运行，也可在电网故障或需要时与主网断开单独运行，提高了电力系统的安全性、稳定性、经济性。智能调控装置采用串级控制结构完成信息交换、信息筛选、信息检查、信息过滤及信息提取等过程。

5．综合用能服务系统建设

考虑到充电服务中心建筑冷、热用能主要集中在白天，具有稳定用冷用热需求，因此优先选用冷热双供设备。其次，由于建筑冷热负荷较小，因此使用小型化、可灵活布置的冷热源设备。综合考虑能效及环境效益选取 2 台 150 千瓦空气源热泵作为综合用能服务主要供能设备。

综合用能系统由空气源热泵与太阳能光伏光热一体化系统耦合组成，冬季光热部分热水进入空气源热泵进口处，提升进水温度，从而提升空气源热泵能效；发电部分为系统提供电能，降低整体系统耗电量。

6．智慧能源管理系统建设

在构筑模式上，利用非侵入式感知、传感器感知等技术在系统重要部位实现数据采集终端全覆盖。利用 5G、LoRa、Wi-Fi 等通信技术将能源数据统一接入省级智慧能源服务平台。通过在充电综合服务中心建设智慧能源体系，可实现经济、环保及社会多方面效益。

7．新能源数据中心、5G、北斗卫星多站融合建设

通过电力通信资源的复用，多站间的空间融合化建设，实现资源优化配置，并基于多站间的业务进行跨界业务融合应用。通过 5G 基站、边缘数据中心站的广泛布点，为高清视频数据的传输提供高速网络，并支持高速渲染、低时延工业控制等应用，实现数据处理的低延迟性及业务响应的高即时性。通过北斗地基增强站的建设，提供定位、精确授时和短报文通信等服务。

（三）实施成效

津门湖示范站作为推动新型电力系统建设的代表性工程，围绕新能源汽车产业，聚合车企、桩企，聚焦服务客户，以"四个中心"建设为目标，实现了安全运行、社会效益、经济效益、品牌效益、行业贡献共赢。获评国家能源科普教育基地、国家能源数字化示范工程和天津市首批新时代文明实践基地、中国建筑协会"近零能耗建筑"标识认证、国家电网公司青年创新创意大赛银奖等荣誉，"近零碳"充电站标杆示范作用凸显。

1．多元融合助推"双碳"目标落地

津门湖示范站自投运以来，实现了绿色低碳技术的多元融合，形成了绿色环保能源体系，光储系统在自发自用的基础上，还能通过余电上网获取收益。储能系统根据光伏发电功率和负荷曲线的实时变化进行电量的存储、释放，合理提高能源的使用效率。能源管理系统实现了对能源的精细化管理，智能调控储能设备运行策略，用电谷段充电，峰段放电，有效推动了能源消费清洁化实践。该系统还可监测电力设施运营情况，为抢修服务提供指引，满足高质量运营需求。投入运营两年来，津门湖示范站开展能源消费清洁化、数字化、网联化、智能化探索，取得显著成效。

2．科技引擎赋能高质量发展

津门湖示范站采用充电机器人、巡检机器人等充换电领域前沿技术，如图7-9所示。新能源车驶入车位后，充电机器人利用地面磁条快速移动到车辆旁，使用机械手臂将充电枪精准地插入车辆充电接口。在充电桩上方的架空轨道上，还安装了智能巡检机器人对潜在隐患进行24小时实时监控预警。津门湖示范站还建有数据中心、北斗地基增强站，利用现有5G基站，形成"多站融合"的边缘节点，助力国网云、5G通信、北斗通信等多业务协同发展。

图7-9 津门湖示范站充电机器人

3．多维服务保障战略落地

国网天津电力统筹多方资源建成涵盖汽车展销、新零售E享家、金融保险等业务的综合体验中心，丰富客户感知体验，增强用户绿色消费信心。2022年4月，津门湖示范站与首家新能源车企签署合作协议，正式启用"购车办电－装

桩接电—充电服务—增值服务"联网通办业务，打通新能源车主买车装桩办电的
"最后一公里"。通过推行联网通办，一方面将充电桩"联网通办"嵌入车辆销售
流程，发挥"网上国网"主渠道优势，贯通车企平台、车联网平台、充电运营商
平台等多渠道数据信息；另一方面，面向电动汽车用户提供协助报装、车企线上
报装、车主自行报装三种渠道，在提供协助报装中，由台区经理提供专属服务，
统一协调用户、建桩服务商等各方，电动车用户线上签名即可验收，同时用户还
可在"网上国网"App 的"电动车频道"中进行充电和账单查询。实现了"上游
聚合车企、桩企，下游聚焦新能源车客户"，有力带动天津市电动汽车产业蓬勃发
展，为能源交通领域率先实现"双碳"目标提供强力支撑。

（四）拓展应用

依托津门湖新能源车综合服务中心建设成果，进一步在天津滨海于家堡和武
清南站区域，建设两座大型充电示范站。

1. 滨海新区双碳创新示范充电站

天津市滨海新区双碳创新示范充电站位于滨海新区文化中心西南侧，于 2023
年 7 月正式投运，如图 7-10 所示。该站占地面积超 4000 米^2，共建设 77 个充电
车位，可辐射交通枢纽、商业广场及周围 10 余个居民住宅区，进一步织密天津充
电设施基础网络，提升京津冀交通圈绿色出行服务保障能力。充电服务示范区共
配置 60 台充电桩，总装机容量为 2683 千瓦，涵盖交流有序、直流快充、V2G 三

图 7-10 天津市滨海双碳创新示范充电站

种充电技术，即插即充、自助充电两种充电方式，可同时满足 77 台电动汽车充电，预计年充电量将超过 200 万千瓦·时。

滨海双碳创新示范充电站拥有更高的充电效率，应用两套兆瓦级 IGBT 变充一体化电源设备，实现充电容量的动态合理分配，最大可以实现 180 千瓦大功率充电，相较于常见的 60 千瓦快充桩，能将充电时间缩短近七成。配备"黎明"系列创新成果，有自动送电机器人、自动充电机器人、移动共享充电桩。自动送电机器人搭载了自动驾驶技术，能够按照导航信息自主行驶至指定地点，利用自身储能模块为车辆提供充电和应急救援服务，将充电服务半径从站内延伸至站外，解决新能源车主在特殊状况下无法进站充电的需求。使用建筑保温材料、BIPV 等技术构建"零碳"驿站，屋顶和雨棚铺设 237 块光伏板，装机容量 100 千瓦，实现能源自给自足。不仅可以为充电车主提供休息空间，还可以让车主直观感受"零碳"建筑带来的低碳生活体验。

滨海双碳创新示范充电站为公共交通及私家新能源车提供了坚实充电保障，每年可减少二氧化碳排放约 4000 吨；利用 MR 智能巡检系统，实现充电物理量及设备状态可视化、数字化，借助远程管理系统，提供故障远程报警、远程重启等智能运维服务，切实做到便捷远程巡检，降低人工成本；通过对站区大数据进行分析，为相关企业提供用户充电行为、电池充电曲线等数据分析增值服务，助力企业服务升级；进一步深化应用已建成的天津政府监管平台，针对滨海用车现状推出数据化服务，为政府科学决策提供支撑；在室外场站、休息驿站构建了主题文化区，提供车辆基本原理、充电桩技术原理主题展示以及滨海电气化特色亮点展示，推动绿色出行文化发展。

2．武清城市综合充电示范站

武清城市综合充电示范站坐落于天津武清威尼都东南侧，距威尼都商圈 100 米，地理位置优越，是天津市武清区首座大型综合型充电站，如图 7-11 所示。该站于 2023 年 1 月投运，建成 56 个充电车位、1 套小型换电站，屋顶和罩棚铺设有光伏设备，面积 535 米^2，装机容量 98 千瓦。示范站配置有 8 台 7 千瓦交流桩，4 台 60 千瓦 V2G 直流桩，3 座 18 桩 480 千瓦柔性充电堆，可为 36 辆电动汽车提供充电服务。还配置有蔚来充电堆 4 套，共 600 千瓦；蔚来换电站 1 座，500 千瓦，预备电池 13 组，有效提升了武清的充电服务能力。投运以来，示范站累计充电电量超过 90 万千瓦·时、充电次数近 4.3 万次。

图 7-11　天津市武清城市综合充电示范站

　　武清城市综合充电示范站实现新能源车充新能源电,通过市场化交易购入绿色清洁电能,为全站充电桩提供清洁能源。车主完成绿电充电后获得"碳积分",可用于换取充电消费券,激励客户使用绿色清洁能源。通过 V2G 双向充电桩,实现电动汽车"源网荷储"友好互动。基于"自适应"节能管理,落地海绵城市节点,应用"低损耗"用电设备,打造节能建筑,设置光控、温控、人体感应等开关及水电能耗监控,实现设备自适应控制,最大化减少能源消耗。

　　武清城市综合充电示范站通过构建电动汽车充电站 CPS,对内聚合站内电动汽车及分布式能源、智能楼宇等柔性可调资源,实现内部源网荷储的协调优化控制,为电动汽车用户提供高品质服务;对外提供标准化的服务接口,支持与上级车联网省级应用系统、电力需求响应平台、车网互动平台等的融合集成。通过光伏一体化罩棚,实现清洁能源就地消纳;落实国家"京津冀"协同发展战略要求,立足区位优势,打造城际枢纽充电示范窗口。

　充电机器人与共享充电桩

(一)智慧充电机器人

1. 技术背景

　　在"碳达峰、碳中和"背景下,我国新能源市场占有率达28.3%,电动汽车充换电需求呈现多元化、智能化、高效化的高速发展趋势。传统人工充电作业方式枪线粗重难操作，设备老化、带电拔枪误操作等因素易对人身安全造成极大威胁，且无法实时监控设备异常情况，不能满足未来共享电动汽车和无人驾驶电动汽车的全自动充电需求。智能充电作业机器人等成套装备可以从根本上解决上述问题，但相比于一般室内作业机器人，面临诸多技术挑战：一是识别定位难，受户外光照、充电接口类型、位姿和易反光等影响，难以对目标进行精确识别定位；二是规划控制难，受车位、车辆、桩等邻近物体影响，作业空间狭小、线缆空间位姿多变，易出现遮挡和干涉等情况，路径规划面临极大挑战，难以对作业精准控制；三是多工位适配难，机器人与充电桩普遍采用一对一配置模式，充电连接器无法复用，造价及成本高，无法智能响应电网峰谷调节指令。

2. 技术攻关

聚焦智慧充电机器人识别定位难、规划控制难、自主适配难等问题，"时代楷模""改革先锋"张黎明充分运用配网带电作业机器人先进经验，研发了首个智能多工位充电机器人，并在天津、北京等地区得到了推广应用，成为继配网带电作业机器人后又一"黎明牌"机器人成果。主要技术创新如下：

面向多种充电接口识别定位的高鲁棒、强泛化视觉感知技术。发明了基于表面特征自适应采样与体素点云匹配的六维视觉目标位姿估计技术，创建了基于组合和相似特征位置数据增强的充电口特征位置和标签类型确定方法，提出了一种基于中心点的充电口精确定位方法，实现了充电口快速、精准识别定位，定位精度小于1毫米，识别时间小于5秒。

面向高效高精充电插拔的机器人规划与控制一体化技术。提出了基于动力学约束智能量化分配的规划与控制动态交互理论框架，突破了基于非线性滑模滤波的在线时间最优轨迹规划方法，攻克了建模误差与反馈约束受限下饱和非线性自适应鲁棒控制技术，解决了机器人充电插拔运动效率与精度难以兼顾的难题。相比现有方法，所提技术使得充电机器人运动效率提升132%，控制精度提升50%。

具备"一机多充"全流程自动化管理的智慧充电机器人。开发了基于多点式定位销和导向孔的充电连接器快速电磁吸合对接分离装置。提出了一项基于磁性导航的AGV多工位全流程自动充电控制方法，解决了充电连接器插拔柔顺性不足，无法实现机器人多工位服务问题，实现了自动需求侧响应工况下多工位智能充电，充电响应成功率 >95%。

3. 技术成效

通过研究精准定位的视觉识别技术、规划与控制一体化技术、一机多工位智能自动充电系统等关键技术，形成了自动驾驶+自动充电的完整生态，填补了自动泊车后无人充电的空白，推进电动汽车无人化、智能化发展趋势。

（1）智慧充电机器人助力充电全流程自动化、无人化。智慧充电机器人在天津、河北、上海服务车次16000辆，得到各充电运营商一致好评。在示范站内，智能多工位自动充电机器人主动参与市民自动充电需求响应任务，实现蔚来、特斯拉、比亚迪等车型充电全流程自动化，累计充电100余次，提高了充电安全性，提升了充电站的智能充电服务能力和服务水平，如图7-12所示。

图 7-12 智慧充电机器人

（2）智慧充电机器人助力车网互动。智能充电机器人的投入使用充分利用了电动汽车充电负荷柔性可调节的特性，在推动电动汽车充电与电网出力精准匹配的同时，最大化提升车网互动收益，实现电动汽车与电网智能、友好互动。

（3）智慧充电机器人助力充电安全。用智能充电机器人代替人工操作高电压大电流的充电接口，可以降低人身安全风险，降低人员安全培训、安全管理的费用，大幅度提高充电站的自动化运维水平和充电设备的安全管理水平。

（二）移动共享充电桩

1. 技术背景

随着新能源汽车规模不断扩大，社区中的充电矛盾日益凸显。一是没有固定车位，老旧社区个人桩报装困难。根据相关统计，天津存量住宅建成时间在20年以上的约为47%，此类社区停车配建比例普遍不足30%，车主没有停车位产权或使用权，普遍不具备个人建桩条件。二是社区公共桩油车占位。大多数用户使用公共车位，停车矛盾较为突出，由于车位资源非常紧张，社区公共充电桩存在大量油车占位情况，充电桩使用便利性和充电量受到影响。"时代楷模""改革先锋"张黎明率领工人创新团队深入社区实地调研分析。考虑到老旧小区车位产权不清晰、流动率低、车位有限的特点，张黎明针对油电混停提出了一种低成本、高安全性的充电解决方案，基于老旧小区停车位空间布局，设计了移动共享充电桩设备并配套安装满足充电桩多工位移动要求的轨道。

2．技术攻关

移动共享充电桩由充电桩、门型架、卷线器、可移动充电枪等部件组成，如图7-13所示。当小区新能源汽车密度较低时，每一条电缆桥架轨道，安装一个充电桩以服务多个车位。新能源汽车不再局限于固定充电车位，停在任一车位均能充电。当小区新能源汽车密度较高时，同一电缆桥架轨道可安装2台充电桩。在不增加土建成本情况下，2条电缆桥架轨道能够实现2~4台移动充电桩自由拓展。主要设计如下。

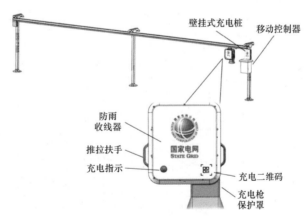

图7-13　移动共享充电桩原理图

创新设计门型桥架，实现充电桩（枪）自由移动，解决老旧小区因车位不固定导致安装私人充电桩难的问题，使用少量充电桩满足多辆电动汽车充电需求，减少了建设投资，节约资源。

创新设计拖链装置，确保了拖链中电缆的稳定安全运行，避免了接触式轨道供电容易发生烧蚀的问题，解决了传统线缆供电产生缠绕、磨损的问题。

创新设计卷线器装置，保证了充电枪回收的安全可靠性，充电线卷线器带有自锁功能和自恢复功能，突破了传统充电枪线的回收方式，方便用户充电和线缆回收。

3．技术成效

通过研究共享充电桩、电缆桥架轨道等关键技术，增强了充电设施的灵活性，增大了充电设施服务范围，提高了公共充电桩使用效率，解决了社区充电难的问题，引起社会强烈反响。现在已形成"黎明团队创新研发、产业单位生产设备、电动汽车公司投资运营、供电公司保障接电"的成熟建设运营模式。

（1）移动共享充电桩助力充电服务降本增效。移动共享充电桩在天津滨海范围内已投运 22 套，如图 7-14 所示，单套设备日均充电量约为 21.78 千瓦·时，同期全天津市 7 千瓦交流充电桩日均充电量为 13 千瓦·时。移动共享充电桩相比传统交流充电桩（单台建设成本 1.4 万元、覆盖同等 6 车位数量、占用容量 42 千瓦），建设成本节约 34%、使用效率提升 67%、减少容量占用 83%。

图 7-14　移动共享充电桩现场应用

（2）移动共享充电桩助力便捷充电。移动共享充电桩解决了老旧小区无固定车位导致的充电桩难申请、难安装问题，利用移动共享充电桩的充电桩（枪）可在多车位间移动的优点，拓宽了服务范围，缓解了油车占位的矛盾；同时该设备具备拓展功能，可以在不增加土建成本的条件下，增加充电桩数量，满足更多的充电需求。

车网智能互动综合示范

（一）总体概况

2023 年 6 月，国务院办公厅发布《关于进一步构建高质量充电基础设施体系的指导意见》，提出要充分发挥新能源汽车在电化学储能体系中的重要作用，加强电动汽车与电网能量互动，提高电网调峰调频、安全应急等响应能力，推动车联网、车网互动、源网荷储一体化、光储充换一体站等试点示范，充分发挥企业创新主体作用，打造车、桩、网智慧融合创新平台。

国网天津电力依托国家重点研发计划，牵头开展智能有序充电、车网协同安全、灵活性资源聚合调控等关键技术攻关，在天津建设车网智能互动综合示范工程，包括社区友好接入、快充站主动支撑、广域聚合互动三大场景，形成技术、模式与应用紧密结合，平台与终端高效协同的车网互动总体示范架构，如图 7-15 所示。

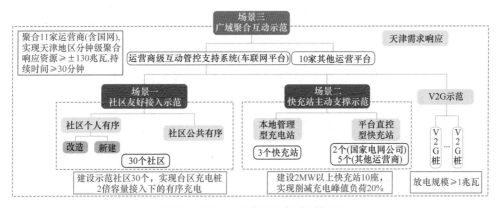

图 7-15 总体示范架构图

社区友好接入示范场景，在居民台区开展考虑台区安全约束和云—边协同的社区无感有序充电示范。针对老旧社区电动汽车接入能力有限等问题，改造普通交流充电桩或新建交流有序充电桩，实现充电桩的总容量大于配电台区总容量 2 倍以上并保证有序充电。快充站主动支撑示范场景，选择大型快充场站，开展站级分布式资源协同优化，削减充电峰值负荷 20% 以上。广域聚合互动场景，开展 V2G、需求响应、华北辅助服务等示范，实现天津地区分钟级聚合响应资源大于 130 兆瓦。

（二）建设内容

1.社区友好接入示范

（1）改造社区个人有序充电。已建充电桩的社区，在个人普通充电桩前加装控制单元，接入车联网平台，实现充电负荷常态下平台有序控制；台区部署智能充放电边缘控制装置，实现紧急态下边端有序控制；装置中集成配网边侧安全模块，实现台区就地安全预警。

（2）新建社区个人有序充电。未建充电桩的社区，直接新建个人交流有序充电桩，接入车联网平台，实现充电负荷常态下平台有序控制；台区部署智能充放电边缘控制装置，实现紧急态下边端有序控制；装置中集成台区边缘安全预警微应用，实现台区就地安全预警。

（3）升级社区公共有序充电。新建公共有序充电桩，实现充电负荷常态下的平台有序控制；台区部署智能充放电边缘控制装置，实现紧急态下的边端有序控制；装置中集成配网边侧安全模块，实现台区就地安全预警。

2.快充站主动支撑示范

（1）本地管理型快充站。针对快充站分布式灵活性资源聚合和弹性调节不足的问题，选取津门湖、于家堡、武清等大型光储充站，升级站内充电桩、站内能量管理系统，通过本地能量管理系统控制，实现削减充电峰值负荷20%以上。采用全国产充电桩用安全智能交互终端，集成物理安全、信息安全模块；部署快充站能量管理系统，集成站用安全智能交互终端。

（2）平台直控公共快充站示范。针对无光伏、储能或本地分布式资源的快充场站，升级改造站内充电桩，使其具备远程功率快速调控功能，通过云端直控方式实现削减充电峰值负荷20%以上，提升快充场站的灵活性调节能力。

3.广域聚合互动示范

（1）需求响应示范。采用"网（电网）—运（运营商）两级"整体架构设计车网互动管控支持系统：基于天津市虚拟电厂平台建设电网级互动管控支持系统，基于国网智慧车联网平台建设运营商级互动管控支持系统。依托互动管控支持系统，在天津构建基于电动汽车充电负荷的分钟级快速响应资源库，单次分钟级响应能力达到130兆瓦。

（2）V2G放电示范。结合峰谷电价差、运营和专用车辆的出行习惯，制定充放电计划，通过车联网平台V2G业务系统邀约、调控车桩放电，开展分钟级聚合响应示范。

（三）预期成效

该示范工程将充分释放电动汽车海量灵活性资源调节能力，有效促进新能源消纳和新型电力系统建设，形成可复制、可推广的安全充放电与车—网智能互动整体解决方案。

（1）有序充电推动充电容量提升。社区友好接入场景通过社区无感有序充电，实现配电容量2倍以上接入能力，解决老旧小区无序充电导致台区越限的隐患，提升老旧小区充电桩接入能力；解决变压器容量过量配置导致配网容量利用率过低的问题，提升台区容量的整体利用率；解决社区充电桩无法直接调控的问题，提升社区充电桩灵活性调节能力。

（2）能量管理助力调峰填谷。通过快充站站级分布式资源协同优化示范，实现消减峰值负荷20%以上，降低快充站峰谷差率，提升快充站的负荷率；通过有序调控，缓解低谷开始时段的充电负荷阶跃冲击；提升快充站削峰填谷能力，提升对电网的主动支撑能力。

（3）精准调控助力车网互动。预计到2025年，天津市可调充电桩容量将超过500兆瓦，通过大规模车网互动精准调控技术，能够有效解决聚合调控精度低、电网侧对车网互动资源管控不足的问题，为构建新型电力系统提供有力支撑。

第八章

组织机制保障

⋯⋯⋯⋯⋯⋯⋯⋯⋯⋯⋯⋯⋯⋯⋯⋯⋯⋯⋯⋯⋯⋯⋯⋯⋯⋯⋯

电力系统转型面临诸多改革任务，适应新型电力系统的体制机制亟待完善，需要加快推动组织变革升级，充分发挥党建引领作用和高水平高素质人才带动作用，持续提升资源配置效率、强化组织创新，以卓越管控模式助力新型电力系统构建。本章围绕政企协同、合作生态、市场建设以及保障机制四个维度，阐述组织机制保障在全面提升能源领域资源配置能力和管理效能的典型实践和积极作用。

第一节 政企协同

电网的高质量发展离不开和谐的政企合作关系。基于新型电力系统建设和能源转型要求，需要进一步强化政企协同，充分衔接地方发展与新型电力系统建设，共同推动能源绿色低碳转型。天津市政府与国家电网公司签署战略合作协议，纵深推进京津冀协同发展，探索能源革命先锋城市实施方法，积蓄构建新型电力系统的发展动能，高效协同推进新型电力系统建设落地。

 战略合作

2018 年以来，天津市与国家电网公司已开展四轮合作，签署三次战略合作协议，推动天津电网实现了跨越式发展。2023 年 6 月，为进一步加快构建新型电力系统，推动新型能源体系规划建设，天津市与国家电网公司签署《加快新型电力系统建设、打造能源革命先锋城市》战略合作框架协议。协议坚持突出创新引领、遵循共建共享、实现优势互补的合作原则，围绕电力保供、绿色低碳转型、电网高质量发展、电力"双碳"工作及电力改革创新等五方面展开合作。

（1）全力做好能源电力保供。健全完善"政府主导、政企协同、企业实施"电力保供机制。推动源网荷储协同联动，优化电力资源配置，强化电力运行监测分析，不断提升应急保供能力。加快新型电力负荷管理系统建设，持续加强电力需求侧管理，开展负荷资源专项排查，扩大可调节资源池，充分发挥需求响应在促进电力供需平衡中的重要作用。深化政企联动，督促完善重要用户外电源和自备应急电源建设，提升用户用电安全水平。

（2）加快能源绿色低碳转型。积极促进新能源高质量发展，科学确定新能源开发布局和建设时序。统筹电源电网发展，实现清洁能源与接网工程、调节措施同步规划、同步建设、同步投运。加快实施煤电机组"三改联动"，推动抽水蓄能项目纳规，推进新型储能等各类储能设施建设，充分调动负荷侧需求响应资源，促进源网荷储协调互动，提升系统调节能力，落实可再生能源电力消纳责任权重。科学有序推动电能替代，提升电能在终端能源消费的比重。

（3）推进电网高质量发展。加强能源电力发展规划合作，聚焦能源电力领域，积极应对能源安全新挑战、能源需求新变化、绿色转型新形势、创新发展新要求，不断提升天津市电力安全保障能力。实施大同—怀来—天津北—天津南特高压交流工程及天津南特高压变电站扩建工程，构建京津冀特高压交流环网。加强各级电网建设，优化完善主网架，建设现代智慧配电网。

（4）推动能源电力双碳工作。依托天津碳达峰碳中和运营服务中心，充分发挥国家电网省级双碳运营管理公司作用，推动能源电力"双碳"先行示范区建设，促进天津市绿色低碳转型，服务企业降碳增效。推动绿电绿证交易，引导绿色消费，积极推进碳市场建设，兑现绿电环境价值，形成整体协同的双碳示范场景和示范成果，推动天津"双碳"工作走在全国前列。

（5）推进能源电力改革创新。加快能源科技创新和产业升级，推进"大云物移智链"、5G、北斗等信息通信技术与电网融合发展，推动电网数字化转型。开展综合能效、智能充换电服务，构建共享共赢的一体化能源互联网服务生态圈。推进全国统一电力市场建设，健全市场体系、完善市场机制，充分发挥市场在资源配置中的决定性作用。

 二 推动落实

国网天津电力深入落实天津市与国家电网公司战略合作协议，助力能源革命先锋城市建设，有序推进各项任务落地。

（1）深化合作推动协议落实。2023年10月，天津市电网重点项目指挥部工作会议暨天津市与国家电网战略合作协议推动会议召开，天津市12家委办局、各区政府与国网天津电力达成战略合作。国网天津电力与天津市发展和改革委员会、工业和信息化局、生态环境局、科学技术局等签署《推动能源电力双碳工作合作机制》《推动电网高质量发展合作机制》《推动电力营商环境工作合作机制》《科技支撑能源革命先锋城市建设合作机制》等多个文件，同时与天津市城市管理委员会、水务局、交通运输委员会、农业农村委员会等签署了一系列合作备忘录。

2023 年 11 月,国网天津电力与天津市宝坻区、市场监督管理委员会分别签署碳管理服务协议和合作备忘录,进一步加强合作。国网天津电力通过构建系列合作机制,有力推动能源电力双碳工作、电网高质量发展、能源电力科技创新、营商环境优化等,加快能源交通基础设施建设等领域合作,携手推动天津新型电力系统建设和能源转型。

(2)政企联动助力电网建设。在加快推进京津冀协同发展,探索新型电力系统建设实施路径的大背景下,天津市深化电力领域审批制度改革,持续优化电力工程建设审批流程,推动"双碳"先行示范区建设达成共识,公开发布《天津市碳达峰实施方案》《深化电力领域审批制度改革优化电力工程建设审批流程工作方案》等一系列新型电力系统建设相关的实施和工作方案,电网建设项目审批流程进一步优化,前期审批时间缩短近半年,建设施工外协周期压减 50% 以上,实现政府、电网、企业、用户多方共赢。国网天津电力充分发挥政府在负荷管理中的主导作用,成立政府授权的天津市电力负荷管理中心,并在各区供电公司成立区级电力负荷管理分中心,形成"1+10"的市区两级电力负荷管理体系,有力保障了电网安全稳定运行。2023 年 2 月,天津市工业和信息化局、国网天津电力联合发布 36 项服务新举措,进一步释放电力投资带动效应,强化能源保障,全力赋能天津高质量发展。

(3)服务保障新能源高质量发展。2023 年 12 月,滨海新区绿电发展服务中心在中新天津生态城揭牌,天津华电海晶新能源有限公司、国网(天津)综合能源有限公司、中石化润滑油(天津)有限公司等新能源发电企业、售电公司、用电企业签署意向合作协议。滨海新区绿电发展服务中心在政策解读分析、关键技术推广、电网承载力分析、企业碳管理服务、绿电供需服务、新能源产业发展等方面积极开展服务,与高等院校、科研院所合作开展新能源相关新技术攻关,引导滨海新区新能源项目有序推进、安全并网,定期发布绿电供需两端的发用电需求,建立新能源产业发展联盟,助力滨海新区实现绿色低碳高质量发展。

 政策支持

近年来,国家陆续发布《"十四五"现代能源体系规划》《关于促进新时代新能源高质量发展的实施方案》《关于深化电力体制改革加快构建新型电力系统的指导意见》等一系列政策文件,就科学合理设计新型电力系统建设路径、健全适应新型电力系统的体制机制、推动市场政府结合、完善政策体系等方面从国家层面提出指导意见。天津市围绕推动实施国家重大战略和加快形成新发展格局，发布《天津市电力发展"十四五"规划》《天津市可再生能源发展"十四五"规划》《天津市能源发展"十四五"规划》等多项政策规划，对天津市电源、电网、负荷、储能以及市场建设等方面做出大量部署安排，为地区经济社会发展提供坚强能源保障，为新型电力系统发展和实践奠定重要基础。

（1）在电源绿色转型方面。为推动能源行业结构优化升级，2021 年以来国家发展改革委、国家能源局印发《全国煤电机组改造升级》《发电机组进入及退出商业运营办法》《关于建立煤电容量电价机制的通知》《关于完善能源绿色低碳转型体制机制和政策措施的意见》等电源转型政策，进一步提升煤电机组清洁高效灵活性水平，支持新能源能建尽建，促进电力行业清洁低碳转型。2022 年天津市印发《"十四五"节能减排工作实施方案》《天津市促进工业经济平稳增长行动方案》《天津滨海高新区促进新能源产业高质量发展办法》等政策措施，健全节能减排政策机制，推动煤电绿色低碳转型，推进现役煤电机组实施节能升级和灵活性改造。积极开发风电光伏，推动新能源全方位、多元化、规模化发展，提高新能源消费比重，助力构建清洁低碳、安全高效的现代能源体系，为天津市能源结构绿色低碳转型提供政策助力。

（2）在电网优化升级方面。为加强能源基础设施建设，提升电网安全和智能化水平，中共中央、国务院印发《扩大内需战略规划纲要（2022-2035 年）》，国家发展改革委、国家能源局印发《关于加强新形势下电力系统稳定工作的指导意见》，优化电力生产和输送通道布局，完善电网主网架布局和结构，提升电力系统稳定性。2022 年、2023 年，天津市连续发布《天津市电力发展"十四五"规划》《天津市电力空间布局规划（2022-2035 年）》，为完善主网架结构，建成坚强可靠、经济高效的一流现代配电网提供政策支持，有效满足天津电网中长期发展建设需求，更好地服务天津能源革命先锋城市建设。

（3）在电力负荷管理方面。为加快规划建设新型能源体系，深化电力需求侧管理，确保电网安全稳定运行，保障社会用电秩序，国家发展改革委、国家能源局发布《电力负荷管理办法（2023 年版）》，进一步加强电力负荷管理执行监测，推动新型电力负荷管理系统建设。2022 年以来，天津市发布《天津市节能"十四五"规划》《天津市 2023 年电力需求响应实施细则》《天津市进一步构建高质量充电基础设施体系的实施方案》，深入开展电力负荷管理和需求响应，完善绿色电价政策，保障民生和重点用电需求，服务电力安全保供，为建成覆盖广泛、规模适度、结构合理、功能完善的高质量充电基础设施体系助力，推进交通运输绿色低碳转型与现代化基础设施体系建设。

（4）在储能有序发展方面。为推动新型储能健康稳定发展，国家和地方层面从配储、支持补贴、储能安全、建设规范、商业运行等方面不断优化发布相关政策。2021—2023年，国家发展改革委、国家能源局发布《关于加快推动新型储能发展的指导意见》《"十四五"新型储能发展实施方案》《关于加强发电侧电网侧电化学储能电站安全运行风险监测的通知》等政策，推动能源绿色转型、应对极端事件、保障能源安全、促进能源高质量发展。为了响应国家政策，2023年天津市结合《天津市能源发展"十四五"规划》，进一步发布《天津市新型储能发展实施方案》等储能发展政策，以市场机制为根本依托，以政策环境为有力保障，以试点示范为重要抓手，稳中求进推动新型储能高质量发展，为加快构建清洁低碳、安全高效的现代能源体系提供有力支撑。

（5）在电力市场方面。为落实《中共中央、国务院关于进一步深化电力体制改革的若干意见》《电力中长期交易基本规则》、国家发展改革委《关于进一步深化燃煤发电上网电价市场化改革的通知》、国家发展改革委办公厅《关于组织开展电网企业代理购电工作有关事项的通知》，深入推进电力市场建设，保障电力安全稳定供应，营造良好营商环境，稳妥开展天津市电力市场化交易工作，天津市连续发布《电力中长期交易工作方案》《天津市绿电交易工作方案》《天津市独立储能市场交易工作方案》等一系列交易方案，健全市场体系和交易机制，完善市场功能，加强规划监管，为天津电力市场建设适应新型电力系统提供政策指引。

第二节　合作生态

积极推进构建新型电力系统，既需要政企协同等政策支持，也需要行业企业积极探索交流合作平台，加强创新主体之间的交流合作，促进企业间的交叉融合，形成发展合力。国网天津电力发起成立天津市碳达峰碳中和产业联盟、天津市智能电网创新联合体，主办多届城市能源革命高峰论坛、储能发展论坛、智慧用能论坛等，切实为行业搭建了交流信息经验、合作攻关前沿技术、探索能源绿色低碳转型趋势下构建新型电力系统发展路径的重要平台。

天津市碳达峰碳中和产业联盟

2021 年 5 月 18 日，国网天津电力、天津市新能源协会联合发起成立了天津市碳达峰碳中和产业联盟（简称联盟）。联盟理事长单位为国网天津电力，联盟接受天津市发展和改革委员会、天津市科学技术局、天津市工业和信息化局和天津市生态环境局的业务指导和监督。联盟第一批有 83 个成员单位，包括发电企业、电网企业、行业协会、能源设备生产企业、大型用能企业、高等院校、设计院所及支撑单位等，在原始创新、人才聚集等方面发挥效应。

作为全国首个碳达峰碳中和产业联盟，联盟搭建专业、全面、科学、开放的技术交流平台和产业服务平台，促进天津市能源电力产业上中下游企业在项目开发、技术研发、示范应用等方面的合作，在能源转型、电力转型、构建新型电力系统中发挥着重要作用。

（1）积极支撑政府决策。坚定不移贯彻新发展理念，积极为"双碳"路径、体制机制、政策法规等重大问题建言献策、辅助决策，为新型电力系统建设和能源转型升级营造良好的政策、法律、制度和营商环境。

（2）推动核心技术攻关。发挥成员单位各自科技资源优势，建设"双碳"研究中心等联合研究机构，开展关键共性技术集中攻关并搭建成果推广应用平台，推进了资源整合优化和产业链完善提升。

（3）打造示范落地模式。聚焦智慧能源服务、"碳中和"港口、多产业综合用能等重点领域，开展"新能源＋储能"一体化开发、零能耗智慧建筑、智慧绿色交通、绿色低碳循环用能等试点示范工程建设，打造可复制、可推广的"双碳"落地天津范式。

联盟于 2021 年 6 月 24 日主办首届"智慧新能源"助推绿色建筑创新发展论坛，在国家会展中心开馆首展之日隆重举行。天津市工业和信息化局、科学技术局、人民政府合作交流办等各委局办相关部门人员，来自全国新能源产业界的同仁、商会负责人、高校学者以及协会联盟代表共计 350 余人出席。经过联盟成员发挥各自在双碳领域的优势，通过方案设计、技术改造、项目合作等多种途径，联盟在全国各地的双碳项目总体实现每年减少碳排放超过 70 万吨，有力推动了新型电力系统和新能源体系建设。

二 天津市智能电网创新联合体

为发挥政府对资源配置的重大组织创新的作用，突破制约新型电力系统中智能电网产业发展的"卡脖子"关键技术和基础前沿技术，为高校院所及产业链上下游企业提供重大创新平台，天津市组建以重大科技任务为牵引，以市场机制为纽带，以战略科技力量为牵头主导和引领支撑的体系化、任务型的创新合作组织，从而推动能源绿色转型，助力天津市相关企业快速成长，带动新能源、储能等相关产业高质量发展，加快构建以分布式智能电网为方向的新型配电系统形态。

国网天津电力充分发挥本市行业领军企业优势，联合天津大学、天津瑞源电气有限公司等天津本地高校与高新技术企业，引入中国电力科学研究院有限公司、国网智能电网研究院有限公司、国电南瑞股份有限公司等在国内能源电力领域优势明显的科研院所和产业单位，组成天津市智能电网创新联合体，如图 8-1 所示。对智能电网领域先进配用电系统的"卡脖子"技术进行定向攻关，实现关键技术的突破以及核心装备的自主研发。为推动京津冀协同发展、带动智能电网和新能源等相关制造业做优做强注入强劲动力。

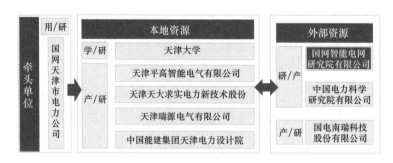

图 8-1 产学研用一体化智能电网创新联合体团队构成

创新联合体重点针对智能配用电系统可再生能源大规模消纳、高可靠供电与能效提升的重大问题，重点围绕"智能配用电系统运行调控与源—荷供需互动""智能配用电基础核心软件与装备"两大科技问题开展研究工作，按照"新型配用电系统仿真与规划、智能配用电系统控制与保护、源荷供需互动、智能化环保型配电装备与系统"四个方向布局重点研发任务，通过基础理论研究、关键技术突破与核心装备研发，实现智能配用电技术与装备的重大创新，为新型电力系统发展提供技术支撑。在智能配用电技术与装备基础上，创新联合体还将面向新型电力系统发展重大需求，在分布式智能电网、高效能源储存系统、先进可再生能源和氢能、灵活电力市场等领域开展攻关，通过技术创新助推中国能源转型，助力"双碳"目标下新型配电系统构建（见图8-2）。

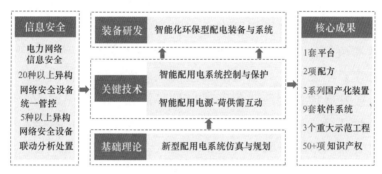

图 8-2　天津市智能电网创新联合体主要任务

创新联合体组具备较为完善的规章制度和机制体制，保障上述工作任务顺利完成。建立联合产、学、研、用各类创新主体的合作机制和科研创新激励机制，鼓励工作组成员承担重大项目；建立攻关方向动态调整机制，结合国家重大战略布局方向变化，动态调整联合体攻关方向；通过平台共享机制，实现科研资源集约化、高效化利用；建立成员加入机制和人员流动机制，秉承开放包容原则，动态调整成员、人员组成；建立市场实践与成果转化机制，充分发挥企业的工程实践优势实现科研成果向市场产品的快速转化。

 新型电力系统系列论坛

推动构建新型电力系统发展和促进绿色发展逐渐成为社会共识，探讨构建新型电力系统亟待突破的挑战和技术难题，共享新型电力系统中的实践经验，国网天津电力联合相关企业和科研院所，积极组织推动开展能源革命高峰论坛、储能发展论坛、智慧用能论坛等多类型学术论坛，为行业搭建交流分享平台。

（一）世界智能大会高峰论坛

世界智能大会是由国家发展改革委、科学技术部、工业和信息化部、国家互联网信息办公室、中国科学院、中国工程院、中国科学技术协会和天津市人民政府共同主办的世界智能科技领域学术交流、展览展示、开放创新、深化合作的顶级平台，自 2017 年以来已成功举办七届。习近平总书记专门为第三届世界智能大会发来贺信，提出要通过世界智能大会，搭建交流合作、共赢共享的平台，推动新一代人工智能健康发展，更好造福世界各国人民。

国网天津电力连续七届参加世界智能大会智能科技展，连续四届举办世界智能大会高峰论坛。第四届世界智能大会期间，作为唯一参加的央企举办首届城市能源大数据高峰论坛，发布国内首部《城市能源大数据发展白皮书》，阐述能源大数据发展的背景与意义、面临的机遇与挑战、实施策略与路径，全方位呈现了天津能源大数据发展创新实践。第五届世界智能大会期间，国网天津电力主办首届城市能源革命高峰论坛，发布国内首个政企合作的电力"双碳"先行示范区实施方案，面向全球展示服务能源转型的实际行动与央企担当。第六届世界智能大会期间，国网天津电力继续举办城市能源革命高峰论坛，发布天津能源电力"双碳"先行示范区最新建设成果，天津碳达峰碳中和服务中心揭牌，全方位推介以数字化支撑"双碳"行动、赋能绿色发展的最新成果。第七届世界智能大会期间，连续三年举办城市能源革命高峰论坛（见图 8-3），举行电力"双碳"中心启用仪式及合作签约，全国首个政府授权的省级"双碳"运营服务中心正式运行，签约

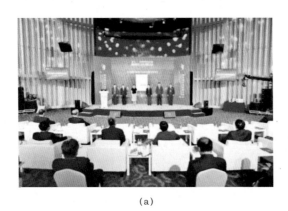

（a）   （b）

图 8-3　世界智能大会高峰论坛

（a）首届城市能源大数据高峰论坛；（b）2023 年城市能源革命高峰论坛

"数智赋能服务天津高质量发展"系列合作，依托天津市能源大数据中心，服务构建普惠金融绿色金融信用体系，助力城市减污降碳协同增效。

（二）天津储能发展论坛

储能是构建新型电力系统的重要组成部分，能够促进能源清洁开发利用，提高能源利用效能，降低化石能源消费，解决大规模新能源并网带来的多重挑战。为促进天津储能行业健康发展，2021年7月16日，以"推动城市新型储能发展，助力实现碳达峰碳中和"为主题的2021天津储能发展论坛在天津滨海新区成功举办。论坛由国网天津电力、国网综合能源服务集团有限公司承办，中国综合能源服务产业创新发展联盟、中国电力企业联合会售电与综合能源服务分会、中关村储能产业技术联盟协办。本次论坛中，国网天津电力联合政府推出"新能源＋储能"开发模式，促成天津市发展改革委与国网综合能源服务集团有限公司签署《天津市"新能源＋储能"融合发展合作备忘录》，建立共享储能发展模式，探索储能项目商业模式，确保新增新能源有序发展。此外，论坛解析了新型电力系统、新能源、储能和电池技术、产品以及商业模式等方面内容，参会专家、学者、企业代表提出了前瞻性的观点和建议，为天津储能发展乃至全国储能产业发展注入了新活力，为新型电力系统的发展开拓了新思路，对推动能源绿色转型、促进电力高质量发展、实现碳达峰碳中和目标都具有重要的意义。

（三）智慧用能与节能技术发展论坛

为有效发挥智慧用能技术在高质量构建新型电力系统中的重要作用，为社会各界搭建高水平技术交流平台，2023年11月，智慧用能与节能技术发展论坛在天津举行。论坛以"智慧用能与新型电力系统"为主题，聚集电力行业多家企业、行业组织、技术设备制造商，以及国内外知名院士、专家、学者，共同探讨能源电力绿色低碳发展趋势，分享行业领先理念和发展经验，详细指导如何充分利用智慧用能与节能技术科学有序提升我国绿色电气化水平，高效助力新型电力系统建设。

（四）电力数字孪生技术与应用论坛

2023年9月，电力数字孪生技术与应用论坛在天津召开，会议由中国电机工程学会电力数字孪生应用专业委员会主办，国网天津电力、天津大学电气自动化与信息化工程学院承办。来自能源电力、数字孪生等企业、科研院所和高校等单位共计200余名领导和专家现场参会。会议通过主旨演讲、学术报告等多种方式聚焦新型电力系统下电力数字孪生技术的应用与业务需求，深度探讨了如何以数字孪生核心技术推动数字技术与实体经济深度融合，进而以数字孪生、人工智能等先进技术赋智赋能能源电力业务，促进探索新技术应用、新业态、新模式。推进电力数字孪生技术实践与应用，能够有效支撑光伏、风电等可再生能源并网的大电网安全稳定运行，助力我国能源转型以及"双碳"目标实现，全面加速推动新型电力系统的协同建设与绿色发展，如图8-4所示。

图8-4 2023电力数字孪生技术与应用论坛

第三节　市场建设

一　适应新型电力系统的市场机制

随着"双碳"目标落实和新型电力系统构建，新能源开发规模持续扩大，煤电将更多承担系统调节和平衡功能，发用电一体"产消者"大量涌现，电网形态更加复杂多样，系统运行机理和平衡模式发生深刻变化，电力市场建设面临全新挑战和重大变革，需要从政策、机制、技术等方面进行全方位创新，为新型电力系统建设提供体制机制和市场交易能力支撑。

（一）新型电力系统下电力市场基础条件新变化

随着传统电力系统向新型电力系统的转型升级，我国电力生产结构、电网规模和形态、电力市场结构、电力平衡模式、系统运行总成本发生深刻变化，电力市场建设的基础条件面临重大改变。电力生产结构方面，"煤炭保能源安全、煤电保电力安全、常规电源保供应、新能源调结构"的生产结构正在形成。电网规模和形态方面，大电网主导、多种电网形态相融并存的格局逐步形成。电力市场结构方面，各类新型资源主体快速发展，市场双向互动特征更加明显。电力平衡模式方面，"以省为基础、全网统一平衡"、源网荷储协调互动的非完全实时平衡模式逐步建立。系统运行总成本方面，新能源低边际成本、高系统成本的特性逐步显现。

（二）新型电力系统下电力市场建设新要求

随着新型电力系统构建逐渐深入，新能源分布不均、电网运行复杂等特征不断凸显，对新形势下电力市场建设提出了新要求。

（1）新能源具有时空分布不均衡特点，要求通过市场化手段依托大电网和微电网促进新能源消纳。我国风光等新能源资源与负荷中心逆向分布，发电能力与负荷需求不匹配，时空分布不均衡特点突出。要促进新能源高速发展和高效利用，必须采用能源富集地区集中式开发与负荷集中地区分布式建设同步快速推进的格局，需要通过合理的市场机制设计，依托大电网互济能力实现能源基地新能源大范围优化配置，同时增进微电网灵活调节能力实现分布式新能源就地消纳，提升整个电网新能源消纳能力。

（2）电网运行更加复杂，要求建立更可靠的电力供应保障市场机制。随着风电、光伏装机高速增长，电力系统运行特性显著变化、电力电量平衡更加复杂，给电网运行和安全保障带来较大挑战。亟须统筹考虑电力市场建设实现电力可靠供应和促进新能源发展需求，科学设计市场运行机制和应急保障措施，通过市场化手段促进电力供需平衡。引导发电合理投资，保障系统长期容量充裕度，充分发挥大范围电力市场余缺互济和优势互补作用，确保电力系统安全稳定运行和可靠供应。

（3）各类电源功能定位变化，要求建立全形态的市场体系和成本疏导机制。各类电源在电力系统中的功能定位将出现调整。煤电利用小时数不断下降，逐步从电力电量供应主体转为调节资源供应主体，为电网提供调峰电力、容量支撑、转动惯量和应急备用等辅助服务。在市场建设过程中，应做好相关价格形成与传导机制的设计，按照"谁受益、谁承担"的原则，将有关成本在市场主体中公平、合理分摊。

（4）系统灵活调节需求增大，要求通过市场充分激发发用两侧灵活调节潜力。随着新能源装机比例不断提高，出力波动幅值不断增加，对系统调频、调峰资源的需求将大幅增加。在发电侧，发挥市场机制的引导作用，结合电力现货市场，优化辅助服务的机制设计，以保障高比例新能源电力系统的安全稳定运行；在用户侧，需要培养电力用户主动参与市场的意识，发挥电力市场价格对电能消费的引导作用，以更好发挥电网的资源配置平台作用，引导储能、电动汽车、柔性负荷等主体广泛参与和友好互动，如图8-5所示。

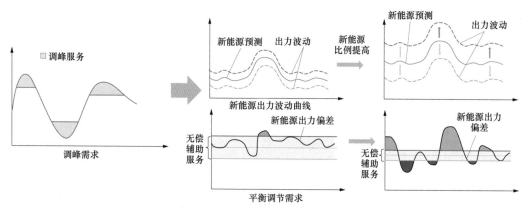

图8-5　新型电力系统下平衡调节市场的模式转变

（5）新能源放开参与市场，要求更加精细的市场机制设计。为了适应新能源间歇性、随机性的特点，电力市场需要向更精细的时间维度和更精确的空间颗粒度发展。要加快建立适应新能源发电特性的交易组织方式，推进电力交易向更短周期延伸、向更细时段转变，增加交易频次，缩短交易周期，鼓励新能源参与市场，优化辅助服务市场机制设计，满足市场主体灵活调整的需求。

（三）新型电力系统下电力市场发展趋势

新型电力系统建设下，未来电力市场主要呈现出五点变化，即市场建设目标多元化、商品价值多维化、市场组织方式精细化、市场空间两极化、资源主体聚合化。

新型电力系统下的电力市场体系总体将呈现依托大电网互济能力的批发电力市场（国家、省/区域市场）和依托分布式、微电网等开展的若干零售市场（分布式资源市场/分散式微市场）并存的格局。从市场架构来看，批发电力市场（国家、省/区域市场）和零售市场（分布式资源市场/分散式微市场）并存，逐步推进省间、省内市场以及批发与零售市场的融合；从新能源消纳来看，有序推动新能源参与电力市场交易，扩大绿色电力交易规模，提升电力市场对高比例新能源的适应性；从交易方式来看，以中长期电力直接交易为基础，深化全国统一电力市场建设；从市场功能来看，以电能量市场起步，逐步健全完善辅助服务、容量、输电权等交易。

 ## 天津电力市场概述

天津电网是京津唐电网的重要组成部分，承担着保障首都能源安全和促进京津冀区域电网协同发展的重要职责。天津电网属于典型的受端城市电网，约有30%的电量需要从省外地区受入，本地发电装机主要有燃煤、燃气、太阳能、风电、生物质等类型。自2016年以来，天津市政府陆续与新疆维吾尔自治区、山西省、甘肃省政府签订"电力援疆""晋电入津""甘电入津"等跨省跨区电力输送合作协议，在电力中长期交易、绿电交易等方面有先发优势，并在市场主体服务交易支持系统等方面进行了一系列积极有效的探索。

天津电力中长期市场中交易电量分为煤电和绿电两种类型。截至2023年年底，在天津电力交易平台注册的市场主体共有2356家，其中，电网企业1家，发电企业106家，售电公司108家，批发用户8家，零售用户2133家。其中，本地10家主力燃煤发电企业和5家地方燃煤发电企业已经全部参与市场交易，交易规模约占全年煤电总交易电量的70%。本地新能源发电企业参与绿电交易的数量已经达到8家，交易规模约占全年绿电总交易电量的23%，其余部分由省间交易补充。2023年，天津电力中长期市场直接交易电量364.35亿千瓦·时，同比增长5.3%，占天津年度市场化交易电量的53.69%。

三 电力中长期交易

电力中长期交易是指发电企业、电力用户、售电公司等市场主体，通过电力交易平台以双边协商、集中交易、挂牌交易等市场化方式，开展的多年、年、多月、月、多日等电力交易。天津电力交易中心充分发挥中长期交易的"压舱石"作用，通过连续运营、新兴主体参与、结算体系完善等方式保障中长期交易量足价稳。2023年完成直接交易电量346.31亿千瓦·时，完成年度目标102%，交易频次同比提升92%，电力用户平均交易价格同比下降0.013%，全年整体市场价格波动较小。

（1）深入推进中长期市场连续运营。通过优化"年度＋月度＋月内增量＋合同转让"运营模式，严格落实"六签"（全签、分时段签、长签、见签、规范签、电子签）工作要求，不断提高中长期合同签约履约水平。实现按工作日连续开市，省间省内市场时序衔接更加优化，市场机制更加灵活友好。在电力中长期合同签订工作中，鼓励购售双方在中长期合同中设立交易电价随燃料成本变化合理浮动的条款，落实燃煤发电"基准价＋上下浮动"的市场化价格机制。明确对市场交易电价在规定范围内的合理浮动不得进行干预，让价格合理反映电力供需和成本变化。

（2）推动实施新兴主体参与中长期交易。首次建立天津市独立储能市场化交易机制，推动出台《天津市独立储能市场交易工作方案》，方案中规定独立储能可分别按照电力用户、发电企业两种市场主体类型参与电力市场交易，储能交易以年度、月度、月内等交易周期开展，主要采取双边协商、挂牌交易等方式。通过独立储能市场化交易机制可进一步发挥储能削峰填谷的作用，提高能源利用效率，建立本地负荷侧资源参与市场机制，通过市场化手段促进储能行业健康有序发展。

（3）持续完善"三全四化"结算体系，建立覆盖"全品种、全主体、全周期"的交易电量清分方式，推动零售合同结算管理模式升级，将批发市场与零售市场合同解耦，规范零售用户结算关键要素内容，实现批发零售、发用电合同"照付不议、偏差结算"。推动实现购售侧电量同期计量统计，加强市场主体结算单标准化管理，优化零售合同结算流程，推动交易平台与营销系统数据同步共享，实现零售结算规范化、标准化、自动化、智能化管理。

（四）绿电交易

绿色电力交易（简称绿电交易）是指以绿色电力产品为标的物的电力中长期交易，用以满足发电企业、售电公司、电力用户等市场主体出售、购买绿色电力产品的需求，并为购买绿色电力产品的电力用户提供相应的绿色电力证书。绿色电力产品是指符合国家有关政策要求的风电、光伏等可再生能源发电企业的上网电量。绿色电力证书（简称绿证）是国家对发电企业每兆瓦·时可再生能源上网电量颁发的具有唯一代码标识的电子凭证，作为绿色环境权益的唯一凭证。

天津区域电力用户绿色低碳消费意识逐步增强，清洁用能需求旺盛。区域外清洁能源电力受资源规模和输电通道等因素制约，交易电量规模存在不确定性；区域内平价新能源发电机组陆续投运，参与市场化交易积极性很高，对缓解天津地区清洁能源市场化供需矛盾有积极作用。未来，随着更多本地平价新能源机组注册入市，预计绿电交易规模和省内绿电占比将会稳步提高。

天津电力交易中心结合清洁能源市场发展现状，为加快推进绿电市场化交易工作，初步建立了天津绿电市场化交易机制，明确了天津区域内绿电交易方式、组织流程、交易结算和绿证划转等内容，解决了零售市场开展绿电交易缺乏政策支撑的问题，推动天津区域内平价及带补贴清洁能源发电项目参与绿电交易。统筹做好绿电市场和中长期电能量市场的衔接，推进以"年度＋月度"为主，"月内"交易为补充的绿电市场连续运营模式，积极协调省间、省内发电侧资源，及时跟踪平价清洁能源项目投产进度，不断扩大天津绿电市场供给侧资源。在电力中长期市场机制框架内，通过绿电资源统计、用户需求调研、价格机制研究，系统设计相对独立、自成体系，但又与中长期电能量交易协调融合的绿色电力交易品种，凝聚体制创新、制度创新和技术创新的合力，充分发挥市场在资源配置中的决定性作用，全面反映绿色电力的电能价值和环境价值，充分体现绿色电力在交易组织、电网调度、价格形成机制等方面的优先地位，为市场主体提供功能健全、友好易用的绿色电力交易服务。通过实施电力供给侧结构性改革，引导电力用户形成主动消费绿色电力的共识，充分激发供需双方潜力，加快绿色能源发展，加快推进新型电力系统建设。

2021年9月7日，我国绿电交易试点正式启动，首次绿电交易共有17个省份259家市场主体参与，达成绿电交易电量79.35亿千瓦·时。同月，国网天津电力代理直接交易用户和零售用户，通过省间绿电市场与山西清洁能源发电企业开展绿电挂牌交易，组织完成天津地区首笔绿电交易 600 万千瓦·时，开启天津绿电消费新模式。

2022 年 7 月，国网天津电力首次组织天津地区平价新能源机组参与交易，交易绿电电量 716 万千瓦·时，标志着天津地区市场化绿电交易资源进一步丰富，绿电交易机制更加成熟完善。2022 年 9 月，首批由电力交易机构开展的绿证交易在天津落地，完成 400 张绿色电力证书，折合电量 400 兆瓦·时，进一步开拓了可再生能源消费渠道。

自首笔绿电交易开市以来，天津电力交易中心通过省间和省内绿电市场，共组织绿电交易 35 次，交易电量 19.2 亿千瓦·时，减少标煤燃烧 61.44 万吨，减排二氧化碳 153.14 万吨。自首次开展绿证交易以来，共有 21 家企业通过电力交易平台达成了绿证交易意向，成交数量达 16.4 万余张。2023 年 12 月组织开展的 2024 年度绿电交易，成交电量 50.03 亿千瓦·时，是 2023 年全年绿电交易电量的 2.73 倍。

 五　电力市场保障体系

为了满足新型电力系统建设发展需要，构建相适应的电力市场机制，保障电力市场平稳有序运营，天津电力交易中心在电力交易平台建设、移动端应用拓展和电碳市场协同方面，进行了一系列探索实践。

（1）建成新一代电力交易平台。为了满足新型电力系统建设发展需要，适应多变的市场化交易规则以及海量用户注册管理的需求，开发建设高性能、灵活扩展、版本快速迭代的新一代电力交易平台，采用"云架构＋微服务"先进技术路线，按照"统一设计、安全可靠、配置灵活、智能高效"的原则，构建具有业务运作实时化、市场出清精益化、交易规则配置化、市场结算高效化、基础服务共享化、数据模型标准化"六化"特征的电力市场技术支撑系统。2021 年 9 月基于云架构搭建的大型电力市场技术支撑系统——新一代电力交易平台正式上线运行，支撑一般工商业用户全量入市、电网代理购电、中长期电力交易、现货交易、绿电交易、绿证交易等各项业务在线开展。

（2）升级"e 交易"App 绿电交易功能。通过"e 交易"App 绿电交易为市场主体提供绿电交易申报、交易结果查看和结算结果查看确认等服务，并与国家可再生能源信息管理中心技术支持系统集成，共同支撑绿证核发及划转等业务开展。依据区块链技术可靠记录绿电交易、合同、结算等全业务环节信息，按照市场主体需要提供参与绿电交易证明。强化市场成员注册及相关服务的技术保障，构建完善适用的 CA 身份认证体系，完善高频连续开市和结算业务功能，确保电力交易平台可靠高效运行。着力优化用户体验，加强对市场主体的业务培训，提供绿电交易专人对接服务，加快"e 交易"App 运营推广，满足用户便捷参与绿电交易的需求。

（3）服务重点企业做好绿电碳排放核减。2023 年 3 月，天津市生态环境局发布《关于做好天津市 2022 年度碳排放报告核查与履约等工作的通知》，明确温室气体年排放量达 2 万吨二氧化碳当量（综合能源消费量约 1 万吨标准煤）及以上的重点排放企业在核算碳排放时可以申请扣除购入绿电电量。天津电力交易中心积极配合相关企业做好绿电碳排放核减措施，为纳入碳排放权交易试点企业做好政策咨询和绿电交易服务，持续开展电碳市场政策研究探索，促进电碳市场协同运营、融合发展。

 电力市场深化建设

加快全国统一电力市场体系建设，是服务新发展格局的必然要求，是构建新型电力系统的迫切需要。天津电力交易中心将深入贯彻落实国家电力市场改革政策，严格国家和天津市落实电力市场交易规则规定，遵循电力运行规律和市场经济规律，适应新型电力系统建设的新要求，优化天津电力市场总体设计，推进适应能源结构转型的市场机制建设，提升电力系统的综合运行效率，完善中长期、现货和辅助服务衔接机制，探索容量市场交易、现货市场交易，持续扩大绿电绿证交易规模，推动更大范围的可再生能源参与电力市场。

（1）中长期交易方面，发挥中长期市场的稳价保供支撑作用。以"保供应、促转型、稳价格"为目标，做好电力中长期交易组织，确保中长期合同足额签约履约，稳定供需基本盘，建立电力中长期市场运营监测预警机制，充分利用电力市场交易结算数据资源，实现对电力市场运营情况全方位、多维度的智能统计分析，保证电力市场平稳有序运行。

（2）绿电交易方面，探索绿电市场灵活交易机制。在树立绿色电力消费核算统计权威性的前提下，探索绿电合同转让交易、绿电—储能联合交易等绿电市灵活交易机制。加强政企协同，发挥媒体作用，依托双碳运营中心，多方联动，充分了解用户绿电需求，持续优化"绿电专享"服务，实现绿电服务全覆盖。

（3）容量电价方面，深化容量电价政策与交易机制衔接。结合国家发改委出台的煤电容量电价政策，进一步完善交易规则，促进电量电价通过市场化方式有效形成，与煤电容量电价机制协同发挥作用，保障长期电力安全稳定供应。

（4）现货市场方面，做好中长期与现货市场衔接。结合京津唐电力现货市场建设步伐，借鉴第一、二批现货试点省份先进经验，开展中长期与现货市场衔接模式研究，提升平台可靠性、计算能力，为建设衔接有序、功能完备的天津电力市场体系做好准备。

第四节　人才队伍

一　坚持旗帜领航

国网天津电力以习近平新时代中国特色社会主义思想为指引，认真学习贯彻党的二十大精神，落实新时代党的建设总要求，在积极服务党和国家重大战略落地中坚持和加强党的全面领导，科学找准党建工作与新型电力系统建设的内在关系和逻辑联系，以党组织和党员作用发挥为关键点，将党建深度融入新型电力系统建设全过程，用实际行动忠诚捍卫"两个确立"，坚决做到"两个维护"，扛牢央企"国之大者"担当，为天津市建设能源革命先锋城市提供强有力的"红色引擎"。

（一）把稳政治方向

国网天津电力把加强政治建设视为安身立命之本，将坚持党的领导作为新型电力系统建设的根本前提。坚决用习近平新时代中国特色社会主义思想武装头脑、指导实践，通过"第一议题"、党委理论学习中心组等形式，深入学习领会习近平总书记关于新型电力系统建设最新的重要讲话、重要文章、重要指示批示精神，自觉做到对标对表、常学常新，及时研究贯彻落实措施，确保始终沿着党中央指引的正确方向前进。结合学习贯彻习近平新时代中国特色社会主义思想主题教育，扎实开展"察实情、出实招"专项行动，深入施工现场、一线班组、重要用户，针对新型电力系统建设过程中的难点、痛点等开展解剖式调研；将新型电力系统建设任务纳入"破难题、促发展"专项行动，切实做到学思用贯通、知信行合一，党中央决策部署到哪里、总书记号令指挥到哪里，就坚决跟进到哪里。通过党委会的形式，研究下发《新型电力系统重点工作任务清单》，细化8个方面65项重点任务，制订具体目标，明确责任部门，同时建立跟进督办机制，确保各项任务落实到位。将习近平总书记关于新型电力系统建设的重要指示批示精神纳入全体党支部"三会一课"学习内容，教育引导广大党员以钉钉子精神推动一项项具体行动和措施落实、落细、落地，真正让思想之光照亮前行之路。

（二）强化楷模引领

充分发挥"时代楷模"张黎明、"全国劳动模范"黄旭等先进典型的引领作用，带动广大干部员工建功新型电力系统建设，持续巩固蓬勃向上的发展态势。深化"看齐争优 对标黎明"行动，强化国网楷模、海河工匠等典型培树，通过内外部媒体平台传播展示基层一线员工在新型电力系统建设中的典型故事，促进员工学有榜样、做有标杆、行有方向，推动"个体先进"向"群体先进"进而向"全体先进"拓展升级。聚焦服务"双碳"目标，张黎明带领团队研发出智能充电巡视机器人，应用于新能源车公交站，成功实现自主识别、多工位自动充电等功能，并落户于津门湖新能源车综合服务中心，累计实现新能源车无人自主有序充电常态化，让广大百姓车辆充电更便捷高效。针对老旧小区新能源车主充电难题，张黎明带领青年突击队走访调研10个小区，成功研发移动共享充电桩，与传统新能源汽车采用"一对一"固定充电桩充电方式不同，该充电桩由私人化转变为共享化，从固定式转化为移动式，充电桩的覆盖范围不断扩大，一个桩可以覆盖6个车位，不仅解决了油车占位和电车占位的难题，较传统充电桩充电利用率提高近4倍，如图8-6所示。变压器改造工作对于降低电网线损具有重要意义，黄旭带领团队梳理区域内电能损耗大、绝缘老化等役龄15年以上的"高龄"变压器404台，通过"周计划、月管控、季收底"，年内全部升级更换为新型节能变压器，容量总计208.08兆伏安，全面提升能源利用率，助力"双碳"目标落地，同时为居民百姓提供更加坚强的电力保障。

图8-6　张黎明带领国网天津滨海公司青年党员查看移动共享充电桩运行情况

（三）夯实组织保障

严密的组织体系是党的优势所在、力量所在。建强党的基层组织，新型电力系统建设就有了支点和载体。国网天津电力党委发挥把方向、管大局、保落实的领导作用，牢固树立大抓基层的鲜明导向，不断织密建强党的组织体系，持续增强党组织政治功能和组织功能，把基层党组织的组织力、凝聚力、战斗力汇聚转化为新型电力系统建设的强大动能。弘扬"支部建在连上"优良传统，紧跟新型电力系统与新型能源体系发展步伐，成立双碳运营管理分公司，同步设置党的基层组织，在电网建设、新能源并网等一线设立临时党支部，为传统电力系统向新型电力系统升级提供有力组织保障。近年来，聚焦天津南特高压输变电工程、滨海于家堡"双碳"创新充电站等重难点工程，建立临时党支部近百个，为深入推进能源革命，加快规划建设新型能源体系提供了有力支撑。深化电网基建工程临时党支部标准化建设，结合天津地区电网基建工程实际，编制《电网基建工程临时党支部标准化管理手册》，明确了临时党支部组建具体要求，规范了"三会一课"、主题党日、阵地建设等内容，把电网基建工程临时党支部打造成为思想教育的前沿阵地、铁军形象的展示窗口、攻坚克难的坚强堡垒、联系群众的桥梁纽带、党风廉政的重要关口，如图8-7所示。

图 8-7　国网天津建设公司（监理公司）成立板滨临时党支部，
打赢天津地区 500 千伏双环网建设"最后一战"

 实施"党建＋"工程

深入贯彻坚持党建工作与生产经营深度融合，以企业改革发展成果检验党组织工作成效的工作原则，按照党委抓统筹、专业抓融合、支部抓落实、党员当先锋的工作思路，深入实施"党建＋"工程，围绕"能源配置平台化、能源生产清洁化、能源消费电气化、能源创新融合化、能源业态数字化"五大关键点，系统完善党建工作与生产经营深度融合的履责体系、落地实践模式、推进实施机制，充分发挥基层党组织和党员在新型能源体系构建、电网绿色低碳转型中的战斗堡垒和先锋模范作用，形成了一个支部一座堡垒、一名党员一面旗帜的良好效应，切实推动党建与新型电力系统建设相融并进。

（一）实施"党建＋基建"工程，推动能源配置平台化

新型电力系统建设需要推动电网形态由"输配用"单向逐级输电网络向多元素双向混合层次网络转变，首要基础是构建智慧、坚强、可靠的智能电网。国网天津电力深入实施"党建＋基建"工程，坚持把支部建在项目上，把党旗立在工地上，以解决基建难题、完成重点任务、加强工程管理为着力点，切实提升基建项目、安全、质量、技术、造价和数字化管理水平。

263

（1）持续完善特高压和各级电网核心骨干网架，发挥党组织桥梁纽带作用，联合政府等相关方广泛联创共建，与天津市全部16个区签署战略合作协议，建立电网工程专题协调会机制，常态化沟通汇报电网工程推进中面临的征地占用等难题，推动500千伏板滨等一批电网工程全面竣工。与滨海新区区委联合成立重点电网工程项目指挥部，全面攻克500千伏大港输变电工程外协难题，提前半个月贯通500千伏板滨全线，推动受阻10余年的海河下游等16项重点工程全部投产。在电网基建一线广泛设立党员责任区、示范岗，发挥党员先锋模范作用，激励广大职工创先争优，持续提升输变电工程质量管理及工程项目质量工艺水平，实现输变电工程"零缺陷"移交，达标投产率达100%（见图8-8）。

图 8-8　国网天津高压公司党员在智能运检管控中心远程监测
特高压输变电设备运行情况

（2）加快建设现代智慧配电网。在10千伏"雪花网"建设任务中，加强党组织堡垒共筑，第二批15个"雪花网"项目建设全面启动，构建多组以"雪花网"为主干网架的标准配电网结构，加强"雪花瓣"间联络，将多"雪花瓣"供电集群优势融入国际领先型城市配电网建设，打造面向大都市发展的低碳高效新型智能电网，不断满足天津市高质量发展要求。结合各专业工作特点和已有制度，优化党建融入机制，编制10千伏"雪花网"结构试点项目建设计划管控表，细化党员责任分区，明确项目关键节点，建立问题即时反馈机制，确保工作任务高质量完成（见图8-9）。

图 8-9 国网天津城南公司配电专业党员在陈塘商务科技园
对改造后的"雪花网"站点进行巡视检查

（3）不断提高电网安全稳定运行水平。围绕输电通道隐患监拍专项创建党员示范岗，确定 10 类重点线路通道隐患及具体标注规则，通过多轮次迭代，将线路重点隐患单类查准率提升最高达 22%，查全提升达 20%。聚焦提升蓟州山区线路设备安全运行水平，形成"共产党员突击队聚力式破题＋党支部联动式攻坚＋党员领衔式推动"的模式，完成蓟州北部地区 56 台配电变压器增容加站工作，度夏期间 10 千伏线路故障率同比降低 9.7%，故障平均处理时间同比下降 24.16%，为山区电网稳定运行筑起安全屏障。

（二）实施"党建＋高质量发展"工程，推动能源生产清洁化

新型电力系统的显著特征之一是新能源开发利用规模不断提升，在能源体系中逐渐占据主导地位。国网天津电力深入实施"党建＋高质量发展"工程，坚持党建引领、高标站位、规划统筹、开放共赢，积极推动新能源大规模发展和高效利用，多措并举助力新型能源体系建设。

（1）服务"零碳"码头建设。依托共产党员服务队开展"电网先锋网格化服务新能源发展攻坚行动"，聚焦天津港新能源建设选址难、化石能源替代难、能源综合管理难三大"痛点"，从能源输入—能源消费—能源管理全链条创新提出"1+1+1"建设路径，与天津港共同打造的《港口好"风光"——打造大型港口"绿色零碳"样板》项目取得 2023"金钥匙——面向 SDG 中国行动"全国赛优胜

奖，为全国港口低碳发展提供了可复制、可推广的"中国方案"。

（2）服务大规模新能源并网。以主题教育联建为抓手，对外通过与国家能源局、天津市政府沟通联络，深入开展天津电网6大分区新能源消纳能力研究，对内聚焦"融入专业促提升、岗位练兵强技能、解决难题争一流"党员示范岗建设，从规划论证、项目纳规、接入系统评审等环节为世界规模最大的天津滨海长芦海晶盐场140万千瓦"盐光互补"光伏发电项目提供科学并网方案，确保绿电全额消纳，有效解决本地消纳难题。结合滨海新区新能源发展态势，成立由党员技术骨干组成的新能源研究柔性团队，完成新区35千伏及以上电压等级新能源接入承载力评估分析，制定新电源接入管理流程，引导华电海晶100万千瓦"盐光互补"、龙源"盐光互补"、华电清河纳兰"渔光互补"等项目实现全容量有序并网。

（3）服务电力系统调节能力提升。聚焦新能源大规模接入可能对电力系统带来的风险和挑战，确立"分布式新能源建模""强化地区电网仿真建模"等课题，划分党员责任区、设立党员示范岗进行课题攻关，坚持示范岗"点对点"对接项目技术组，责任区挂牌包保节点进度和任务质效，高质量完成宁河地区电网零序网络建模、分布式电源逆变器装置型号参数收集等重要节点任务，为更好促进新能源和清洁能源发展、有力支撑经济社会高质量发展打下了坚实基础，如图8-10所示。

图8-10　国网天津电力心连心（宁河六队）共产党员服务队队员对宁河区潘庄镇宁欣光伏电站设备进行全方位检查

（三）实施"党建＋优质服务"工程，推动能源消费电气化

在新型电力系统中，电能在终端应用范围和场景将持续拓展，占能源消费比重不断上升。国网天津电力深入实施"党建＋优质服务"工程，发挥党支部战斗堡垒作用，大力拓展以电能为主要供能形式的综合能源服务，引领用能高效转化与电力供需互动。

（1）服务"双碳"创新示范工程建设。以"六大举措"落实党员责任区承诺，跟踪"五项指标"评测建设成效，促进责任区党员积极示范引领，组织青年设计骨干全力攻坚天津滨海于家堡"双碳"创新充电示范站工程，攻克各项技术关卡，成功获评天津市政府和国家电网公司为打造能源革命先锋城市战略落地的示范工程，为天津滨海新区打造"绿色低碳生态样板"提供了强有力的支撑。

（2）服务好新能源汽车用电。按照"堵住两端，管住中间"的思路开展充电桩建设，源头把控新建小区预留标准，合理选址配建变压器，实现容量扩充便捷充电设施进一步改造。积极消化存量，延伸电源至地下车库，设置多表位壁挂式集中表箱，服务百姓便捷充电。推动政府将移动共享充电桩选址建设内容纳入社区管理内容，已推广10个小区12个点位，为破解老旧小区充电难题提供了切实可行的解决方案。

（3）服务海河游船电能替代。推行实施"供电＋能效"服务新机制，通过"一对一"跟踪服务，设计最优供电路径及方式，从接到用户申请，仅用3天完成海河游船意风区码头充电桩项目装表接电，为海河游船"油改电"项目实施提供充足供电保障，促进海河沿岸发展向"碳达峰、碳中和"目标迈进，如图8-11所示。

（4）服务乡村电气化水平提升。以乡镇供电服务中心党支部为前沿阵地，与天津市村镇党组织联创共建，以"共建服务平台、共治用电隐患、共护群众平安、共促乡村振兴、共践初心使命"为抓手，签订共建协议，联合组建乡村治理党员突击队，协同开展通道治理、设施保护、安全用电宣传等工作。充分对接乡村用电需求，实施"进百家门、听百家言、办百家事、解百家难"活动，协同摸排属地供需分布及变化情况，开展电网精准诊断分析和规划，因地制宜制定隐患整改方案，有效解决重过载、低电压、频跳闸等问题，齐心协力提升供电质量，如图8-12所示。

图 8-11　国网天津城东公司黄旭带领共产党员服务队队员
为海河新能源游船提供供电保障

图 8-12　国网天津蓟州公司党员正在对大街村光伏项目进行巡视检查

（四）实施"党建＋科技创新"工程，推动能源创新融合化

建设新型电力系统，需要加强知识产权体系建设，发起新型电力系统技术创新联盟，推动创新产业链融合发展。国网天津电力深入实施"党建＋科技创新"工程，推动"政产学研用"深度贯通合作，加快推进电力"双碳"先行示范区建设，营造能源互联网创新生态。

（1）政企共建推动智慧能源小镇建设。2018 年，国网天津电力建设中新生态城"智慧宜居"型和北辰大张庄"产城集约"型智慧能源小镇示范工程，推动智慧城市建设。在智慧能源小镇建设过程中，高度重视与政府、企业合作，开展"双进双服、五联五共"活动，组织各基层党委、党支部与政府、企业开展联创共建活动，积极对接政府智慧城市规划建设需求，促成小镇智慧能源系统建设顺利纳入区域规划，推动解决集中式储能电站、零能耗建筑、绿色能源共建 3 个子项的征地、破路、破绿等多个难题，9 个审批手续得以减免简化，平均每个子项节省手续审批时间约 12 个工作日。同时，发挥共产党员服务队联系群众优势，依托"党员客户经理"定期对小镇内企业进行上门走访，及时了解客户需求，在智慧能源小镇建设中做到多方共赢。

（2）创建党员示范岗推动成果落地。针对变压器内检"机器鱼"、有限空间作业有毒有害气体安全监测装置、水泥制品快检仪等成果推广运用，创建党员示范岗，推动新型电力系统相关研究成果更新迭代、现场测试和转化销售，如图 8-13 所示。开展适应新能源接入的快速时域距离保护算法攻关及装置研发，成功研制全国首套新能源并网线路快速时域距离保护装置，并在 110 千伏丰台等风电场实现挂网试运行，推动创新成果实用化落地，保障新能源接入的电网安全可靠运行。

图 8-13　国网天津电力电科院在变压器内检"机器鱼"
研发一线创建党员示范岗

（五）实施"党建＋数字化转型"工程，推动能源业态数字化

提高电网的数字化水平，以数字技术赋能分布式新能源消纳、电动汽车交互等业务是构建新型电力系统建设新型电力系统的必然趋势。国网天津电力深入实施"党建＋数字化转型"工程，以国网数字化转型战略为引领，支撑新型电力系统建设，结合电网资源业务中台、数据中台、数创平台等重点数据应用领域，划分党员责任区，分专业、分片包保数据治理，全面打造国际领先的电力物联网数字化技术融合应用示范工程，推动数字新基建建设。

（1）优化数字化人才培养机制。启动"百人百项"数字化技术训练营，党员领衔打造党员数字化专业人才队伍，通过邀请国家电网公司首席专家等专家学者开展专项培训、RPA竞赛、岗位练兵等活动提升党员数字化专业技能，累计200余名党员获得RPA、大数据分析等数字化技能认证，自主培育出了减污降碳协同增效、配电网巡视智能助手、蓟州乡村旅游发展看板、数据中台运营管家等一批实用实效的数据创新应用场景，数据赋能新型电力系统建设成效显著提升。

（2）党员带头攻克数据管理应用难题。聚焦班组数据集建设应用、基础数据质量治理维护、数创产品复制推广等难点，通过跨单位支部结对共建、跨专业组建党员攻坚小组、党员包保重点任务等方式，充分激励各级党组织党员攻坚克难、创新突破，实现全公司党员力量高效整合，打通全业务数据链条，完成3万余张数据表的模型整合工作，为新型电力系统建设奠定坚实数据基础（见图8-14）。

图8-14　国网天津信通公司红色数据服务站党员攻坚数字化供电所建设任务

（3）组织赋能数字化供电所建设。围绕供电所内外勤数据交互烦琐、故障后台快速定位困难等供电所高频业务场景和一线堵点问题，设立重点项目30余项，组建党员攻坚小组26个，形成以"项目、支部、党员"三要素为抓手的组织推进机制，利用数创平台等数字化工具开发工单类、助手类、查询类、看板类等典型应用，并制订配套安全运行规则和应急保障机制，建立面向业务人员的一站式便捷取数平台，支撑基层班组自主便捷用数，持续提高供电服务能力和管理水平。

 ## 三 厚植人才沃土

人才是驱动创新、引领发展的第一资源。建设新型电力系统、实现"双碳"目标，迫切需要高水平的科技领军人才、卓越技能人才，特别是跨专业复合型人才。国网天津电力聚焦时代所需、事业所需、发展所需，深入实施人才强企战略，倾心引才、悉心育才、精心用才、真心爱才，打出"选育用励"组合拳，激活人才引擎驱动作用。

（一）倾心引才，拓宽人才矩阵广度

伟大的事业呼唤一流的人才。国网天津电力以大格局、大视野吸引八方英才，拓宽人才引进渠道，提升人才引进质量，以院士专家为"头雁"的人才雁阵格局基本形成。

成立院士联合创新中心，柔性引入顶尖人才。聘请周孝信、薛禹胜、余贻鑫、郭剑波、王成山五位电气工程领域院士担任公司高级顾问，邀请余贻鑫、王成山两位院士进驻公司院士专家工作站，成立公司和电网发展专家咨询委员会，为公司建设新型电力系统等重大战略把脉定向。

完善员工招聘机制，广泛吸引优秀人才。紧密围绕主营业务和一线岗位需要，持续优化招聘高校毕业生素质和结构，针对聚焦主干专业和重点领域，面向一流高校、瞄准一流学科，实行"上门式""一站式"精准引才。近年来，招聘硕士研究生及以上学历毕业生占比超过50%，双一流、985、211、原电力部属院校毕业生占比超过65%。

深化校企联合培养，靶向锻造急需人才。聚焦新型电力系统、智慧能源、储能技术等关键核心领域，与天津大学、华北电力大学、中国电科院联合培养工程博士、博士后等工程技术领军人才，实现关键领域智力引入。近年来，累计培养

博士后 9 人、在职工程博士 17 人，其中两人入选中共中央组织部卓越工程师培养计划。

（二）悉心育才，加大人才培养力度

厚植人才沃土，激活一池春水。国网天津电力始终坚持为党育人、为企育才的政治方向，牢牢把握人才培养规律，构建全员、全过程、全方位人才培育体系，努力为各类人才成长发展提供营养和土壤。

实施高端人才引领工程，抢占一流人才"制高点"。坚持好中选优、从严控制原则，努力培养一批业务精湛、贡献突出、影响力强，具备"一锤定音"能力的高级专家。完善专家培养使用机制，针对性制订培养计划，支持高级专家牵头申报重大科技项目，赋予专家团队揭榜挂帅优先权。两年来共遴选高级专家 53 名。其中两名专家获评国家电网公司首席专家，每万人获评首席专家数位居各省公司前列。

实施电力工匠塑造工程，培养扎根一线"大工匠"。大力弘扬劳模精神、工匠精神，倡导广大员工扎根一线、钻研业务，沾一身泥巴、练一身硬功。创新理论讲解＋案例剖析＋现场问答＋随堂考试"四位一体"技能授课模式，建成全国领先的电缆实训基地。2022 年承办中电联信息通信运维竞赛，斩获团体一等奖。2023 年，首次承办全国职业技能大赛，摘得全国首枚电缆运营与维护赛项金牌，如图 8-15 所示。近三年获得省部级及以上技术能手称号的员工达到 19 人。获评技能人才培养领域全国最高荣誉"国家技能人才培育突出贡献单位"，代表国家电

图 8-15　摘得全国职业技能大赛首枚电缆运营与维护赛项金牌

网公司参展首届大国工匠创新交流大会。

实施青年人才托举工程，锻造勇挑重担"青年军"。随着青年员工大量补充，为加速青年人才成长成才，启动青年人才托举工程，实施"项目＋人才"联合培养，为青年员工提供更多参与重大项目研发、重大工程建设、重大任务实施机会，支持青年人才"挑大梁""当主角"。累计遴选青年托举人才120名，深度参与多项重点任务和科研课题攻关，国网天津电力科学研究院员工获评全国青年岗位能手标兵。连续十年举办入职三年青年员工比武，以赛促学、比学赶超，打造青年人才梯队，深蓄公司青年后备人才池，如图8-16所示。

图 8-16　常态开展青年人才比武

（三）精心用才，提升人才价值高度

精心用才的根本落脚点是才尽其用、人企双赢。国网天津电力坚持用发展的视角、长远的眼光客观看待人才、使用人才，根据事业发展需要和不同人才特点，把人才配置到适合的岗位上，发挥最佳用人效能。

发挥专家头雁作用，带动提升整体水平。以首席专家、高级专家为核心组建攻关团队，针对新型电力系统建设等关键领域，开展重大任务攻关和创新课题研究，牵头实施近百项重点攻坚任务。建立新型"师带徒"机制，发挥各级专家传技带徒作用，推动专家身边再出专家。近年来，牵头首获中国电力科技进步一等奖、天津市技术发明特等奖等重大奖项。

倡导人才岗位建功，筑牢公司发展根基。将人才工作与重点工程、重大项目结合起来，把优秀人才用到关键岗位，在电网建设第一线、营销服务最前沿，大胆使用优秀人才，让他们承担更大责任，发挥更大作用。在"1001工程"、电力营商环境改善等火热一线"赛马""练兵"，在"1001工程"中做出突出贡献的3个单位、9名同志、9个集体被即时授予天津市五一劳动奖。

实施全员培训赋能，充分挖掘人才潜力。迭代升级以企业培训中心为核心、若干基层特色实训基地为支撑的"1+N"共建共享技能实训体系。围绕领导人员、专业管理人员、技术技能人员等各类群体，分层分级开展专项培训，为全员全职业生涯培训赋能，2023年举办各类培训班200余项，8.8万人天。创新开展"双碳特训营"，获评第十八届中国企业培训最佳学习项目。推进全员培训和学习型企业建设，获评第十八届中国企业教育先进单位百强。

（四）真心爱才，增强人才关爱温度

尚贤者，政之本。国网天津电力始终积极营造求贤若渴、惜才如金的企业环境，尊重劳动、尊重人才、尊重创造，强化人才激励保障，努力为各类人才干事创业提供全方位支撑，不断增强人才归属感、获得感、幸福感。

强化薪酬激励，激发人才建功动力。坚持价值、能力、贡献导向，健全人才评价体系，分类施策开展人才差异化考核，对履职成效、实绩贡献等情况进行月跟踪、季对标、年评价，根据考核结果兑现奖励。完善全面薪酬激励体系，推广宽带岗级工资制度，进一步向关键岗位、核心人才倾斜。制订首席专家、高级专家培养使用和薪酬待遇专项方案，创新设置成长性薪酬激励，贡献突出的高级专家最高可享受三级副职级薪酬，让一流人才享受一流待遇。

实施多维保障，创造良好工作环境。组织优秀人才参加国际国内学术交流、技术标准制定、更高层次人才选拔，提供更多进修研修机会。健全人才表彰奖励制度，落实疗养等关爱措施。邀请人才代表参加重要会议，畅通建言献策渠道，全面建设识才、爱才、敬才、用才的良好环境。

发挥榜样作用，全面营造争先氛围。举办"黎明杯"劳动竞赛、"看旗争优、对标黎明""我为黎明身边人，人人争做张黎明"等主题活动，广泛宣传学习时代楷模、改革先锋张黎明同志先进事迹，营造广大员工人人争做人才、人人皆可成才的浓厚氛围。涌现出全国劳动模范黄旭等一大批"技术能手""蓝领工匠"，群体先进风貌日益彰显。

第九章
典型示范工程

国网天津电力立足区位优势和产业特色，聚焦北辰产城融合示范区、中新天津生态城、天津港等典型区域，打造了城镇级、园区级、港口级、区域级四个维度的重大示范工程，形成新型电力系统建设的示范引领。本章重点介绍了智慧能源小镇、宝坻"一园一村"、天津港"零碳"码头、滨海能源互联网综合示范区等示范工程概况及成效。

第一节 城镇级示范——智慧能源小镇

 一 总体概况

国网天津电力在滨海和北辰地区分别建设"生态宜居"和"产城集约"两种典型智慧能源小镇，实现电能占比高、清洁能源占比高、综合能效高、供电可靠性高、信息广泛感知、服务广泛覆盖、用户广泛参与，支撑小镇能源生产、消费方式转型升级，探索实践新型电力系统在城镇级别的构建模式，打造智慧能源创新成果综合展示窗口。

中新天津生态城惠风溪智慧能源小镇位于天津滨海新区中新天津生态城区域内，规划面积 8.1 千米^2，规划人口 6 万，隶属我国首个国家综合改革创新区"滨海新区"的核心区域，是中国、新加坡两国政府应对全球气候变化、节约资源能源、建设和谐社会的重点示范区域。小镇内以高端居民住宅为主，互联网、高科技及文化创意旅游为辅。建设之初，小镇已有相对完善的能源供应基础，具有分布式光伏发电 10 兆瓦，风力发电 4.5 兆瓦，冷热电三联供 1.5 兆瓦，智能电能表实现全域覆盖。小镇配电网已与分布式能源、储能装置、柔性负荷等有机融合，中压配电自动化等应用系统覆盖较广，智能电网经过多年的运行已积累了大量宝贵的数据。但是，随着入住人口不断增加、高科技产业陆续入驻，属地居民对智慧社区、智慧交通、智慧服务等方面提出了更高要求，主要体现在能源信息网络智能水平与高效用能需求、家庭用能智能化水平与舒适生活需求、公共交通智能化水平与绿色出行需求、公共服务智能化水平与便捷体验需求之间还存在差距。需要进一步深化完善能源网络建设，实现市政数据和电网数据的共享，开展信息集成与大数据分析，更好地服务政府企业居民。

北辰大张庄智慧能源小镇位于北辰产城融合示范区，起步区面积 6.4 千米^2，是首批国家级产城融合示范区，立足于实现以产兴城、以城助产、产城共荣，代表未来新型城镇的发展方向。区域内光伏、风电、地热等清洁能源比例较高，已建设冷热电三联供 120 兆瓦，光伏 4 兆瓦，地源热泵 1.2 兆瓦，综合能源需求日益迫切。同时，小镇内高端制造、电子信息、金融、数据中心、商业综合体等产业发展迅猛，对冷、热、电、气等综合能源供应品质和服务质量都提出了较高要求。近年来，示范区落地实施了"面向新型城镇的能源互联网关键技术及应用""智能配电柔性多状态开关技术、装备及示范应用"两项国家重点研发项目，与智慧能源小镇高度契合，为破解北方地区能耗总量大、效率低、供暖期污染严重等难题提供解决方案，示范意义重大。

 建设内容

（一）中新天津生态城惠风溪智慧能源小镇

中新天津生态城惠风溪智慧能源小镇围绕"能源更智能、生活更舒适、出行更低碳、体验更便捷"四个方面，深化完善能源网络建设，实现信息集成与数据融合共享，为用户提供多元化能源服务。在生态城已有智能电网和智慧城市的建设基础上，通过主动运维、智慧运检、集中储能进一步提升能源供应网络基础设施；部署新型智能电能表、家庭能量路由器等装置，为居民提供智慧生活服务；丰富电动汽车快充、慢充、无线充等多种充电方式，支撑小镇低碳出行；建设零能耗智慧建筑、绿色能源社区广场，搭建生态城能源大数据中心，提升智慧城市公共服务能力，努力提升人民群众幸福感、获得感，打造"生态宜居"型惠风溪智慧能源小镇。

1. 能源更智能方面

（1）建成覆盖发输变配用和源网荷储各环节的智慧物联体系。建设了基于物联网云－边架构的城镇级主动配电网，采用云－管－边－端的架构，对生态城核心区 186 个低压配电台区进行了低压信息化改造，创新应用了融合参数识别与过零同步的线路拓扑辨识技术和基于云－边架构的配电网缺陷主动预警技术，优化配置各类智能传感终端和基于"国网芯"的边缘代理装置，支持设备智能监测、态势全景感知、资产精细管理、故障主动定位等高级应用。相关成果推广至智能输变电领域，建成"两线一变"输变电物联网示范工程，图 9-1 所示为智慧变电站数字孪生智能巡检图。巡视检修效率、故障研判准确率、抢修效率均大幅提升，实现由传统"人工巡视 + 故障抢修"运维模式向"智能巡视 + 主动防御"模式转变，加快推动电网智慧化、数字化转型。

图 9-1　智慧变电站数字孪生智能巡检图

（2）建成 10 兆瓦 /10 兆瓦·时预制舱式磷酸铁锂电池储能电站。图 9-2 所示为生态城惠风溪小镇集中储能电站。储能电站采用预制舱式布置方式，由 5 套 40 尺（1 尺 = 1/3 米）标准高柜电池预制舱组成，每套电池舱内部集成 2 兆瓦·时高安全性、高可靠性的磷酸铁锂电池，并配置分布式光伏系统，为区域提供调峰容

图 9-2　生态城惠风溪小镇集中储能电站

量。采用规模化储能系统功率快速精准控制技术,提高了对大扰动新能源及大波动负荷的适应能力,满足了电网多场景下的调峰、调频需求,实现了变电站的等效增容,有效提升了变电站的供电能力。

2.生活更舒适方面

(1)建成基于光伏建筑一体化设计的绿色产能型零能耗智慧建筑。零能耗智慧建筑建筑面积为 135 米^2,配置 20 千瓦光伏系统和 40 千瓦·时储能系统,采用光伏建筑一体化设计,使用多种高性能保温建筑材料,融合"被动式"建筑和"主动式"能源供应技术,使零能耗智慧建筑比普通建筑节能 70% 以上,实现了建筑能源 100% 自给自足和零能耗运行;研制了适配清洁能源与多元负荷的多端口家庭能量路由器,具备 380 伏交流母线、400 伏直流母线等接口,额定功率下运行效率达到 95% 以上,应用考虑交易时间尺度、系统功率平衡和设备控制时序的运行控制策略,具有智能、节能、舒适等多种运行控制模式,满足了用户多元化用能需求。图 9-3 所示为零能耗智慧建筑夜景。

图 9-3 零能耗智慧建筑夜景

(2)研发并规模化部署集负荷辨识、停电上报、远程校准功能于一体的智能量测系统。综合利用机器学习、聚类分析等技术,首创了集负荷辨识、停电上报、远程校准等功能于一体的新型智能电能表,研发了智能量测系统及"用能攻略"微应用,实现了用电行为多维画像、用电设备异常预警、停电信息推送到户、计量误差在线评估，在商铺和居民用户规模化推广，实现户均节能超过10%，提升客户智慧用电体验。

3. 出行更低碳方面

研制了集双向精准调控、电能质量治理、设备即插即用等功能于一体的交直流双向变换器，建成了具备快充、慢充、无线充电等多种能源补给方式的大容量、多模态、智能化车网互动智慧光伏充电站，实现无线/有线多模态充放电。开发了面向多种充放电模式的小镇智慧车联网系统，提供智能有序充放电服务，实现车－桩－网灵活互动，节约出行用电成本，打造了绿色智慧出行新模式。图9-4所示为生态城惠风溪小镇电动汽车无线充电站。

图9-4　生态城惠风溪小镇电动汽车无线充电站

4. 体验更便捷方面

在生态城惠风溪小镇某公园，建设了绿色能源与城市基础设施多场景深度融合的绿色能源社区广场，研制了集成照明、市政、安防、无线通信等于一体的智慧灯杆，共铺设150米^{2}光伏路面，部署4台光伏座椅、2个光伏垃圾桶和4个智慧灯杆，共计装机功率近20.25千瓦。建成了适用于多场景分布式电源的多母线直流微网系统，使光伏路面、光伏座椅等微能源灵活接入和高效控制，实现了能源产消与公共建筑的有机融合。

（二）北辰产城融合示范区大张庄智慧能源小镇

北辰产城融合示范区大张庄智慧能源小镇围绕"终端建筑智慧化、区域供能互联化、多能信息融合化、产城管控集约化"四个方面，开展城镇级新型电力系统示范建设。以智慧工厂、直流楼宇、分布式能源站（相变蓄热）构建智慧小镇基本单元；建设交直流柔性互联配电网、分布式能源站群和分布式储能，实现冷热电气多种能源互联；部署综合能源采集终端，构建智慧园区能源物联网，实现多能信息融合；建设小镇能源管理平台，实现产城综合管控，打造"产城集约"型智慧能源小镇。

1. 终端建筑智慧化方面

（1）建成满足高端制造业高品质用电需求的智慧能源工厂精准分级供电系统。统筹考虑设备敏感度、系统拓扑和一二次设备协同关系，提出了全生产过程电能质量敏感环节精准辨识技术与测试方法；在此基础上，在天津某汽车零部件公司建成了基于敏感负荷分级分类的高品质供电示范系统，配置多种电能监测与治理设备，包括 5 套不间断电源（uninterruptible power supply，UPS）、5 套动态电压恢复器（dynamic voltage restorers，DVR）、1 套静止同步补偿器（static synchronous compensator，STATCOM）、3 套电能质量监测终端等。该系统以经济最优、治理成效最佳为目标实现了电能质量的高效靶向治理，大幅降低坏件率，年均节约成本 120 万元，为城市产业升级、高端制造业发展提供坚强优质的电力保障。

（2）建成多场景多电压自适应直流智能楼宇。研制并应用了多电压自适应变换智能直流插座，提出了"一体化配电单元＋变换器自身主动式保护"的直流微电网综合保护方案。建设了覆盖 ±375 伏、DC220 伏直流电压等级楼宇直流微电网，接入 44 千瓦屋顶直流分布式光伏，包含直流电梯、监控大屏、中央空调等 20 余类直流负荷；通过直流源荷自适应并网，大幅提升直流用能便捷性，消除逆变环节，用能效率比交流系统提升约 3%，预计每年减少二氧化碳排放量 40.95 吨。

（3）建成基于新型基体蓄热材料的"零污染"相变蓄热能源站。以环保型三水醋酸钠作为基体蓄热材料，提出了微通道平面传热强化技术以及零功耗热驱动换热技术，降低了热损失，提高了相变蓄热系统整体热效率。图 9-5 所示为大张庄智慧能源小镇蓄热站现场实景，配置 10 台高温固体蓄热模块，蓄热量 5600 千瓦·时，能够满足日常供热需求；采用低温相变装置作为供热调峰负荷，单台蓄热量 120 千瓦·时，6 台相变蓄热装置总蓄热量 720 千瓦·时，满足极端天气下的供热需求。两类相变蓄热装置互补结合，达成最优蓄热供暖效果，同时如遇夜间停电等特殊情况发生，相变蓄热所存储的热量能够满足夜间基本供暖需求。充分利用短时、尖峰可再生能源，有效降低热用户用能成本及促进分布式电源动态消纳，促进削峰填谷。

图 9-5　大张庄智慧能源小镇蓄热站现场实景

2. 区域供能互联化方面

（1）建成以智能配电柔性多状态开关为枢纽的交直流混合配电网。图 9-6 所示为交直流混合配电网结构，以北辰产城融合示范区高端装备制造产业园 4 条 10 千伏线路为基础，建成八端口柔性多状态开关站，实现中压网络柔性闭环运行，柔性调节容量达到 6 兆瓦；提出柔性多状态开关与线路常规开关协同的故障快速恢复技术，配合光纤纵联差动分布式自动化成套设备提升改造，抑制电压暂降，实现重要用户"零闪动"；配合示范分布式储能和直流微电网建设，实现区域清

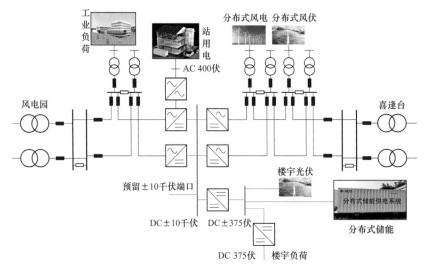

图 9-6　交直流混合配电网结构示意图

洁能源 100% 消纳，为含高比例可再生能源、柔性多元负荷的城市配电网向能源互联网形态演变提供示范引领。

（2）建成总容量 1.5 兆瓦 /1.5 兆瓦·时的高效分布式 / 移动储能系统。研发了电池拓扑动态可重构技术，提升了储能系统的经济性和可靠性；在此基础上，在北辰双街种养殖基地和高端装备制造产业园示范建设 2 套 500 千瓦 /500 千瓦·时固定式储能系统，解决了用电高峰配电网末端低电压问题，促进了区域分布式可再生能源的消纳。部署了 1 套 500 千瓦 /500 千瓦·时移动式储能机车，为高考、国庆阅兵等重要场合提供应急供电保障，图 9-7 所示为移动储能车在高考期间应急保电。

图 9-7　移动储能车在高考期间应急保电

3. 多能信息融合方面

（1）建成分布式能源站互联群。研制了适用于综合能源系统多场景、功能灵活配置的多能信息交互装置，支持 RS232、zigbee、lora 等多种通信方式，支持 CDT、MQTT 等异质能源管理系统主流通信协议，具备接入 129 个终端、33147 点模拟量、62103 点遥信量的能力。在大张庄镇以电力为核心的分布式能源物理互联的基础上，开展商务中心、分布式储能系统、高端制造工厂等区域分布式能源的信息互联，支撑了小镇供能系统的安全高效运行。

（2）建成水、电、气、热多能源数据的标准化采集系统。研发部署综合能源标准化采集系统，实现多种能源采集设备与计量设备快速接入，支撑能源量测终端的高频高密采集以及精准计量，终端侧配置智能量测设备以及家电智能调控设备，提出综合能源数据采集统一接入技术，实现多终端协议适配标准化。图 9-8 所示为综合能源标准化采集系统架构。

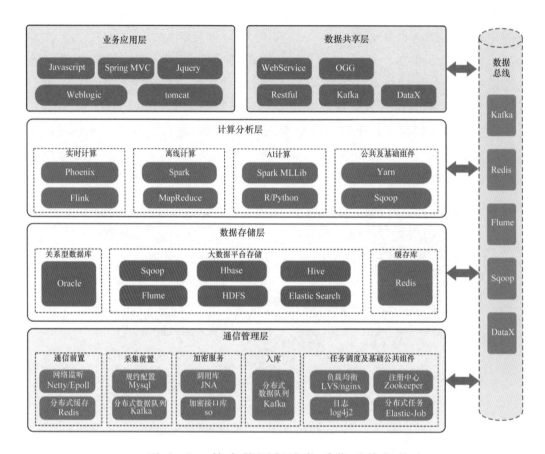

图 9-8　综合能源标准化采集系统架构

（3）构建面向工业企业、商业楼宇、居民用户的全场景智慧能源物联网络。北辰产城融合区大张庄智慧能源小镇的物联管理平台接入多功能电力监控仪表、智能水表、智能热量表共计265台，能源管控终端12台。端侧部署的热量表、流量计、多功能电力监测仪表等用能设备，通过RS485线Modbus协议接入能源管控终端，实现一定范围内终端采集数据的汇聚和计算；能源管控终端采用4G/5G无线专网MQTT协议接入物联管理平台；主站能源互联网管控与服务平台通过消费物联管理平台北向MQS的接口数据，将感知的电、水、热等结构化数据经物联管理平台上报至业务主站，为业务应用提供数据支撑。

4.产城管控集约化方面

建成面向新型城镇的全环节智慧能源管理平台。攻克跨品类能源广域自律协同优化技术，建立了以电为中心，电、冷、热、气融合的综合能源互联网络，进一步构建了覆盖城镇、集群、用户三个层级的综合能源一体化智慧管理体系，提供贯穿能源规划、运行、交易、运维和评价全流程的智慧能源服务，降低了小镇综合用能成本；通过综合能源协同优化和梯级利用，打造了北方城镇清洁低碳、安全高效供用能新模式，助力示范区能源互联网发展。图 9-9 所示为大张庄智慧能源小镇能源管理平台界面。

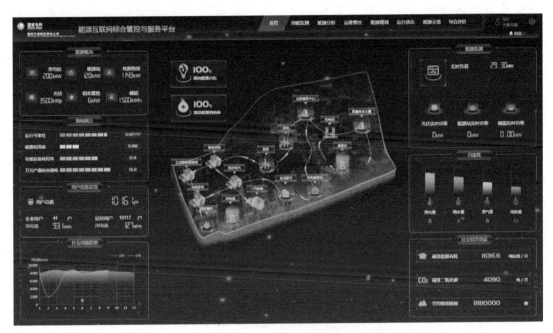

图 9-9　大张庄智慧能源小镇能源管理平台界面

③ 实施成效

智慧能源小镇城镇级示范针对新型电力系统的重大需求，攻克了一系列关键技术难题，创新建设运营管理模式，在国内率先建成"生态宜居""产城集约"两种典型智慧能源小镇，建成了用户类型齐全、融入基础设施广泛、应用场景丰富的示范工程，充分体现了新型电力系统清洁低碳、安全可控、灵活高效、智能友好、开放互动的特征。

中新天津生态城惠风溪智慧能源小镇全面完成预期目标，小镇可再生能源消纳率 100%，非介入式负荷量测覆盖用户 645 户，清洁能源消费比例达到 91.4%，电能占终端能源比重为 46.7%，供电可靠性为 99.9998%，示范用户户均节能 17.2%。

北辰产城融合区大张庄智慧能源小镇全面完成预期目标，小镇实现风、光、气、热 4 种清洁能源互联融合，服务用户 366 户，清洁能源消费比例达到 100%，电能占终端能源比重为 46.4%，供电可靠性为 99.9993%，示范用户户均节能 19.4%。

综上所述，小镇区域供电可靠性超过 99.999%，重要用户供电实现"零闪动"，清洁能源利用比例超过 90%，电能占终端能源比重超过 45%，系统构建了新型电力系统多维感知、多能互补、多方参与、多元服务的城镇级示范技术和工程体系，衍生出一系列可复制、可推广的建设运营模式，为推进能源转型、产业升级、智慧服务、产业生态创新做出了开创性探索实践。

第二节　园区级示范——宝坻"一园一村"

一　总体概况

宝坻"一园一村"是新型电力系统在园区级别的典型示范工程。"一园"是九园工业园区，探索"可生长、可测量、可推广"的生态型解决方案；"一村"是小辛码头村，探索乡村低碳可持续发展模式，打造乡村振兴"新引擎"。

宝坻九园工业园区位于北京、天津、唐山三大城市的中心地带，地处京津冀半小时交通圈、经济圈，园区毗邻京滨高铁、京唐高铁，园区规划面积 18.8 千米^2。2009 年 8 月被天津市确定为示范工业园区，2015 年被天津市政府纳入天津国家自主创新示范区"一区二十一园规划"。经过十余年发展，园区工业开发建设面积达到 14 千米^2，基础设施实现"九通一平"，并形成以新能源新材料、高端装备制造为主导产业的集聚区。同时，园区全力打造百亿级新一代动力电池产业主体园区，重点从事新能源车用、储能用锂离子电池及电池关键材料的研发生产。九园工业园区企业能源消耗主要为电、燃气、汽油和柴油，受产品出口碳税以及低碳产业发展碳约束影响，九园工业园对清洁能源供应需求迫切。依托能源与产业融合发展、商业模式创新的发展思路，国网天津电力在九园工业园区打造新型电力系统示范园区。图 9-10 所示为九园工业园区。

图 9-10　九园工业园区

小辛码头村位于宝坻区黄庄镇西北部，共 88 户，总人口 312 人，现常住 59 户、207 人。耕地面积 2700 亩（1 亩 = 666.67 米^2），农业生产全部为水稻种植。小辛码头村有环村水系，自然环境优美，被评为"生态文化村""全国乡村旅游模范村"。每年 5 月至 11 月是旅游的高峰期，年接待游客量超过 40 万人次，其能源消耗主要包括电力、液化石油气、醇油、木柴。从 2018 年起，小辛码头村在宝坻区率先采用"煤改电"清洁取暖方式，具备良好的低碳示范村建设基础。依托低碳能源供应、低碳终端消费、低碳智慧配置、低碳行动共创，国网天津电力在小辛码头村创建新型电力系统旅游示范村。图 9-11 所示为小辛码头村。

图 9-11　小辛码头村

二 建设内容

（一）推进能源供应清洁化

重点开展"一园一村"新能源资源接入、适应高比例新能源接入的配电网提升、储能示范工程，实现"一园一村"清洁能源有序供应。

示范工程1：新能源资源开发工程。服务某清洁能源公司30兆瓦风电项目并网。工程于2021年12月投产，共建设10台3兆瓦的风力发电机组，年发电量可达0.75亿千瓦·时，可为宝坻东南部区域，特别是为小辛码头村提供充足绿电供应。图9-12所示为服务某清洁能源公司风电现场。根据测算，小辛码头村每年使用风电55万千瓦·时，可减少二氧化碳446吨。服务某风电公司40兆瓦新能源发电项目接网，依托九园工业园园区负荷水平，开展接入系统方案设计，促进清洁能源消纳，提高九园工业园绿电占比。项目预计2024年投产，年发电量近1亿千瓦·时，在九园园区实现清洁能源就地消纳后，每年可减少二氧化碳排放8.1万吨。

图 9-12 服务某清洁能源公司风电现场

示范工程2：九园工业园园区"雪花网"工程。项目在九园工业园园区新建2回线路、改造6回线路，组成1组2站8线雪花网结构。差异化应用光纤、5G通信技术，同步进行配电自动化升级改造。项目预计2024年投产，投产后将实现园区配网结构水平、设备水平、运行水平全面升级，适应园区高比例光伏和储能等元素接入配网需求，打造园区高可靠性区域电网，实现对配电网向"双高"特性发展的有力支撑，助力新型电力系统建设。

示范工程3：某新能源公司用户储能示范工程。依托九园工业园园区储能电池产业链优势，重点推动天津地区容量最大的用户侧储能——某新能源公司20.86兆瓦·时用户大容量储能工程建设，引导用户以共享储能模式建设，由电网进行统一协调调度，实现新能源通过集中性工业负荷和储能就地消纳，促进源网荷储协调发展和新能源、储能产业经济多方共赢。某新能源公司20.86兆瓦·时用户储能工程已正式启动，投产后将对天津储能产业发展起到示范带头作用。

（二）推进能源消费电气化

重点开展全电厨房项目、充电网络构建项目建设，提升园区能源消费电气化水平。

示范工程4：全电厨房改造工程。在九园工业园积极倡导全电厨房"绿色＋安全"的用能理念，大力推动企业开展全电厨房改造。2022年3月九园工业园中某电池材料公司已率先完成全电厨房改造，应用集成化、自动化、智能化电磁加热灶具及电器，实现烹饪过程无明火无废气的健康环保、安全整洁的整体厨房。与传统燃气灶具相比，有效降低碳排30%~50%、能耗68%~77%。围绕"多用电、用绿电"理念，将"一园一村"全电厨房改造先进经验拓展至宝坻全域，宝坻区酒店、印刷公司、办公大楼等多个单位已完成全电改造。同时，计划在宝坻区多个乡镇全部公共事业单位筹划开展全电厨房改造，实现全电厨房改造工程由"单点突破"到"多点开花"。

示范工程5：小辛码头村车网互动工程。在小辛码头村建设4台V2G（车网互动）充电桩和1排发电功率为14.85千瓦的光伏车棚，并新建1套62.5千瓦的储能设备，形成了"光伏＋储能＋V2G"的联动模式，该项目于2022年5月投产。图9-13所示为小辛码头村车网互动工程现场。

（三）推进能源配置智慧化

重点推动负荷控制系统建设项目，实现能源数据采集智慧配置。

示范工程6：九园工业园新型负荷管理系统建设工程。在九园工业园完成全部工业企业新型负控管理装置改造，139家工业企业接入新型负荷管理系统，可

图 9-13　小辛码头村车网互动工程现场

控负荷规模达到宝坻电网最大负荷的 11.35%，生产负荷在线监测率 100%、调控率 100%，实现对园区工业负荷资源的统一管理、统一调控。2023 年在九园示范园区建设基于 5G 智慧能源单元客户负荷精细化管理工程。项目依托新型电力负荷管理系统，在九园工业园企业选取 500 个点位，对用户负荷回路进行改造，满足用户对不同生产线各类负荷回路进行采集监测、能源分析、能效诊断、用能优化等需求，助力企业节能增效。同时实施"源网荷"互动，进一步发挥需求侧管理在协调供需平衡中的作用。

示范工程 7：小辛码头村非介入式负荷识别工程。以小辛码头村为试点，为村内用户安装非介入式负荷监测终端，实现基于电力负荷分解的碳排放溯源及用户碳足迹精准刻画，智能分析农村用户各类用电设备能耗情况，为用户出具节能降碳专项报告，从而为节能减排等系列举措提供实施依据。基于精细至电器级别的用电数据，实现中短期用电负荷碳排放预测，为国家电网公司以及家庭能量最优调度计划制订以及实时调控提供科学参考。图 9-14 所示为小辛码头村非介入式负荷识别系统。

（四）推进能源利用高效化

重点开展能源梯级利用项目建设，推进能源利用高效化。

示范工程 8：九园工业园电热协同工程。九园工业园中某电池材料公司生产线 24 小时作业，热源稳定。为企业量身定制余热利用方案，协助新装热转换器 6 台，通过吸收某电池材料公司厂区内空气压缩机产生的 70~80 摄氏度高温余热，

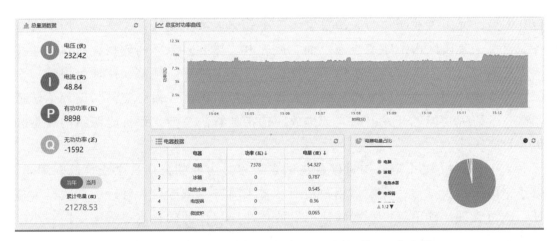

图 9-14 小辛码头村非介入式负荷识别系统

对暖气管道循环水进行加热，既可满足厂区三千余平方米的冬季供暖，又可满足员工洗浴热水需求。项目于 2022 年 11 月竣工，每年可减少燃气使用 26.3 万米^3，减排二氧化碳 500 余吨，节约成本 70 余万元。

（五）推进能源服务便捷化

重点开展"多表合一"建设项目，推进能源服务便捷化水平。

示范工程 9：九园工业园"多表合一"建设项目。对园区企业用户的用能采集方式实施改造，建立以实现燃气、用水实时采集为目的的九园综合能源采集系统。该系统以图像 AI 智能识别为技术基础，分为三层。底层采用高清摄像头模组，每日定时拍摄一张屏幕照片；中间层以 5G 网络为传输介质，将照片传输至图像识别平台；顶层采用云图像 AI 智能识别平台，对上传照片开展图像识别，对企业各品类能源数据进行深度监测与分析，实现跨行业用能信息的资源共享，提升园区企业综合能源采集率。同时将数据传输至碳管理平台，最终由碳管理平台推算出用户日用能数据，进而得到用户日碳排放量数据。针对不同能源供需情况为用户提供个性化、定制化服务，提高能源的整体利用效率。

（六）推进能源行动社会化

重点开展"双碳"综合能源服务、"双碳"特训营、碳普惠 App 试点工作，提升"双碳"服务社会化共享水平。

示范工程 10："双碳"综合服务工程。完成国网新能源云碳中和支撑服务平台开发后，九园工业园作为天津首家园区率先完成数据接入，并试点应用平台业务。通过汇集园区内151家企业"油、气、电、热"多源异构数据，构建行业技术先进的"碳－能"监测分析体系，打造"监测－核算－预警－评估－规划"全流程碳管理应用，实现碳减排服务、碳资产运营、碳排放撮合交易、碳评估认证和碳技术研究功能。开发GDP－碳排放脱钩指数算法模型，评价能源结构转型和低碳发展状况。

示范工程11：小辛码头村碳普惠试点工程。为鼓励公众自愿践行低碳理念，以小辛码头村为试点，开发集用户注册、普惠科普、减碳行为管理、减碳行为核证、碳币管理、碳币兑换、减碳证书发放功能于一体的碳普惠小程序。围绕小辛码头村村民及游客，通过量化其绿色出行、低碳生活等方面的碳减排量，依据减碳行为兑换规则兑换成相应碳币，对内兑换小辛码头村特色农副产品优惠券、农家院餐饮优惠券等内容，对外兑换美团优惠券等，打造企业、家庭、个人减碳行为统计、换算、核证、碳币激励普惠体系。碳普惠小程序于2022年6月上线，形成公众获益、商家增收、全社会减排的良性循环，助力区域节能降碳目标实现。图9-15所示为小辛码头村碳普惠App页面图。

图9-15　小辛码头村碳普惠App页面图

实施成效

在宝坻"一园一村"初步构建园区、村庄级新型电力系统，园区供电可靠性达 99.99%，新能源装机规模 60 兆瓦，清洁能源消纳率 100%，新增储能调节能力 8 兆瓦，电能占终端能源消费比重 82.99%，工业用户新型负控装置监测率 100%，新能源云碳中和支撑服务平台企业入驻率 100%。

1. 构建"源网荷储"联动发展新模式

率先建成电热协同、负荷控制等一批示范项目，推动源网荷储协调发展、开放互动，各类能源互通互济、灵活转换，系统韧性、弹性和自愈能力大幅增强；新能源具备主动支撑能力，分布式、微电网可观可测，电力系统适应各类新技术、新设备以及多元负荷大规模接入，与电力市场紧密融合，各类市场主体广泛参与、充分竞争、主动响应、双向互动。

2. 率先建成智慧型、开放式"双碳"综合服务平台

深度挖掘碳产业关键业务场景，打造碳战略规划、碳排放监测、碳中和评估认证、碳资产运营管理、碳资产开发研究等五大功能的服务平台，带动园区、村庄碳资产深度开发、信息融通共享、发展高效联动。

3. 构建"政产学研用"共建共享的低碳产业发展生态

推动"碳中和"产业联盟高效运转，构建技术研发与成果转化协同、产业孵化与政策配套协同、理念普及与市场开发协同、能源转型与产业升级协同、城市规划建设与精细治理协同、电力市场与碳交易协同等一系列聚合生态。

4. 率先建成园区电热协同跨网互济工程示范

以减少碳排放为目标的热电供应，既完成了以余热利用的清洁供热，又实现了余热排放企业清洁减碳，同时促进了分布式光伏能源消纳，并且通过数字化调度形成了大电网的灵活性资源，有效支撑新型电力系统建设。

第三节 港口级示范——天津港
"零碳"码头

一 总体概况

天津港位于中国天津市滨海新区，地处渤海湾西端，背靠雄安新区，辐射东北、华北、西北等内陆腹地，连接东北亚与中西亚，是京津冀的海上门户，是中蒙俄经济走廊东部起点、新亚欧大陆桥重要节点、21世纪海上丝绸之路战略支点。截至2019年，天津港港口岸线总长32.7千米，水域面积336千米^2，陆域面积131千米^2。天津港由北疆港区、南疆港区、东疆港区、临港经济区南部区域、南港港区东部区域5个港区组成。截至2023年上半年，天津港集团完成货物吞吐量2.41亿吨，同比增长2.1%；集装箱吞吐量完成1135.3万标准箱，同比增长8%，再创历史新高。

2020年以来，国网天津电力依托"1001工程"，加强滨海电网建设，以坚强电网支撑天津港口区域发展。投产110千伏宁夏道输变电工程，完善东疆港区域网架结构。扩建220千伏泰保站，将为天津港北港、南港区域提供电力支撑。投产220千伏中船东输变电工程、110千伏同正输变电工程，为临港区域负荷接入提供坚强保障。

天津港"零碳码头"位于天津港北疆港区C段（天津港第二集装箱码头），是天津港（集团）有限公司新建的2.0版智能化集装箱码头，已于2021年10月竣工投产。在传统集装箱码头作业工艺基础上，基于5G通信技术、北斗导航系统、智能化应用，全球首创"人工智能搬运机械"和"智能水平运输系统"，从根本上解决了地面自动拆装锁、内外集卡交汇智能管理难题。码头岸线长度1100米，建设3个泊位，泊位等级20万吨级，设计能力250万标箱，满足最大集装箱船舶全天候靠泊作业。

 建设内容

（一）分布式风力发电

天津港 C 段码头智慧绿色能源系统项目包括 2 台 4.5 兆瓦、3 台 5 兆瓦分布式风力发电机风机。图 9-16 所示为天津港 C 段码头分布式风力发电，风机位于码头北侧绿化带，风机塔筒高 110 米，叶轮直径 155 米，助力天津港 C 段自动化码头一期用能 100% 自给自足，实现全过程零碳排放。目前，5 台 24 兆瓦风力发电已全部建成并网。

图 9-16 天津港 C 段码头分布式风力发电

（二）分布式光伏发电

在 C 段码头以及码头内部的变电站、办公楼建筑屋顶等不影响正常作业的限制区域，铺设总计 1.83 兆瓦的分布式光伏发电设备，采用 380 伏电压等级接入码头 10 千伏变电站，已完全并网。图 9-17 所示为天津港 C 段码头分布式光伏发电。

图 9-17　天津港 C 段码头分布式光伏发电

（三）智能集装箱运输机器人、场桥、岸桥

天津港 C 段智能化集装箱码头位于天津港北疆港区，岸线总长 1100 米，共有 3 个 20 万吨级集装箱泊位，设计集装箱通过能力 250 万标准箱 / 年，配备岸桥 12 台、轨道桥 42 台、人工智能运输机器人（ART）92 台，码头设备全部采用电能驱动，图 9-18 所示为智能集装箱运输机器人。

图 9-18　智能集装箱运输机器人

采用"单小车岸桥＋地面解锁站＋水平堆场"自动化码头工艺。外集卡通过两级分段式智能闸口系统，快速通行，手机 App 导航直达贝位。堆场双悬臂轨道吊实现内外集卡分侧作业，交叉路口采用智能交通系统，全面感知内外车辆信息，智能调度高效通行。码头岸边采用自主创新的地面解锁工艺，实现地面集中解挂锁，通过差速调整，缓冲区配置，精确控制通过解锁站车序。相关技术可在传统码头自动化改造中应用，为新一代全球智能化集装箱码头建设贡献可推广、可复制的"天津方案"。

基于 5G、北斗、人工智能、物联网、云计算等全新信息技术与港口生产流程深度融合。围绕全场景监控、无人驾驶、搬运机器人等方面重点实施，自动化岸桥、智能闸口、智能理货系统依托全球最先进的动态扫描技术，自动识别作业船舶、车辆、集装箱信息，多维感知的全场综合监控系统可实现全场景可视化与 AI 智能识别。通过标准化的控制接口实现无人驾驶的精细化管控，兼容各种无人驾驶设备。以动态态势感知高精地图为基础，使用时空一致性的动态路径规划算法，进行全场景的生产优化调度与路径规划，实现车路协同，敏捷生产。使用自主制造人工智能搬运机器人 ART，该搬运机器人搭载激光雷达、视觉摄像头、毫米波雷达等多种传感器实现综合感知，通过边缘计算自主决策避障、超车，运用高精地图、北斗导航和 5G 网络实现互联，智能化与安全性水平得到大幅提升。

（四）港口岸电

在码头的 3 个泊位安装了 3 套 3 兆伏·安的岸电系统，采用变频电源的方案，可以满足 6 千伏 50 赫兹或 6.6 千伏 60 赫兹的国内外集装箱船舶停靠期间的用电需求。图 9-19 所示为港口岸电供电系统。2023 年底港区已实现全部集装箱、干散货泊位岸电全覆盖，自有船舶 100% 使用岸电，来港船舶岸电 100% 应接尽接。

（五）绿电交易

引入绿电是天津港降低传统燃煤电力消耗间接排放的重要途径，也是在建设绿色港口，实现"零碳"码头、"零碳"港区的本质减排方式。国网天津电力主动服务天津港绿色港口建设，稳步推动外部绿电采购，改善港区能源供给结构。2021 年 8 月 18 日，天津港（集团）有限公司在天津市电力交易中心平台完成了首笔 1134 万千瓦·时绿电交易。

图 9-19　港口岸电供电系统

 实施成效

天津港智慧"零碳"码头全力构建本质绿色发展模式，突出清洁能源利用、绿色低碳运输、绿色能源保障，已成功完成投产运营，率先实现码头全年生产消耗"碳中和"，成为以全新模式引领世界港口智能化升级和低碳发展的中国范例。

（一）全码头绿色能源供应

以"风光储一体化"系统为平台，实现全码头绿色能源供应。C 段智能化集装箱码头运营初期年能耗为 2733 万千瓦·时，吞吐量达峰时，年能耗为 4700 万千瓦·时。天津港 C 段码头实现能源需求量全部绿色供给。目前，天津港已投产风力、光伏发电系统装机容量达到 42.55 兆瓦，年发绿电约 1 亿千瓦·时；每年可减少碳排放约 7.5 万吨，相当于植树 21 万棵。

（二）生产过程零碳排放

以设备全部电动化为抓手，实现生产过程零碳排放。强化顶层设计，突出清洁能源利用，码头装卸设备、水平运输设备、生产辅助设备等全部采用电力驱动，能源消耗百分百来源于"风光储一体化"系统。采用先进能源监测技术，对码头各类能源消耗进行实时统计分析，确保实现零碳排放。

（三）能耗大幅降低

以先进的作业工艺为突破，实现能耗大幅降低。与目前其他自动化集装箱码头均采用垂直布置端装卸作业模式不同，天津港 C 段码头将传统装卸工艺与自动化作业完美结合，全球首创"堆场水平布置边装卸 + 单小车地面集中解锁"工艺，最大化实现敏捷生产、柔性生产，资源利用率显著提升，运营成本大幅降低，总体投资节约 30%，能耗下降 17%。

第四节　区域级示范——滨海能源互联网

 一　总体概况

为探索新型电力系统在区域级的创新实践路径，深入结合天津滨海产业结构、生产生活、发展规划和资源禀赋等特点，2021 年 3 月启动新型电力系统区域级示范建设，进一步服务居民、港口、产业和能源四大业态发展。天津滨海新区是全国综合配套改革试验区、国家自主创新示范区、北方首个自由贸易试验区，"十四五"期间将落实京津冀协同发展战略，全面建设生态、智慧、港产城融合的宜居宜业美丽滨海新城。与大多数东部沿海城市相同，滨海新区也面临着能源消费偏煤、产业结构偏重的问题，区域碳排放一直以来位居天津市碳排放总量第一，低碳转型要求尤其迫切。

滨海新区具有独特的资源优势和产业特点，具备开展新型电力系统区域级示范的基础和条件。一是新能源资源禀赋优良，风、光等清洁能源建设条件好，开发潜力大。石油、天然气资源丰富，渤海海域石油资源总量 100 多亿吨，天然气储量 1937 亿米^3，有着巨大的发展潜力。二是已建成以煤、油、气开发为基础，新能源、高端装备、石油化工为主导的能源工业体系和产业集群，为新型电力系统技术示范提供了丰富场景。三是区域网架结构坚强，全面竣工电网"1001工程"，特高压电力疏散能力提升近 70%，500 千伏双环网初步建成，35 千伏输电线路、变电容量分别增长 120%、70%。四是先后建成惠风溪智慧能源小镇等一批示范工程，多项国家重点研发计划落地示范，并集聚了国家超算中心在内的众多科研机构、高校和能源企业，为示范区建设提供关键的科技支撑。

建设内容

（一）建设思路

聚焦滨海新区能源安全可靠、港口绿色发展、居民生活便捷、产业低碳高效等区域特点，将"推动滨城零碳演进，服务四大业态发展"作为建设目标，提出了"低碳柔性互动、坚强安全融合、绿色主动支撑、灵活智能协同"的区域级新型电力系统典型特征，不断迭代形成了"一个目标、六大方向、'双 10+ 工程'"的"1611"建设架构（见图 9-20 和图 9-21），创新探索区域级新型电力系统演进路径，全力服务美丽"滨城"建设。

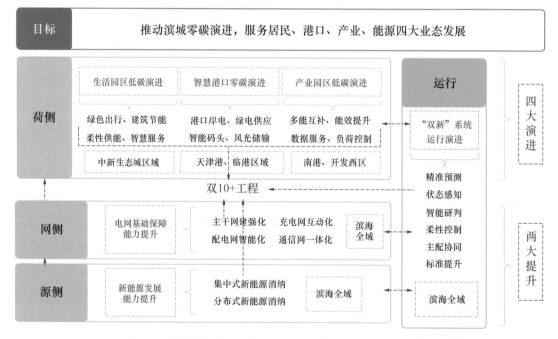

图 9-20　新型电力系统区域级示范"1611"建设架构

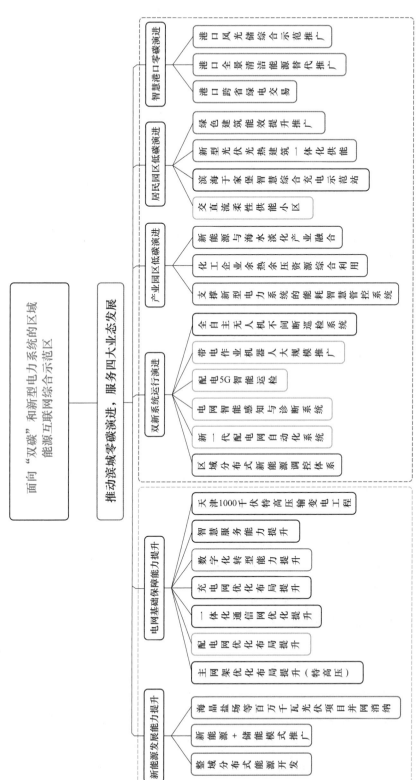

图 9-21 新型电力系统区域区域级示范"双 10+工程"分布

（二）标志性工程

1. 新型光伏光热建筑一体化供能系统

光伏光热一体化（PV/T）是一种高效太阳能综合利用技术，应用前景广阔，但目前光伏光热一体化组件多为流道和电池的简单粘连，效率低且稳定性较差，同时缺乏稳定供能能力，需与其他设备系统耦合满足稳定供能。楼宇建筑是城市能源消费的重要组成部分，如何在有限的屋顶资源条件下，设计开发高效光伏光热一体化供能系统，实现对楼宇建筑体多类型稳定供能意义重大。因此，此项工程旨在通过能源系统能效提升改造，将生态城营业厅打造成为低碳智能化营业厅，因地制宜利用新能源，打造全生命周期绿色低碳、可持续发展的示范性供电营业厅运行模式。

本工程新增 PV/T 组件、空气源热泵、蓄热设施等，与原有的地板辐射采暖、电采暖等系统整合，打造新能源占比超过 35%，供热节能 50% 以上的新型清洁供热系统，采用 PV/T 耦合空气源热泵和蓄热水箱的供热模式，满足营业厅日常办公用电、供热需求。

主要创新如下：

（1）研发并应用高效光伏光热一体化组件，实现太阳能综合利用效率超过65%。提出基于全光谱利用技术，以能量梯级利用为准则的流道一体化成型强化传热技术，对不同种类、材质、结构流道构型进行理论分析与实验研究，对组件整体构型的输出性能进行变工况计算，并结合实验对流道构型进行优选迭代，提高太阳能综合利用效率。

（2）构建中低温用热的低碳高效电、光、热一体化集成建筑供能系统。基于PV/T 组件的产能特性，考虑楼宇建筑用能需求，优化设计各系统间的热源匹配度，与高效热泵、辐射末端、蓄能等适宜技术耦合，根据全年参数特性，优化各子系统规模，最大限度降低系统内部能耗，实现了全生命周期成本经济可行，保证系统高效稳定供能。

（3）提出系统的主动调控机制和稳定控制方法，实现分布式能源系统的高效管控和协同控制。研究环境参数、热/电需求变化等扰动条件下，滞后、非线性复杂集成系统的平稳控制机理，针对可再生能源及建筑用能随昼夜、季节变化等特点，深度优化供能系统运行参数，开发一套安全、稳定的智能监控系统，最大限度降低用户的供能成本和提高用户舒适度，确保系统的高效实施和后续的稳定运行。

本工程在生态城智能供电营业厅工程研发部署多类型平板光伏光热集成组件阵列、360千瓦空气源热泵、6吨蓄热水箱以及楼宇能效监控平台，构建了发电容量46千瓦、集热量100千瓦的光伏光热建筑一体化供能系统，有效满足营业厅用电、采暖、热水等多类型用能需求，打造基于分布式太阳能的热电联供典型样板。实现了光热、光热－蓄能、光热－蓄能－电热3种典型工况优化运行，降低系统综合用能成本10%，太阳能综合利用效率提升至65%。图9-22所示为光伏光热建筑一体化供能系统现场及系统图。

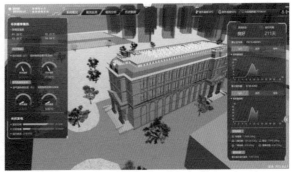

图 9-22 光伏光热建筑一体化供能系统现场及系统图

2．交直流柔性供能小区

随着分布式光伏、电动汽车、智能家居以及变频电器快速发展和普及，居民负荷结构中直流占比越来越高，居民生活习惯和用电模式也发生了改变，尤其是电动汽车这种随机性负荷的大量接入，给传统台区供电造成了极大冲击，这种源荷侧的改变对低压配电系统提出了更高的要求。示范区内配电网网架建设已经具有较好的基础，但仍面临以下问题：小区内大量分布式电源未得到充分利用；直流负荷需求大量增加；现有低压配电网资源配置能力无法满足快速变化的业务服务需求。

本工程结合未来居民小区发、用电场景，在生态城某小区探索构建低压交直流混合供电网，结合小区规模建设5座配电室，总容量15.32兆伏·安，研发并部署9套交直流柔性互联设备及本地协同控制系统，实现交直流混合供电和台区间互联互济。建设240千瓦直流充电桩、15千瓦分布式光伏，接入10千瓦LED景观照明负荷，同时为新能源、储能和新型直流负荷预留端口，最大可满足950

千瓦容量接入，服务小区 2000 余户居民新型负荷发展需求。图 9-23 所示为交直流柔性供能小区主接线示意图。

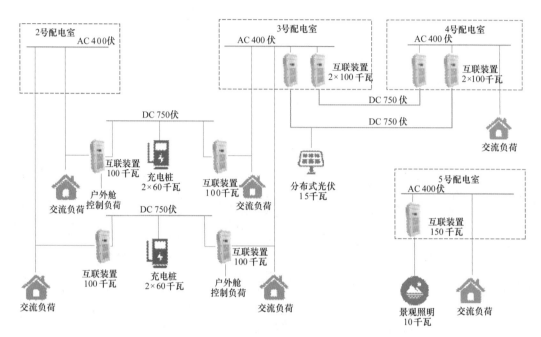

图 9-23　交直流柔性供能小区主接线示意图

主要创新如下：

（1）提出了差异化低压交直流典型架构及设备优化配置技术方案。构建了适应不同可靠性需求、源荷空间分布等要素的差异化交直流配电网典型架构，实现了新型直流源荷与传统交流网架的高效融合；提出了内嵌精细化运行的变流设备／储能设备联合优化配置方法，提升了设备利用效率，延缓了增容改造投资。

（2）研发了低压交直流配电网宽频域信号／功率控制柔性互动装置。提出了基于动态跟踪的多端口宽频域高精度信号／功率控制方法，发明了计及母线电压稳定裕度的集中－分散功率协同统一控制策略，攻克了"实时监测－自治协同－快速切换"的敏感负荷无闪变并离网无缝不间断供电技术，实现了交直流多节点功率协同控制，提升了网络电能质量。

（3）构建了"云－边－端"协同的交直流配电网分层灵活协调控制系统。提出了基于组网台区可用容量、高效因子的动态直流负荷转供算法及不同路径损耗临界值的本地负荷供电路径选择方法，创建了柔性可控资源"端侧就地－分布自治、边侧集中－分布协同、云侧集中协调调控"的分层控制模式，实现多台区存量资源集群唤醒、正常态潮流优化、故障态重组自愈和过载态加速治理等功能。

本工程在某小区研发部署了 9 套交直流柔性互动装置，探索构建低压交直流混合供电网，成效显著。一是台区功率互济，充分挖掘台区供电潜能，等效扩容台区容量 12.5%，提升台区供能能力。通过负载的均衡也能减少变压器负载损耗 10% 以上。二是安全可靠供电，小区交直流电网交叉互联、闭环运行，供电可靠性大幅提升。柔性互联装置具备快速故障隔离和切换功能，实现了用户不间断供电。三是负荷便捷接入，通过构建交直流电网，实现了分布式光伏与各类交直流负荷即插即用，提高了区域源网荷储资源的可观、可测、可控能力，促进分布式能源开发利用，支撑了大功率直流充电设施建设。

3．区域分布式新能源管理平台

分布式新能源并网数量的增加，将对电网造成电压越限、负荷峰谷差变大等不良影响，不仅给地区电网的安全稳定运行带来了冲击，也给地区能源发展的科学规划提出了更高要求。现有调度体系存在以下亟待解决的问题：一是实时监测分布式新能源状态信息困难，来自用电信息采集系统等渠道的量测数据缺乏实时性；二是缺少对分布式发电功率精准预测手段；三是缺乏新能源规模化接入后电网运行风险分析，对电压越限、设备过载、三相不平衡等风险辨识不足；四是现有分布式新能源信息采集终端与通道不能支撑调度控制，缺乏潮流控制的技术手段，主配电网协同控制能力亟待建设。

本工程旨在开展分布式能源管控创新示范，通过搭建分布式新能源管理平台，完成相应终端及通信通道的改造工作，建立完备的数据接入和实时监测技术体系，与调度自动化系统、配电自动化系统交互，实现分布式新能源的安全运行和协同控制，使主站接入能力能够适应分布式新能源随机、分散、低能量密度特点，同时满足调控系统信息安全要求，打造国际领先、具备大规模推广可行性的分布式新能源消纳创新示范样板。图 9-24 所示为工程总体技术架构。

本工程由部署于滨海地调配电自动化主站的分布式新能源管理平台主站、部署于配电台区侧融合终端台区 App 及其他数据交互通道组成。通过调度数据网、台区融合终端、智能电能表（用电信息采集系统）及新能源运营商聚合平台（互联网大区通道）等不同渠道，实现全量接入示范区域分布式新能源实时 / 准实时运行数据。

主要创新如下：

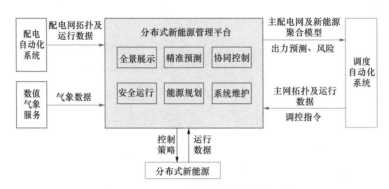

图 9-24 工程总体技术架构

（1）创新设计分布式新能源通信方式。创新提出多元通信方案技术路线，分层分级灵活接入全域分布式新能源等各类主体，在确保网络安全基础上实现分布式新能源"可观可测安全可调"。

（2）探索多元数据融合估计技术。融合地区主配电网多源数据，通过各类数据整合后插值拟合与分级自适应匹配方法，解决配电网可观测性难题，提升有源配电网感知水平与透明化率。

（3）深化分布式新能源承载力分析。针对规模化分布式光伏试点区域细化承载力分析，对涉及区域内相关变电站全电压等级相关母线逐条计算分析，形成可开放接入容量精准结果，支撑接入方案编制。

本工程建成区域分布式新能源"鸿蒙态"管理平台（见图 9-25），平台具备全景展示、状态感知、精准预测、协同控制、风险评估、消纳分析、能源规划七大模块 130 余项功能，为分布式新能源调控全链条服务提供坚强支撑；接入来自台区融合终端及用电信息采集系统等多渠道的分布式新能源运行数据，实现电网承载力规划管控、新能源潮流精准量化、源网荷储优化调度三大能力的全面提升。同时形成可复制、可推广分布式新能源管理相关典型经验，并取得了以下具体成效：

平台目前已对滨海新区全部 245 户、容量 16.74 万千瓦工商业及居民分布式新能源建模，实现分布式新能源模型 100% 覆盖；在台区侧安装 11 个融合终端，实现 11 户的工商业分布式光伏采用直采直控方式接入，72 户居民分布式光伏通过用电信息采集系统转发数据接入。以天津中新生态城公屋分布式光伏为例，该发电装机容量为 292 千瓦，通过安装在台区的 1 台智能融合终端进行光伏运行数据采集，实现控制指令接收、分解和下发，控制光伏逆变器完成指令执行，上下

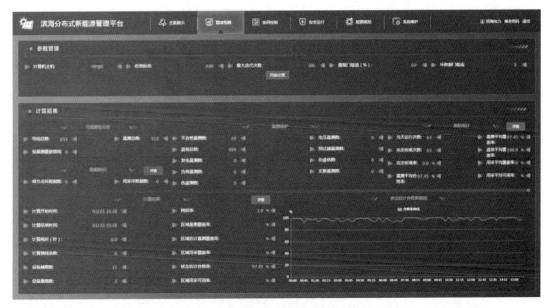

图 9-25 分布式新能源"鸿蒙态"管理平台精准预测界面

行数据响应小于 10 秒，指令执行准确率达到 99.5% 以上。

 实施成效

（一）全面提升新能源支撑和电网基础保障能力

一方面从新能源发展来看，在滨海全域加快推动新能源开发利用，新区新能源装机总容量为 2562.08 万千瓦，达到电源装机容量的 22.87%。开展区域内百万千瓦光伏、整域分布式新能源开发等并网消纳工程，建立区域分布式新能源调控平台，提高新能源主动支撑能力，形成以清洁为主导、电为中心的能源供应体系。分布式新能源管控平台已接入试点区域 88 户企事业及居民分布式新能源数据，区域可观率达 100%，新能源发展支撑能力显著提升。图 9-26 所示为服务滨海新区某企业分布式光伏建设。

另一方面从基础网架来看，主网侧全面竣工"1001"工程建设，精准补强临港等区域网架结构。配电网侧深化 10 千伏网架结构，建设"以环网箱为核心节点，3 座变电站的 6 回 10 千伏线路组成"的 10 千伏雪花网结构试点，支撑清洁能源消纳，满足用户多样化需求。运行侧利用多元手段实现区域内分布式新能源

图 9-26 服务滨海新区某企业分布式光伏建设

全量可观、可测，大容量、规模化分布式新能源可调可控，建立适应高比例分布式新能源规模并网的调控模式，全面提升滨海地区电网基础保障能力。

（二）全面支撑居民、港口、产业和能源四大业态发展

在中新生态城打造生活宜居智慧能源服务业态，聚焦"生态＋智慧"双轮驱动发展战略，创新实践低碳互动、绿色出行等模式，提升用户用电体验和满意度。建成了交直流柔性供能小区，实现台区功率互济，最大限度满足950千瓦容量直流接入需求，服务小区2000余户居民便捷低碳生活发展。建成了电、光、热建筑一体化供能系统，供电营业厅太阳能综合利用效率提升至65%，满足楼宇用能、采暖、生活热水等用能需求，打造了基于分布式太阳能高效利用的热电联供典型样板。建成大型公用零能耗建筑，成功打造了天津首个商业化零能耗公共建筑，实现建筑能源自给率大于100%，响应电量达2805.5万千瓦·时。图9-27所示为交直流柔性供能小区设备调试现场。

在天津港打造智慧绿色港口能源供应业态，依托天津港战略合作协议，推广港口全景清洁能源替代等工程，助推打造世界一流绿色智慧枢纽港口。大力推广港口岸电，完成76个泊位改造，实现岸电覆盖率100%。开展跨省跨区代理绿色电力市场化交易，促成天津港4862万千瓦·时跨省绿电交易。服务国内港口首个"风光储一体化"智慧绿色能源项目，实现北疆港区C段码头100%绿色能源供给，携手天津港（集团）有限公司建成全球首个"零碳"码头。

图 9-27 交直流柔性供能小区设备调试现场

在南港工业区打造多产业高效能源利用业态，立足"工业企业聚集、危化品集中"的区域特点，实施电力设备故障综合感知和主动诊断，助力新区传统支柱产业安全发展。重点针对纳入有序用电方案的用户开展控制回路改造，实现了用户侧可调节负荷资源分轮次接入新型电力负荷管理系统，最大负荷控制能力72.94万千瓦，达到地区历史最大负荷的17.8%。建设可再生能源与海水淡化产业融合示范，配置不少于1兆瓦海水淡化负荷，开发了多源多荷协调控制系统分析平台，实现可再生能源发电本地消纳达到100%。

在新区打造能源安全保障业态，结合滨海地区电力物联网、智能运检发展现状，聚焦状态感知、主动抢修、自主巡检等业务需求，开展电网智能感知与诊断、全自主无人机巡检等工程，显著提高能源安全保障能力。建成电力物联网示范工程，在滨海变配电设备部署了1552个低功耗、小型化、高精度新型传感设备，实现了对变压器绝缘油发热等20种典型设备缺陷识别准确率达85%以上。聚焦数据服务和节能减排，实现能源大数据产品多领域推广，开发应用碳流监测等30余项实用化数据产品，服务企业用能监测。

未来，示范区将持续深化已有建设成果，重点做好"车－网智能互动""电力物联网"等国家重点研发计划项目示范落地，建设于家堡综合充电示范站等重点工程；依托国家电网公司新型电力系统科技攻关专项，升级新型电力负荷管理系统2.0；同时充分调动社会资源发展"共享储能"，提高示范区"源网荷储"协同能力，加快构建新型电力系统，支撑宜居宜业美丽"滨城"建设，助力"双碳"目标率先落地。

第十章
电力双碳先行实践

··

　　电力行业碳排放占比总体能源消费碳排放 40% 以上，是能源领域推进碳达峰碳中和的主战场。在推动能源电力低碳转型过程中，新型电力系统是载体，减碳降碳是目标，必须同步推进电碳监测、碳核算、碳减排等关键技术攻关，加快完善电力双碳业务运营体系，为政府、企业、社会公众提供优质的电力减碳降碳服务，促进碳达峰、碳中和目标早日实现。本章重点阐述了国网天津电力围绕电力双碳业务开展的实践探索，详细介绍了天津电力双碳中心、国网天津市电力双碳运营管理分公司、新能源云天津碳中和支撑服务平台，以及相关业务布局和典型实践。

第一节 天津电力双碳中心

一 概述

天津电力双碳中心位于天津市河北区博爱道6号，2023年6月正式启用，总建筑面积1.4万米^2，内部设有天津碳达峰碳中和运营服务中心、天津能源大数据中心、天津电力交易中心、天津电力营商服务中心等十大中心，立足能源专业优势，统筹各方业务资源，旨在为碳减排、碳治理赋能赋智，服务"双碳"目标大局。图10-1所示为天津电力双碳中心大楼。

图 10-1 天津电力双碳中心大楼

天津碳达峰碳中和运营服务中心是全国首个经政府授权、电网企业牵头、相关方参与共建的综合性"双碳"服务平台，为政府、企业和社会公众提供全方位降碳服务，致力于打造量化推进"双碳"目标的"数字大脑"、生态聚合业态创新的"示范基地"、前沿技术研发应用的"创新中心"，创建国内领先、国际一流"双碳"综合应用与服务平台，推进能源清洁低碳转型，服务天津高质量发展。图10-2所示为中心体系架构图。

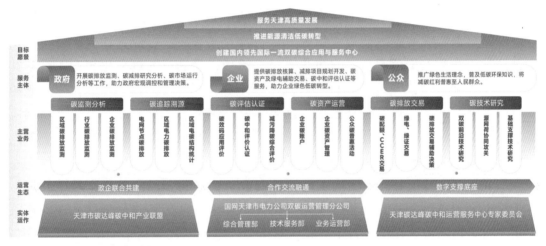

图10-2　天津碳达峰碳中和运营服务中心体系架构

二　功能定位

天津电力双碳中心坚持创新驱动、数据驱动、市场驱动，聚焦服务能源低碳转型、筑牢能源安全防线、发动能源创新引擎、提升能源服务品质四个方面，打造引领性综合性服务平台，为推动绿色发展、保障能源安全、增进民生福祉、促进产业升级等提供全方位支撑，全面提升能源供给和能源服务水平，努力为碳减排、碳治理赋能赋智，为新型电力系统构建和新型能源体系建设提供坚强支撑。

（一）服务能源低碳转型

全国首个省级政企合作碳达峰碳中和运营服务中心。2021年11月，由国网天津电力牵头，天津市低碳发展研究中心、天津排放权交易所、天津泰达低碳经济促进中心共同制定建设方案。2022年6月，在第六届世界智能大会城市能源革命高峰论坛上，天津电力双碳中心正式成立，标志着全国首个政企协作的省级"双碳"运营服务中心诞生。碳达峰碳中和运营服务中心创新打造园区碳监测、月度碳排放报告、乡村碳监测、旅游碳普惠等特色场景应用，以助力天津市能源清洁低碳转型、服务企业减排增效需求为目标，提供全方位、全地域、全过程"双碳"综合服务。

国内首个政企合作、多方共建的城市能源大数据中心。归集能源全行业数据，融合贯通经济、政务、环境、气象等领域数据，以数据融通促进政企深化合作，打造能源数据资源底座、能源大数据开放平台，向政府、行业、社会、公司提供大数据应用和数据增值服务，支撑政府科学治理，促进行业数字化转型，服务社会低碳发展和新型能源体系建设。系统整理全国范围近25年、46个细分行业的省域能源消耗、经济运行统计数据，创新"电一碳"市场分析服务等特色场景应用，推出电力看双碳、电力看经济、电力看环保、电力助应急等7大类30余项大数据产品服务，赋能经济社会低碳发展。

天津电力交易中心。作为国家电力体制改革的产物，天津电力交易中心承担着天津电力市场体制机制建设的职责，为发电企业、电力用户、电网企业、售电公司等四类市场主体提供电力市场化交易服务，组织开展包括年度、月度、月内、合同转让、合同换签等品种的中长期交易，引导社会绿色用能，推动绿电、绿证市场建设，为供需双方提供绿色专享服务，助力天津"双碳"工作走在全国前列。目前，交易中心已注册市场主体2000余家，绿电用户70余户。

（二）筑牢能源安全防线

国家电网公司首个全业务、全场景、智能化电网建设指挥中心。对天津地区在建电网建设工程开展全方位、全过程综合指挥、监控、预警及分析，统筹协调、调度电网建设资源，加快重点电网工程建设实施。基于"e基建"平台实现与安全生产风险管控平台等平台数据贯通融合，支撑保障建设、监理、设计、施工等参建单位有机融合，实现电网基建工程"项目实施全过程监督、安全风险主动管理、建设资源统一调度"。推动天津电网结构进一步优化升级，加快"外电入津"尽早落地见效，助力天津市构建以清洁能源为主的低碳电力市场，加快业扩配套电网项目建设，为营造天津市良好营商环境，打造能源革命先锋城市提供保障。

国家电网公司内部首个"防恐、防灾、防疫"三位一体电力战备调控中心。

电力战备调控中心是天津市人防工程的重要组成部分，打造了完备的"同城双活＋异地灾备＋战时应急中心"的调度应急体系。兼顾"平""战"不同形式要求，分钟级完成天津电网调度指挥权切换，支撑战时应急指挥、战时调度、应急统一会商等调度指挥功能，实现"同城双活、异地灾备"模式落地，确保"战时"城市电网调度指挥系统正常运转。提升极端情况下电网应急处置能力，最大化保障战时城市电网电力供应。

国家电网公司内部首个应急指挥（安全督查）中心。应急指挥中心集成气象、GIS、PMS、调度系统、营销系统等各类专业数据信息，依托新一代应急指挥系统，全面支撑常态化值班、预警响应和应急响应三大核心业务，实现应急指挥"实时化、可视化、智能化、数字化"，确保全面信息感知、智能数据分析、高效处置指挥。为突发事件应急处置和重要活动供电保障提供强力支持，实现资源调配全感知、灾损恢复全实时、现场视频全接入、地图展示全方位，有力支撑京津冀应急资源协调联动。应用安全风险监督平台等数字化手段，支撑作业风险、电网风险、隐患排查、反违章业务，实现对各类作业计划、所有作业现场、全部作业过程高效督查，严控安全风险。

（三）发动能源创新引擎

院士专家联合创新中心。以中国工程院院士工作站为核心牵引，集成技术攻关、双创示范、成果推介、孵化转化等功能，是政产学研联合开展双碳科技创新的重要合作平台。整合国网天津电力产学研用创新资源，建设"一站、一基地、一平台、一阵地"（院士专家工作站、双创示范基地、创新服务平台、"党建＋科技创新"阵地），开展"双碳"技术跟踪研究、项目联合攻关、成果运营展示、知识产权及国际标准培育等业务，建设"双碳"技术领域产学研用集约型创新实践基地。联合天津大学院士团队开展重大项目攻关，推动高校创新成果转移转化，带动天津市新能源产业发展。

国家电网公司系统首个成立的发展研究中心。围绕能源领域宏观政策、产业低碳转型、经济与能源供需等开展分析研究，着力打造能源电力重大战略决策论证中心、战略课题研究中心、对外交流协作平台和高端人才培养平台。创新"电力看经济"大数据研究报告，面向政府、能源行业、国家电网公司和社会团体常态化输出研究成果，深化建设国内首家省级电网企业智库，服务地方经济社会高质量发展。

（四）提升能源服务品质

成立国内首个全业务数字化驱动省级电力营商环境运营服务中心。以打造世界一流电力营商环境为目标，贯穿便捷、效率两条主线，深入研究电力营商环境五个变化（评价方式向社会公众评价转变、服务模式向关注客户体验创新、作业方式向数字化智能化推进、客户服务向全业务全寿命延伸、服务重点向客户侧价值链拓展），构建"电力营商环境数字图景"和数据资产体系，开展实时在线监测和大数据综合分析，重点打造获得电力、可靠供电、绿色出行、节能提效等场景，实现核心指标、关键流程的动态监测及自动预警，努力提升电力营商环境五个服务（服务经济社会发展、服务绿色出行、服务能源转型、服务城市照明、服务客户侧价值创新增值）。打造国内首座全业务省级电力营商环境运营服务中心，确保"获得电力"保持全国前列，不断提升人民群众获得感、满意度。

成立国家电网公司和天津市首家政企共建型融媒体中心。充分发挥融媒体在推进"双碳"落地进程中集中指挥、高效协调、采编调度等平台作用，多维度开展新闻传播数据监测和受众偏好分析。拓展品牌传播应用场景，多维度、全场景报道服务绿色转型、保障能源安全、提升民生福祉等方面的有力举措，实现新闻资源全面整合、信息数据高度集成和新闻作品有效传播。大力弘扬电力精神、"推土机"精神，助力讲好高质量发展的国网理念、天津实践。

三 建设成效

天津电力双碳中心自成立以来，在促进政企合作、构建双碳生态圈、推动双碳业务实体化运营等方面取得积极成效，打造了服务双碳落地的"天津窗口"和"国网标杆"。

打造了电力双碳宣传窗口。接待全国人大、国家电网公司、天津市区两级政府等110余批次上级单位调研，促进社会各界来访交流，得到中央电视台、人民日报、人民网、新华社、经济日报等各级各类主流媒体广泛关注和集中报道。天津电力双碳中心荣获"国家智能社会治理实验基地""天津市第二批新时代文明实践基地"等荣誉称号。

拓宽了电力双碳服务业务。依托天津能源电力大数据资源，以天津电力双碳中心为载体，推动与天津市生态环境局合作开展"企业减污降碳协同治理""重污染天气重点用户应急响应跟踪监测"等业务。与天津市低碳发展研究中心、排放权交易所、泰达低碳经济促进中心等单位，联合推动碳监测工作。

构建了电力双碳合作生态圈。依托天津电力双碳中心载体，与中欧商会、施耐德电气有限公司、天津市贝特瑞新能源科技有限公司、天津滨海中关村产业园、天津滨海小王庄镇、新华中学等，就碳方案咨询、碳业务培训、碳中和认证、碳普惠服务等业务方面交流研讨，达成合作共识。与北京中创碳投科技有限公司、国网电力科学研究院武汉能效测评有限公司等单位就平台推广应用、数字产品、业务服务、科技研究等方面建立合作关系，互通双碳领域典型案例和成熟经验。

第二节　双碳运营体系

为推进双碳业务实体化运营，国网天津电力成立双碳运营管理分公司，依托新能源云天津碳中和支撑服务平台，面向政府和企业，开展碳排放监测、碳减排等业务，加快构建双碳运营体系，助力天津市"双碳"目标落地。

一　国网天津电力双碳运营管理分公司

2023年5月，国家电网公司批复国网天津电力设立双碳运营管理分公司（简称双碳运营公司），这是国网系统内首家双碳运营管理公司。双碳运营公司以加快推动国网天津电力双碳先行示范区建设、服务天津市高质量发展为目标，发挥平台优势、数据优势和技术优势，大力开展机制创新、模式创新和技术创新，以政府、企业为服务对象，提供碳排放监测、碳资产运营、碳评估认证等全方位、全过程、专业化双碳综合服务。双碳运营公司负责整合能源大数据中心、新能源云等平台数据资源，搭建双碳运营管理数字服务体系，开发相关数字产品和服务；负责支撑政府部门开展区域级、行业级碳排放监测核算、碳中和路径研究、减排分析规划等工作，为政府监管及宏观调控提供决策支撑；负责为社会企业提供碳排放报告、减排项目开发、碳资产及绿电辅助交易、碳中和评估认证等咨询服务，助力企业减排增效。

 新能源云天津碳中和支撑服务平台

2022 年 9 月，国网天津电力率先建成了国网首个省级新能源云碳中和支撑服务平台（如图 10-3 所示），全面开发上线碳减排服务、碳资产运营、碳排放交易、碳评估认证、碳技术研究五大功能，具有技术先进性、数据多元性、客户广泛性资源优势，为政府、企业、社会公众等各类主体提供全方位、全地域、全过程双碳综合服务。截至 2023 年年底，平台入驻企业 21099 家，覆盖天津市 16 个行政区、19 个行业。平台归集能源、产值、碳排等明细数据信息近 100 万条，涵盖天津统计年鉴 5 年能耗信息及 GDP 数据、全市 16 个区用电负荷和用电量、80 家新能源电厂信息、16 万余企业能耗及产值信息；收集双碳建设成果案例 40 项，收集绿色低碳减排技术 27 项；宣传手册印发各区供电单位，推动向各级政府、重点园区管委会和各类企业进行推广宣传。

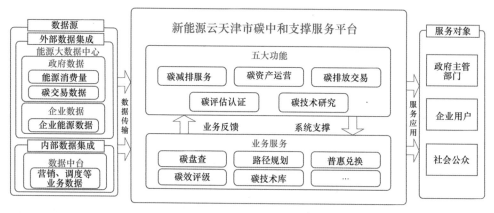

图 10-3　新能源云天津碳中和支撑服务平台架构

碳减排服务业务功能：聚合煤、油、气、电等能源行业数据及天津市碳市场交易信息，面向政府提供区域碳监测、行业碳监测、园区碳监测，展示各维度产能产值、能源消耗、碳排放强度等数据，如图 10-4 所示。通过平台碳排放算法模型，全面提供碳排放全时、全景、全流动态的深度分析，实现碳排放的可观、可测、可溯，支撑地区碳排放宏观调控。面向企业提供碳排放监测分析、碳排放核算、减排路径规划、减排效益评估等服务，支撑企业碳排放数据管理及后续生产经营工作。

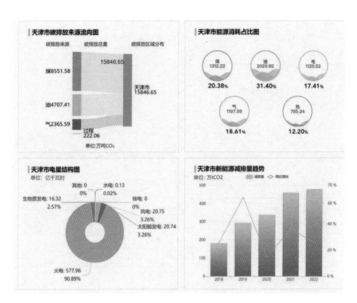

图 10-4 碳减排服务——园区碳监测、区域碳监测功能

碳资产运营业务功能：面向政府部门，从配额发放总量、实际生产碳排放总量、区域控排企业情况、履约情况、碳资产持有情况等数据出发，分析辖区碳配额盈缺，指导重点区域碳配额发放、碳排放管理。面向各类企业，提供碳排放统计、碳资产汇总、碳交易分析、碳金融收支分析等功能，支撑企业全面实现碳资产综合管理，打通不同碳资产业务场景壁垒，实现企业从"被动碳配额履约"到"主动碳资产运营"的转型。图 10-5 所示为碳资产运营分析。

碳排放交易业务功能：为政府部门、控减排企业、代理交易机构提供智能化交易管理和碳市场行情分析服务；帮助政府部门掌握区域内碳交易动向、企业履约情况、配额和自愿核证减排量（CCER）供需情况等信息，为制定及调整区域碳市场交易政策提供依据；打造 CCER 资源和需求库，为 CCER 供需双方提供公开透明边界的信息共享平台，实现企业绿色收益有效提升，有力服务碳市场建设；发挥电力交易资源优势，创新融合碳市场交易信息及绿电市场交易信息，为市场多方主体提供"电—碳"市场分析研判。图 10-6 所示为 CCER 协议交易服务。

碳评估认证业务功能：充分利用平台大数据汇集优势，结合海量企业能耗、

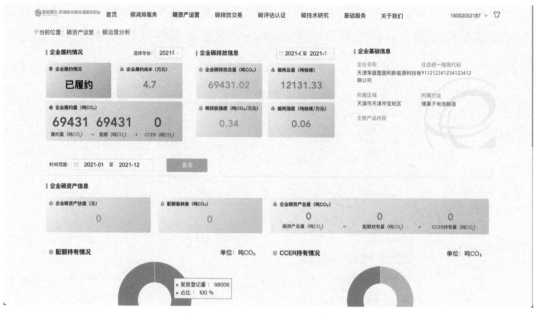

图 10-5　碳资产运营分析

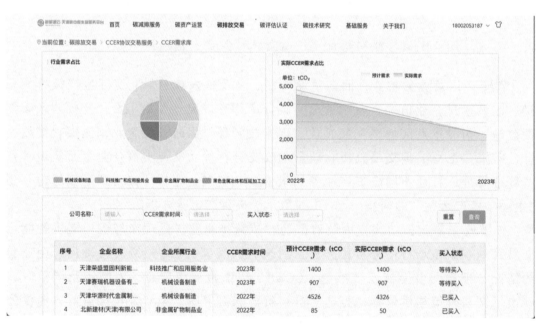

图 10-6　CCER 协议交易服务

产能数据分析结果及国家发布的各行业标准能耗强度水平，对企业碳效智能赋码，图 10-7 所示为企业碳排评估画像。科学精准测算企业碳效水平，支撑企业找准自

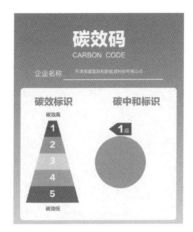

图 10-7　企业碳排评估画像

身定位，科学制定规划，加快推进自身绿色低碳发展。支撑政府在有序用电期间，优先保障高效能企业能源稳定供应，实现碳排"双控"有效落地。绿色产品认证如图 10-8 所示。

图 10-8　绿色产品认证

碳技术研究业务功能：通过分析研判碳达峰碳中和政策法规、行业动态、科技动态等信息，将党中央国务院、天津市委市政府的决策部署第一时间传达至基层一线，向社会公众推广宣传"双碳"先进技术成果，提供在线咨询、资源共享的技术推广平台，促进行业技术交流与进步。聚焦不同行业、不同类型低碳、零碳和负碳技术，构建减碳技术资源库（见图10-9），为企业低碳技术研究提供支撑，促进先进成果转化应用。

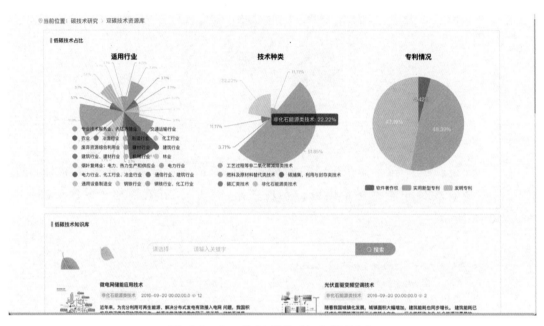

图 10-9 "双碳"技术资源库

三 业务发展布局

聚焦政府、企业等服务主体，构建业务体系，梳理形成业务服务清单，共包含41项服务，为"双碳"业务拓展奠定坚实基础。

（一）面向政府服务

面向政府提供区域、行业、园区级碳排放监测、碳减排研究分析、碳管理决策支撑、碳市场运行分析等4大类19项服务，为行业监管及宏观调控提供决策支撑，政府服务清单见表10-1。

1. 碳排放监测

区域、行业、园区碳排放监测。开展区域、行业、园区碳排放监测，直观展

表 10-1 　　　　　　　　　政府服务清单

序号	服务大类	服务名称	服务频次
1	碳排放监测	区域碳排放监测	每月
2		行业碳排放监测	每月
3		园区碳排放监测	每月
4		区域碳达峰趋势监测	每年
5		行业碳达峰趋势监测	每年
6		园区碳达峰趋势监测	每年
7	碳减排研究分析	区域碳减排规划方案研究分析	按需开展
8		行业碳减排规划方案研究分析	按需开展
9		园区碳减排规划方案研究分析	按需开展
10		碳排放核算体系研究分析	按需开展
11		碳中和路径研究分析	按需开展
12	碳管理决策支撑	区域"双碳"行动方案策划研究	按需开展
13		行业"双碳"行动方案策划研究	按需开展
14		园区"双碳"行动方案策划研究	按需开展
15		碳减排项目管理	每月
16		重点企业碳效管理	每年
17	碳市场分析	碳排放核查	每年
18		区域碳供需分析	每月
19		碳市场运行分析	每月

示区域、行业、园区的能源消耗、碳排放、经济等情况，实现碳排放总量、碳排放强度的监测，服务区域、行业、园区碳排放宏观调控。

区域、行业、园区碳达峰趋势监测。监测不同时间维度下区域、行业、园区、重点企业的碳排放情况，既可回顾过去一段时期内碳排放总量、碳排放强度变动情况及变动幅度，也可预测未来一段时期内碳排放总量、碳排放强度变动情况及变动幅度，对碳达峰碳中和任务目标完成情况给予综合评价，实现对能源消费和碳排放指标的协同管理、分解和考核，为政府开展"双碳"政策研究提供数据支撑。

2. 碳减排研究分析

区域、行业、园区碳减排规划方案研究分析。根据区域、行业、低碳发展需求，从碳减排方案设计改造、运维管理等多方面，研究分析有效支撑"双碳"目标实现的区域、行业、园区碳减排规划建设方案。

碳排放核算体系研究分析。研究分析碳排放核算体系方案，构建区域碳排放量核算的框架、流程和方法，支撑区域内各领域碳排放统计核算工作开展。

碳中和路径研究分析。结合区域、行业、园区发展定位和产业布局，分析区域经济发展、能源结构、环境保护等要素，在产业政策执行、减排技术应用等方面提出差异化建议，支撑区域开展碳中和实践路径规划研究。

3. 碳管理决策支撑

区域、行业、园区"双碳"行动方案策划研究。按照碳达峰碳中和"1+N"政策体系，支撑政府制定区域、行业、园区"双碳"整体政策、行动方案、重点任务等政策方案。

区域碳减排项目管理。为政府提供节能降碳工程、新能源开发等碳减排项目管理平台，支撑政府及时监管碳减排项目开发实施质量。

重点企业碳效管理。辅助政府跟踪、测算重点企业碳效水平，生成碳效码，引导企业绿色低碳转型，为政府制定税收减免、绿色金融方面政策提供依据。

4. 碳市场运行分析

天津市重点排放单位碳排放核查。作为碳排放第三方核查机构，参与政府对重点排放企业的核查工作，核查企业碳排放量并形成核查报告。

区域碳供需分析。综合考虑配额发放总量、碳排放总量、碳资产交易量等因素，分析区域碳配额盈缺情况，支撑政府部门科学指导重点区域碳配额发放、碳排放管理。

电碳市场运行分析。融合碳市场及绿电市场交易信息，为政府主管部门开展"电—碳"市场分析提供支撑，服务地方"电—碳"市场协同建设，实现碳价和绿电环境价值互动互促、均衡发展。

（二）面向企业服务

面向企业提供碳排放核算、碳减排项目规划开发、碳资产及绿电辅助交易、碳中和评估认证等6大类共22项服务，有效摸清企业碳排放现状，提出经济可行降碳方案，助力企业减排增效，企业服务清单见表10-2。

表 10-2 企业服务清单

序号	服务大类	服务子项	服务频次
1	碳排放核算	基于全量能耗数据的碳排放核算	每月
2		基于生产流程的碳排放核算	每月
3		月度碳排放深度解析	每月
4		企业碳达峰趋势分析	每年
5	碳减排项目规划开发	企业降碳潜力评估	按需开展
6		碳减排路径规划咨询	按需开展
7		碳减排项目投建咨询	按需开展
8		企业碳排放监测改造方案咨询	按需开展
9	碳资产及绿电辅助交易	电碳市场交易分析	每月
10		碳配额与国家自愿核证减排量（CCER）辅助交易	每月
11		绿电绿证辅助交易	每月
12	碳中和评估认证	企业环境、社会和公司治理（ESG）报告定制及评级管理	每年
13		企业碳中和认证	按需开展
14		产品碳足迹评估	按需开展
15	碳资产管理	碳资产辅助管理及交易策略咨询	每月
16		碳资产运营分析	每月
17		CCER 项目核证代理	按需开展
18		碳金融服务	按需开展
19	碳管理能力提升	双碳政策法规普及	每月
20		双碳技术研究及成果库	按需开展
21		碳管理体系建设	按需开展
22		碳业务培训	按需开展

1. 碳排放核算

基于全量能耗数据的碳排放核算与基于生产流程的碳排放核算。汇集企业能耗、产能、经营等数据，为企业提供碳排放核算服务。

月度碳排放深度解析。为企业提供内部能源消耗、碳排放构成、碳排放趋势、行业能效对标、碳排放配额履约风险等深度分析咨询服务，帮助企业深入掌握生产、经营、管理等各环节与碳排放的关联关系，提出科学有效的减排建议。

企业碳达峰趋势分析。结合企业发展战略及历史碳排放情况，为企业提供碳排放变化进程及碳达峰碳中和未来趋势分析服务，辅助企业最终实现碳排放与产能增长脱钩。

2. 碳减排项目规划开发

企业降碳潜力评估。根据企业碳减排目标和自身资源禀赋，为企业提供新能源发电、节能技术改造等减排项目方案辅助制定及降碳成效评估服务，企业估算减排项目投资金额和预计减排量。

碳减排路径规划咨询。为企业提供中长期碳减排路径规划服务，研判企业碳排放总量及强度发展趋势，结合企业资源禀赋和生产经营情况，制定最佳减排路径，形成减排路径规划报告。

碳减排项目投建咨询。为企业提供减排项目建设前期评估咨询服务，为企业提供项目投资建设方案和实施建议；作为第三方，为企业提供项目投资建设方案评估、评审等服务。

企业碳排放监测改造方案咨询。为企业提供能耗和碳排放实时监测改造方案和实施建议，助力企业碳排放监测线上化、数据可视化、管理常态化。

3. 碳资产及绿电辅助交易

电碳市场交易分析。为企业提供当前及历史时段碳配额、国家自愿核证减排量（CCER）、绿电绿证的价格趋势分析，对比"碳排放配额、国家自愿核证减排量（CCER）和绿电绿证交易"三种碳交易成本，根据企业碳排放情况，推荐交易策略，支撑企业交易决策。

碳配额与国家自愿核证减排量（CCER）辅助交易。为企业匹配碳配额与CCER交易资源，并提供企业碳资产交易记账服务，支撑企业交易辅助决策。

绿电绿证辅助交易。面向外向型企业、外资企业、重点排放企业等各类企业需求，根据企业生产经营情况，为企业精准匹配绿电、绿证资源，帮助企业完成绿电、绿证交易，助力企业提升清洁能源消费比例。

4. 碳中和评估认证

企业ESG报告定制及评级管理。按照国内外主流标准，为企业提供ESG报告编制、评级管理咨询和第三方报告审验服务。

企业碳中和认证。对企业选定的区域、时间开展碳中和认证服务，根据企业碳排放核算结果匹配相应的碳排放抵消资源，协助企业购买碳排放抵消资源，帮助企业取得权威机构颁发的碳中和认证证明。

产品碳足迹评估。收集企业产品全生命周期能耗信息，制定产品碳足迹核算报告，联合第三方评估机构核发碳标签或产品碳足迹证书。

5. 碳资产管理

碳资产辅助管理及交易策略咨询。帮助企业根据新增产线建设计划，制定配额新增申请，向政府提交配额新增申请，并跟踪配额申请进展。根据企业历史月度碳排放数据，预测企业年度配额盈缺情况，为企业提供以降低履约成本为目的的碳资产交易策略咨询。

碳资产运营分析。为企业提供碳排放统计、碳资产汇总、碳交易分析、碳金融收支分析，支撑企业全面实现碳资产综合管理。

国家自愿核证减排量核证代理。为企业提供 CCER 项目发起、委托授权、材料采集与审核、项目设计与监测、审定与核证的代理服务。

碳金融服务。为企业提供碳金融、绿色金融项目展示，根据企业生产经营需求，推荐各大金融机构的碳金融、绿色金融产品。

6. 碳管理能力提升

双碳政策法规普及。归集国家、天津市碳业务相关法律、法规、政策、舆情热点等信息，为企业提供动态资讯、政策解读和管理咨询服务，建立线上资源库，助力企业及时掌握最新"双碳"讯息。

双碳技术研究及成果库。开展双碳相关技术研究，并归集各领域、各行业先进双碳技术和成果案例，构建减碳技术成果资源库，为企业低碳转型提供技术支撑。

碳管理体系建设。支撑企业编制碳管理制度，帮助企业建立双碳相关制度体系，完善企业整体制度体系，支撑企业参与政府相关政策、规划研究。

碳业务培训。根据企业定制化需求，组织邀请"双碳"领域权威专家现场开展培训活动，助力企业各部门、各层级员工胜任碳管理工作需要。

第三节 典型业务实践

一 电碳追踪溯源系统

电网碳排放因子的是推动能源电力碳监测的重要依据。当前主要采用国家部委每年发布的全国电网碳排放因子平均值，其空间精度和时效性难以真实反映天津地区用电结构和实际情况，不利于深入推动碳评估、碳减排工作。对政府而言，缺乏真实电碳排放数据支撑，无法掌握区域电力发电侧清洁能源全貌，难以制定科学的政策助力区域"双碳"目标实现；对供电而言，不能及时公布本地绿色电力时段分布，就难以引导用户消费绿色电力，难以落实促进绿色电力消费的有关政策；对用电企业而言，无法精准掌握自身碳排放量，难以为碳减排目标制定提供依据。

电网具有发、输、变、配、用的全链条在线测量数据，可在线进行电碳时空耦合分析，实现精准的碳计量及统计核算。为开展区域电网碳排放因子的精准监测，国网天津电力组织开发了电碳追踪溯源系统，基于天津电网电源结构和潮流分布，实时监测电力流、碳流轨迹，全景展示天津市电力碳排放强度，支撑对区域、行业、企业等不同主体电力消费碳排放的精准核算，满足数据可监测、可报告、可核查要求。图10-10所示为电碳追踪溯源系统。

相比传统基于统计数据核算的碳排放因子计算方法，该系统能够根据电网实时量测数据进行动态计算，支持对各区域不同电压等级、不同时间尺度的追溯查看，在空间划分上更加精准，时效性更强，为开展电力碳排数据核查、认证工作，服务"双碳"目标落地提供了有力支撑。

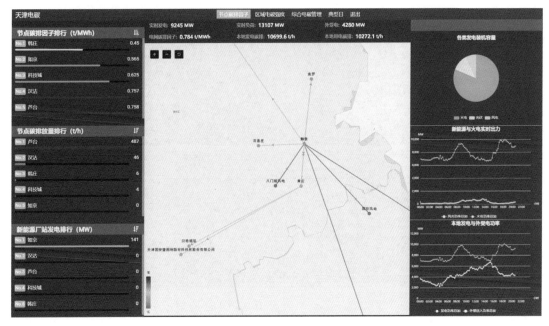

图 10-10　电碳追踪溯源系统

二　基于能源大数据的碳排放监测系统

随着能耗"双控"逐步转向碳排放"双控"，政府"双碳"精益化管理需求日趋突出，"双碳"监测分析工作战略价值日益凸显，国网天津电力依托天津市碳排放监测分析服务平台（见图 10-11），实现全市、各行政区、重点领域、重点行业的碳排放高频监测，服务政府科学决策。

该平台基于利用电力大数据高频、准确、详细等优势，采用以电算能（产量）、以能（产量）算碳思路，构建"'电—碳'计算模型"，分析全市双碳双控、能耗双控指标情况，包含碳排放总量、碳排放强度、能耗总量、能耗强度指标及同环比变化，形成涵盖全市、16 个区域、7 大重点领域以及 7 大工业重点行业的碳排放监测体系。

分析全市各区域当年碳排放累计值名情况。按年展示各区域碳排放变化趋势，结合碳排放变化率指标，分为增长型、衰退型、平稳波动型，充分挖掘区域碳排放变化特点。如静海区、东丽区、武清区、西青区受工业行业拉动作用，总量及强度双高，低碳发展模式需要进一步优化和调整；市内六区以三产为主，总量及

图 10-11　天津市碳排放监测

强度双低，控碳压力较小。

　　分析工业、能源、建筑、交通、服务业、建筑业、农林牧渔业碳排放指标，通过点击行业名称，可查看行业年度、月度碳排放变化趋势。其中，钢铁行业为工业碳排放主要行业，占比近40%，但从变化趋势来看，近几年钢铁行业碳排放占比有所下降，破解"钢铁围城"成效明显。

三　工业园区碳监测

　　"双碳"目标下，工业园区及用能企业绿色低碳转型形势更加迫切，需要掌握园区能源消耗总量、能源消耗强度、碳排放总量、碳排放强度等数据，实现全时、全景、全流的动态碳排放监测，分析园区整体与不同行业碳排放趋势和企业碳效水平，助力园区碳排管控和节能减排，推动园区与企业实现绿色高质量发展。

　　建成宝坻九园工业园碳监测平台（如图10-12所示），基于新能源云天津碳中和支撑服务平台，收集园区全部企业能耗、产值、碳排等数据，打造宝坻区九园工业园区碳监测场景。在对园区排放、能耗、产业结构深入分析的基础上，为九园工业园编制了园区低碳发展规划方案，明确了园区自身的减碳目标，综合考量园区资源禀赋和各个企业实际生产情况，因地制宜确定了规划目标、实施路径和实施项目，如图 10-13 所示。为国安盟固利等重点排放企业提供集碳排放核算、碳核查评估、碳资产撮合交易、低碳方案规划等服务，统计该企业厂区能源消费、产值等数据，通过平台在线生成企业碳排放核算报告，助力完成碳市场履约，实

图 10-12　宝坻九园工业园碳监测平台

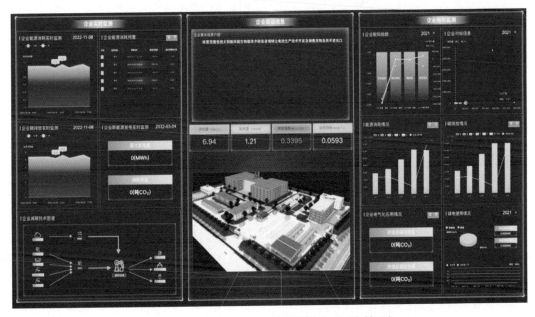

图 10-13　国安盟固利企业碳管理

现减排降本增效。2023 年 11 月，国网天津电力分别与九园工业园区签订"产业园区碳管理服务合同"，与国安盟固利新材料公司签订"碳市场履约企业碳管理服务合同"，与贝特瑞纳米公司、东皋膜技术公司 2 家单位签订"制造业企业碳管理服务合同"。这四项合同的签订，开创了国家电网公司服务社会企业节能降碳的新模式。

第十一章
以新型电力系统推动新型能源体系建设

第一节　概述

　　能源革命与产业升级密切相关，它不仅是"双碳"工作的重要途径，也是我国践行绿色低碳发展理念的重要举措。以新型电力系统推动新型能源体系建设，需要发挥多种能源的融合优势，更需要电源、电网、用户等产业链各方的共同努力。当前，天津大力推动新型电力系统建设，以发展新能源为基础，以增加系统灵活性资源为保障，融合发展分布式、微电网与大电网，深入构建雪花形配电网，加强核心技术攻关和推广应用，进一步推动发电、输配电和电力消费系统协同融合、共同发展。然而受资源禀赋、产业结构、体制机制、环境保护等因素影响，天津构建新型能源体系面临巨大挑战和长期任务，更需坚持先立后破、通盘谋划，充分发挥新型能源体系在推进天津能源绿色低碳转型、实现经济高质量发展、建设社会主义现代化大都市中的新角色、新定位的作用，进一步从能源科学配置、能源供给结构、能源高效利用、能源科技创新、能源数字转型五大方面协同发力、统筹发展。

　　能源科学配置。天津电网是一个典型的大受端城市电网，特高压及主网架建设能够实现更大规模清洁能源优化配置，是实现跨地域多能互补互济的有效手段。同时，电动汽车、清洁供暖、分布式光伏、智能家居以及电能替代的广泛应用，使新型电力系统框架下的配电网向高比例分布式新能源广泛接入、高弹性电网灵活可靠配置、高度电气化的终端负荷多元互动等方向发展。

　　能源供给结构。与京沪等地相比，天津工业结构偏重，能源消费强度偏高。区域减煤空间有限，天然气受气源、市场供需等因素制约严重，能源结构转型需求明显。当前，盐光互补、海上风电、分布式光伏、氢能等多种新能源快速发展，使得新能源并网容量不断攀升，未来将会导致区域电力系统转动惯量以及长周期调节能力不足，影响能源安全可靠供应。

能源高效利用。按照天津市能源发展"十四五"规划要求，工业、交通、生活等领域电能替代力度将不断加大。天津将进一步实施高耗能工业燃煤锅炉电代煤、促进交通运输电代油、引导靠港船舶使用岸电、因地制宜发展电采暖、推广普及智能家居等各项措施，未来终端电气化水平将快速提升。

能源科技创新。随着风电、光伏等具有随机性、间歇性、波动性的分布式电源大幅增加，极端天气等不可控因素使得电力保供形势愈发紧张，电力系统安全稳定运行将面临诸多难题。目前，天津新型电力系统建设仍处于快速发展阶段，部分技术创新将进入"无人区"，与之相适应的创新机制建设难度增大，完善科技创新体系是推动能源领域高质量发展的重要力量。

能源数字转型。随着5G、大数据、人工智能和VR等数字技术深入应用，将逐步覆盖新型电力系统源、网、荷、储等全部环节，支撑系统具备更大范围的资源配置能力、灵活调节能力、安全管控与保障能力和快速响应能力。同时，天津电力双碳中心、能源大数据中心等平台实体化运营，将进一步催生出碳排放、碳交易、信用等级评估、城市治理等一大批新需求、新业务、新模式。

第二节 能源配置平台化

我国幅员辽阔，各地自然资源禀赋和发展情况差异大，能源产出与消费呈逆向分布，天津市作为北方最大的沿海开放城市，是典型的以工业为代表的能源消费城市，外受电占比高，火电机组装机比重大，缺少调峰性能好的水电、抽水蓄能电站，清洁能源配置能力有限。为强化能源配置能力、提高能源配置效率、优化能源供需结构，天津市相继出台《天津市能源发展"十四五"规划》等文件，提出以电力、石油、天然气为重点，打造具有较强辐射力的区域能源枢纽，加快能源产供储销体系建设，推动基础设施互联互通、共建共享，为服务国家战略实施提供坚强能源保障。

未来，天津推进能源配置平台化将重点围绕特高压及主网、雪花形配电网、新能源并网三个方面，充分发挥电网的平台和纽带作用，强化能源跨地域、跨领域高效协同与配置。

加快特高压及主网建设，目前天津仅有 2 条特高压交流通道和 9 回 500 千伏线路与外网联络，部分 500 千伏线路仍为单回线路，难以满足正常方式下大规模外来电的消纳以及故障方式下大规模潮流的转移，需要进一步建设、扩展和完善特高压及主网建设，实现合理分层分区，提高外受电能力。

加大雪花形配电网建设力度，面向风电/光伏等分布式电源、交直流等多元负荷大规模接入，将影响现有配电网的稳定性，需要进一步深化雪花形配电网建设，推进配网智慧化升级，提高配电自动化"三遥"终端覆盖率和台区智能融合终端覆盖率，打造具有特色的现代智慧配电网示范。

积极推动新能源并网，完善基于调控云的配电网精益化模型，实施分布式电源、重要用户和可控负荷的数据汇集，提升配电网调控数据感知能力，增加配电网透明化率和管控水平。依托采集系统实现对在运光伏运行状态、出力情况等实时监测，对光伏实施"刚性控""柔性控""群调群控"等多场景控制技术可行性研究，探索建立集中式和分布式新能源管控模式。

天津南 1000 千伏特高压变电站扩建工程

为充分利用华北区域内部资源，持续发挥山西、冀北电网支援京津唐的能力，满足京津唐电网负荷增长需求，提高天津电网的外受电能力，提高"西电东送"输电通道的能力，国家电网有限公司正在建设大同—天津南特高压工程。其中，天津南 1000 千伏变电站主变压器扩建工程于 2023 年 12 月 12 日正式开工建设，预计于 2025 年 6 月 30 日投产。该扩建工程在一期站址东侧新增占地 4.62 公顷，在现有 2 组主变压器的基础上扩建 2 组 3000 兆伏安主变压器，扩建 1000 千伏出线 2 回至未来的天津北特高压站。建成后将进一步增加天津南特高压站下送电能力，提高天津电网受电能力，满足天津持续增长的负荷要求。同时，新增的变电容量可以为天津地区接纳新能源电力提供条件，提高本地新能源消纳权重，支撑新型能源体系建设。图 11-1 所示为大同—天津南特高压交流建设项目。

图 11-1　大同—天津南特高压交流建设项目

 全面推广 10 千伏雪花形配电网建设

　　天津创新提出具有自主知识产权的 10 千伏雪花形配电网，通过天津河东、河西、滨海首批 3 项试点工程，成功打造了雪花形配电网典型示范，显著提高了电网利用效率、供电可靠率和资产利用率。在"十四五"期间，天津市计划新建 15 项雪花形配电网工程，全面构建以 3 站或 4 站单雪花瓣、双雪花瓣为基本单元的"雪花网"结构，选择关键联络点应用中压柔性互联开关，实现负荷自适应潮流跟踪，新增低压智慧开关、低压开关监测装置等感知单元并全部接入台区智能融合终端，提升"站—线—变—户"中低压配电网全链条智能化监测与管理水平，扩展配电自动化四区云主站功能，实现低压故障研判、台区拓扑分析、台区能源协调控制、电能数据分析等功能。建成后将实现线路站间联络率 100%、配电自动化"三遥"终端和台区智能融合终端覆盖率均为 100%、供电可靠率不低于 99.999%、新能源利用率和电动汽车充电桩报装接入率均为 100%。图 11-2 所示为天津中新生态城 10 千伏"雪花网"环网箱送电现场。

图 11-2　天津中新生态城 10 千伏"雪花网"环网箱送电现场

第三节　能源生产清洁化

　　天津市正处于能源低碳转型发展时期，且能源需求持续增长，能源、环境和气候压力对可持续发展的约束越来越严重，可再生能源作为资源丰富、环境友好、本地化的清洁低碳能源，对新型能源体系建设具有重要意义。"十四五"及未来一段时期，是天津市经济社会高质量发展的关键阶段，重点聚焦清洁低碳发展方向和"控煤、扩气、增电、纳新"发展路径，实施能源领域"双碳"一揽子行动计划，优化能源消费结构、提高能源利用效率，推动化石能源清洁高效利用和非化石能源高质量跃升发展，加快规划建设新型能源体系，为建设社会主义现代化大都市提供坚强能源支撑。预计到 2025 年，全市非化石能源装机超过 800 万千瓦，占总装机比重达到 30% 左右。

　　未来，天津推进能源生产清洁化将重点围绕太阳能、风及地热能、电力系统调节及灵活性方面，提出能源电力从高碳向低碳、从以化石能源为主向以清洁能源为主转变的实现路径。大力开发太阳能，推进光伏建筑一体化应用，促进光伏发电与城市建筑、基础设施等要素融合发展，进一步盘活低效闲置土地资源，利用坑塘水面、农业设施、盐场等发展复合型光伏，推动滨海新区"盐光互补"等百万千瓦级基地建设。有效利用风及地热资源，优化海陆风电布局，加快发展陆上风电，协调突破政策瓶颈，稳妥推进远海、防波堤等海上风电。有序开发中深层水热型地热能，统筹做好资源保护，加快浅层地热能推广应用。全面提升系统调节能力和灵活性，天津电网负荷峰谷差呈逐年增长趋势，热电联产机组比例不断加大，本地电源调峰能力存在不足。推动煤电机组逐步由主体电源向支撑性、调节性电源转型，加快推进蓟州龙潭沟、西大峪抽水蓄能电站建设，进一步探索电动汽车有序充放电管理，提高系统削峰填谷和平衡调节能力。

天津国电电力海晶盐光互补一期工程 600 兆瓦项目

天津滨海新区大力推动 3000 兆瓦级"盐光互补"新能源基地建设，已建成华电天津海晶 1000 兆瓦和龙源海晶 600 兆瓦"盐光互补"光伏工程。当前，正在筹备天津国电电力海晶盐光互补一期工程 600 兆瓦项目建设，建设地点位于天津滨海新区大沽街长芦海晶集团盐场，占地约 7.4 公顷，交流侧规划总容量为 1000 兆瓦，储能按照 15% 容量配置，升压站按照 1200 兆伏安容量建设。建成后将打造水上光伏发电、水面蒸发制卤、水下水产养殖的"盐光互补"新型的复合产业模式，实现"盐光渔"一体化综合运用，对助力天津能源结构转型具有积极作用。图 11-3 所示为天津盐光互补项目实景。

三峡天津南港海上风电一期 204 兆瓦项目

三峡天津南港海上风电一期工程是天津市重点项目，拟安装 24 台单机容量为 8.5 兆瓦的风电机组，总装机容量为 204 兆瓦。该项目建设地点位于天津南港工业区东部海域，距离东侧防波堤约 28.6 千米，计划建设 24 台风电机组、1 座海上 220 千伏升压站和 1 个陆上集控中心。相较于传统发电方式，该项目可节约标准煤 22.67 万吨，减排二氧化碳 47.87 万吨，对于缓解一次能源供应、改善能源结构、保证能源安全、保护生态环境有着现实的意义。此外，依托海上风电开发，

图 11-3　天津盐光互补项目实景

通过产业配套及产业组合，能够实现海上风电全生命周期产业价值的集合，有助于促进前沿技术创新。图 11-4 所示为天津滨海海上风电场。

图 11-4　天津滨海海上风电场

 天津滨海新区临港漂浮式光伏示范工程

　　该项目位于滨海新区临港东防波堤外侧海域，设计安装 3000 余块单晶硅电池板，总装机容量约为 2.02 兆瓦，共设置用于安装光伏组件的六边形浮体平台 8 个。作为海上漂浮式光伏的示范工程，相关经验成果有助于推动我国绿色能源产业发展，环境生态效益显著。该项目将全面突破近海海域建设漂浮式光伏电站的成套技术，确立我国该领域科技水平的国际领先地位，实现从"0"到"1"的突破。

四 天津市蓟州抽水蓄能电站

天津市蓟州龙潭沟、西大峪抽水蓄能电站装机规模分别为 1800 兆瓦和 1000 兆瓦，位于蓟州区下营镇境内。抽水蓄能电站枢纽建筑物主要由上水库、下水库、输水系统、地下厂房、地面开关站及补水工程组成，建设示意图如图 11-5 所示，合计总装机容量为 2800 兆瓦，连续满发小时数为 5 小时，承担电力系统调峰、填谷、储能、调频、调相及紧急事故备用等任务，建成后年节约标煤合计 109 万吨，减排二氧化碳合计 283 万吨，对保障天津电网安全稳定经济运行、构建清洁低碳安全高效的新型电力系统、提升京津及冀北电网调度灵活性等方面具有十分重要的意义。

图 11-5 抽水蓄能电站示意图

第四节　能源消费电气化

　　电气化是促进能源消费绿色低碳转型和推动传统制造业绿色高质量发展的重要途径，是未来产业发展和改造的重点方向。以清洁能源为供电主体，推进电力源网荷储一体化发展，在终端能源消费环节加强电能替代，不断提高电气化水平，能够有力促进能源高质量发展。近年来，天津市碳达峰、碳中和各项政策文件均要求推动各领域电气化发展，并作为天津绿色低碳转型的重要任务。随着工业、建筑、交通、居民生活等领域的电气化、自动化、智能化发展，全社会电气化水平将明显提高。预计到2025年，天津市电能占终端用能比重将达到38%。

　　未来，天津推进能源消费电气化将重点围绕工业、建筑、交通和居民生活等方面，提出推动能源生产与消费变革、助力经济社会全面绿色转型的实现路径。大力推进工业领域电气化，因地制宜推进钢铁、冶金、化工等高耗能企业工业燃煤锅炉、窑炉电代煤，引导企业加快设备改造、提升能效。加快推进建筑领域电气化，推动建筑取暖供冷过程清洁化，重点推广热泵、电锅炉、电蓄冷技术以期更高效地满足建筑用热（冷）需求。深入推进交通领域电气化，完善电动汽车充电设施，推广电动汽车智能有序充电，倡导电气化公共交通出行；推进码头岸电设施、船舶受电设施建设改造，推动大型场站内新增、更换非道路移动机械优先使用新能源。积极推动居民生活电气化，因地制宜发展电采暖，充分利用电网低谷电容量，在园区、公建推广电蓄热供暖技术，结合智慧城市建设和5G技术应用，推广普及智能家居技术，提高家庭电气化水平。

一　新型电力负荷管理

　　聚焦负荷开关智能化、负荷控制终端柔性化、负荷管理系统互动化等核心技术难题，选取天津市典型工业示范园区以及工商业等多类型客户群体，加强新型电力负荷管理。部署新型智慧能源单元等装置，为客户提供分轮次优化的负荷精准控制策略，实现精准负荷特性分析、智能策略分解、负荷控制方案制定及执行等功能，并对用户重要负荷调控资源安装边缘计算设备，利用分层分群协同控制及云边协调互动技术，实现云边协同控制。图11-6所示为新型电力负荷管理系统技术框架图。

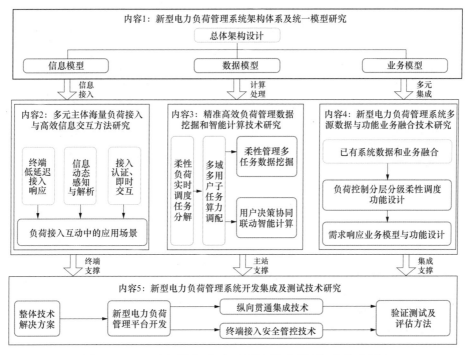

图11-6　新型电力负荷管理系统技术框架图

 渤化永利余热余压高效利用

该工程采用"固定收益型"合同能源管理方式，将由国网（天津）综合能源服务有限公司投资建设、渤化永利化工股份有限公司运维。工程建设地点位于天津滨海新区临港经济区，目前工厂部署了四台锅炉，蒸汽负荷稳定。为了减少能量品质损失及能量浪费，计划新建两台22兆瓦背压式汽轮发电机组替代减温减压器，蒸汽做功发电后再供工厂使用，提高热能利用率。发电机组年供电量预计约1.12亿千瓦·时，扣除运维成本和因发电增加的蒸汽损耗后，年节能效益约3038

万元，预计年节约标准煤约 4.5 万吨。图 11-7 所示为渤化永利化工股份有限公司现场实景。

图 11-7　渤化永利化工股份有限公司现场实景

第五节　能源创新融合化

2023 年，党中央对中央企业科技创新提出新的要求，习近平总书记赋予中央企业"科技创新、产业控制、安全支撑"三个作用的重要使命，中央经济工作会议将"以科技创新引领现代化产业体系建设"列为 2024 年九项重点任务之首。同时，随着能源转型持续加快，终端电气化率不断攀升，电力系统"双高"特征愈加突出，电力安全保障、系统稳定运行面临风险挑战。因此，能源电力行业高质量发展比以往任何时候都更迫切需要科技创新提供解决方案，也更需要立足国家所需、产业所趋、产业链所困，切实强化企业科技创新主体地位。

未来，天津推进能源创新融合化将重点围绕电力领域关键技术及重大装备研发、多领域联合创新以及科研成果应用等方面，提出强化关键技术创新与应用的实现路径。推动重大技术攻关，聚焦事关国家战略安全与发展、严重受制于人的新型电力系统核心技术，加大科技研发投入，建立健全关键核心技术攻关体系，集中内外部优势资源，统筹推进科研攻关、试点示范、推广应用等工作。加强"产学研"联合创新，充分发挥高等级科研实验室、联合创新中心等平台作用，联合行业上下游企业、产学研科研力量，牵头组建体系化、任务型创新联合体，形成研发、生产、应用深度协同的机制，共同解决跨行业、跨领域关键共性技术难题。强化科研成果应用，聚焦实际需求，推动原创技术成果快速应用和迭代升级，以需求拉动新型电力系统重大技术装备的国产化替代。加快培育数字孪生、先进材料、新能源汽车、元宇宙等战略性新兴产业国际标准，以高水平标准推动产业高质量发展。巩固和增强知识产权创造、运用、管理能力，不断完善知识产权保护体系，更好发挥知识产权对创新发展的支撑作用。

蓟州美丽乡村现代智慧配电网示范工程

该示范工程选址于天津市蓟州区郑各庄区域，电力用户总计795户，部署有630千伏·安变压器6台，400千伏·安变压器10台，10千伏线路2条，区域分布式光伏发展趋势迅猛，导致分布式光伏消纳、调控能力不足，变压器重过载情况时有发生。本工程聚焦农村配电网源网荷储协同互动难题，以"1个核心、2大特征、3大层级、11项任务、5大保障"为总体框架，拟开展"面向源网荷储有效互动的台区数字化升级""台区分布式储能应用"等11项建设内容，打造纵向上"主-配-微-柔"多级协同，横向上"源网荷储"多模互动的综合性示范工程，全面实现技术、理念、管理创新，探索可复制、可推广的农村新型电力系统建设模式。预计建成后，示范村功率自平衡能力达到80%，年户均停电时间小于等于30分钟，新能源就地消纳率100%，彻底消除正反向重过载台区。区域内新型融合终端覆盖率100%，配电自动化实用化率100%，分布式资源可观可控率100%。图11-8所示为蓟州美丽乡村现代智慧配电网示范工程技术总路线图。

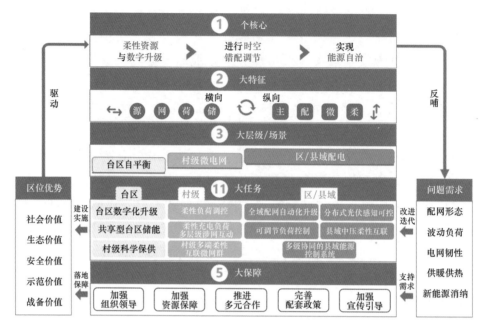

图 11-8 蓟州美丽乡村现代智慧配电网示范工程技术总路线图

二 全国产110千伏大容量干式变压器示范

当前，城市电网呈现供电面积扩大和负荷密度不断提高的特点，对供电设备的防火、防爆和免维护要求越来越严格。传统油浸式变压器防火、防爆性能差、抗短路能力较低。环氧浇注干式变压器具有无易燃油、抗短路能力好、运行维护量少、安全环保等诸多优点，是城市供电的理想产品。然而环氧绝缘材料作为干式变压器的主绝缘材料，其部分基础原材料尚不具备国产化制造能力，且缺少匹配体系研究，长期被国外企业垄断。本示范将研究开发大尺寸线圈浇注技术和固化成型技术，突破110千伏干式变压器环氧绝缘封装的材料配方、缺陷控制和应力控制的难题，研制国内首台全国产环氧材料的110千伏/50兆伏安高压大容量干式变压器，并在天津市东丽区新建变电站示范应用，对于提升电网的输电效率、保证电网的安全稳定运行具有重大意义。图11-9所示为现有110千伏干式变压器。

图 11-9　现有 110 千伏干式变压器

第六节　能源业态数字化

当前，数字化、智能化技术的广泛应用正在对经济社会产生深刻影响，能源革命与数字革命深度融合是大势所趋。能源数字化是推动能源电力低碳化发展、市场化变革、产业链升级、现代化监管的重要力量和必备手段。2023 年 3 月，国家能源局发布《关于加快推进能源数字化智能化发展的若干意见》，推动数字技术与能源产业发展深度融合，加强传统能源与数字化智能化技术相融合的新型基础设施建设，释放能源数据要素价值潜力。未来，随着"大云物移智链"等新一代信息技术和能源技术深度融合，能源业态数字化、智能化、低碳化特征将进一步凸显。

未来，天津将持续推进能源业态数字化，重点围绕 5G、大数据、物联网、"互联网 +"、云计算等先进信息技术与传统能源深度融合方面，提出以"新型数字基础设施、新型电力物联网、新型能源数字服务"为主要内容的数字化转型实现路径。一方面，建设数据中心、云平台和企业中台等新型数字基础设施，打通数据壁垒，满足多业务灵活部署需求，保障数据的高效应用和增值服务。通过能源流、信息流与业务流的深度融合，为能源数据综合应用提供数据基础、算力支撑与平台支持，打造以智慧物联体系为核心的新型能源电力物联网。另一方面，通过深挖海量能源数据价值，开发低碳数字产品，进而服务新型电力系统构建，推动能源行业整体管理决策更具科学性和敏捷性，助力政府治碳、行业减碳、企业降碳。同时，面向水利、油气、环保、金融等领域，研发典型应用数字产品，推动全行业加速绿色低碳高质量发展。

基于能源电力大数据的省级碳排放监测及运营服务示范

随着政府及企业对碳排放管理深度与广度的不断增强，传统碳排放监测及运营服务主要面临数据支撑体系不足、模型算法有待优化、应用深度不够等问题，本示范工程重点围绕政企合作创新、平台技术创新、示范应用创新及运营模式创新，打造面向政府、企业、电网的双碳业务应用与运营服务体系，总体技术路线如图 11-10 所示。自 2023 年开始建设，计划建设年限 3 年。该示范以解决政府、园区、企业、供电公司双碳业务技术难点为目标，重点攻克电力大数据高频可信采集技术等一系列先进技术，推动完成"涉碳领域特色场景应用技术落地""实体化碳达峰碳中和运营服务中心建设运营"等成果落地，实现社会效益与经济效益双提升。省级碳排放监测及运营服务示范总体技术路线图如图 11-10 所示。

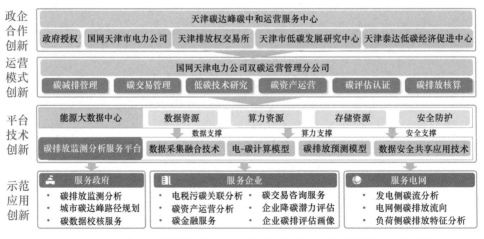

图 11-10 省级碳排放监测及运营服务示范总体技术路线图

现代电力数智供应链示范

　　天津电力现代数智供应链仓储中心是基于现代智慧供应链和供应链服务智慧园区建设成果，对照国家电网绿色现代数智供应链发展行动方案，建设的现代电力数智供应链示范工程。工程制定采检储运一体化运营、绿色低碳可持续发展等8个方面重点任务，全面深化绿色现代数智供应链建设。建成后可以深入分析绿色节能环保设备研制及应用情况，制定绿色节能环保设备采购技术标准，探索供应链企标、团标、行标、国标等相关标准的研究，开展重点设备供应商能耗、碳排放及绿色环保数据接入研究，参与供应商制造体系评估指标体系构建及结果应用研究，探索绿色低碳发展指标。图11-11所示为天津电力现代数智供应链仓储中心。

图11-11　天津电力现代数智供应链仓储中心

　　总体来看，规划建设新型能源体系是一项长期的系统工程，必须坚持以习近平新时代中国特色社会主义思想为指导，立足中国能源资源禀赋，统筹谋划、协同配合、先立后破、循序渐进，以保障能源供应为前提，以绿色低碳可持续为目标，聚焦"能源配置平台化、能源生产清洁化、能源消费电气化、能源创新融合化、能源业态数字化"实践路径，统筹发展与减排、安全与转型，协同优化清洁能源"增"与化石能源"减"，推动产供储销用高效互动、风光水火储多能互补以及电氢冷热气融合互济，助力"碳达峰、碳中和"目标实现，为中国式现代化建设贡献能源力量。

参考文献

［1］辛保安 . 新型电力系统与新型能源体系 [M]. 北京：中国电力出版社，2023.

［2］余贻鑫 . 智能电网基本理念与关键技术 [M]. 北京：科学出版社，2023.

［3］赵亮 . 世界一流城市电网建设 [M]. 北京：中国电力出版社，2018.

［4］《新型电力系统发展蓝皮书》编写组 . 新型电力系统发展蓝皮书 [M]. 北京：中国电力出版社，2023.

［5］卢欣 . 综合能源服务技术与商业模式 [M]. 北京：中国电力出版社，2018.

［6］赵亮 . 综合能源服务解决方案与案例解析 [M]. 北京：中国电力出版社，2020.

［7］唐仁敏 . 做好新形势下电力供应保障工作 兜牢电力安全保供底线——国家发展改革委有关负责同志就《电力负荷管理办法（2023 年版）》答记者问 [J]. 中国经贸导刊，2023，（10）：12-13.

［8］张振 . 深化电力需求侧管理 助力新型电力系统和新型能源体系建设——国家发展改革委有关负责同志就《电力需求侧管理办法（2023 年版）》答记者问 [J]. 中国经贸导刊，2023，（10）：13-15.

［9］赵亮 . 智慧能源从构想到现实 天津智慧能源小镇创新实践 [M]. 北京：中国电力出版社，2021.

［10］刘泽洪，周原冰，李隽，等 . 中国西北西南电网互联研究 [J]. 全球能源互联网，2023，6（04）：341-352.

［11］康重庆，杜尔顺，郭鸿业，等 . 新型电力系统的六要素分析 [J]. 电网技术，2023，47（05）：1741-1750.

［12］康重庆，陈启鑫，苏剑，等 . 新型电力系统规模化灵活资源虚拟电厂科学问题与研究框架 [J]. 电力系统自动化，2022，46（18）：3-14.

［13］王彩霞，时智勇，梁志峰，等．新能源为主体电力系统的需求侧资源利用关键技术及展望 [J]．电力系统自动化，2021，45（16）：37-48．

［14］刘吉臻．规模化新能源开发利用对电力系统安全的影响 [J]．国家电网，2016，（06）：34-36．

［15］辛保安，单葆国，李琼慧，等．"双碳"目标下"能源三要素"再思考 [J]．中国电机工程学报，2022，42（09）：3117-3126．

［16］郭剑波，王铁柱，罗魁，等．新型电力系统面临的挑战及应对思考 [J]．新型电力系统．2023，1（1）：32-43．

［17］舒印彪，陈国平，贺静波，等．构建以新能源为主体的新型电力系统框架研究 [J]．中国工程科学，2021，023（006）：61-69.DOI:10.15302/J-SSCAE-2021.06.003．

［18］余璇．新能源角色演变新型电力系统建设正当时 [N]．中国电力报，2023-11-06（004）．

［19］赵亮．能源电力碳达峰碳中和实践路径 [M]．北京：中国电力出版社，2023．

［20］杨晓冉．数字化变革考验电力系统安全保障能力 [N]．中国能源报，2023-11-13（010）．

［21］郭剑波．电力系统必须寻找新的平衡模式 [N]．科技日报，2023-12-08（005）．

［22］苏南．关键矿产成新型电力系统建设新边界 [N]．中国能源报，2023-10-30（003）．

［23］舒印彪．建设新型电力系统打造新型能源装备体系 [N]．江苏科技报，2023-10-20（A03）．

［24］黄其励．充分发挥储能在新型电力系统的作用 [N]．中国能源报，2023-09-11（002）．

［25］姚美娇．构建新型电力系统需融合数字技术和电力电子技术 [N]．中国能源报，2023-09-11（002）．

［26］董梓童，苏南．新型电力系统需要更多突破性装备技术 [N]．中国能源报，2023-07-31（013）．

［27］辛保安．新型电力系统构建方法论研究 [N]．中国电力报，2023-07-11（001）．

［28］林楚，辛保安．加快构建新型电力系统创新体系 [N]．机电商报，2023-07-24（A07）．

［29］辛保安．新型电力系统构建方法论研究 [N]．中国电力报，2023-07-11（001）.DOI:10.28061/n.cnki.ncdlb.2023.000809．

［30］冯聪聪．大容量长周期储能技术有望获突破 [N]．中国电力报，2023-12-13（001）．

［31］王睿佳．电气化是能源绿色发展必由之路 [N]．中国电力报，2023-11-01（004）．

［32］李创军．推进可再生能源高质量跃升发展 [N]．中国电力报，2023-10-10（002）．

［33］林水静 . 中国工程院院士黄其励：充分发挥储能在新型电力系统的作用 [N]. 中国能源报，2023-09-11（002）.

［34］王颂 . 打造创新高地　全力服务"双碳"[N]. 国家电网报，2022-08-22（001）.

［35］张智刚，康重庆 . 碳中和目标下构建新型电力系统的挑战与展望 [J]. 中国电机工程学报，2022，42（08）：2806-2819.

［36］吕红星 . 分布式光伏发展可期 [N]. 中国经济时报，2021-07-21（002）.